# InSAR 小基线集技术原理及应用

The Principle and Application of InSAR Small Baseline Subset Technology

朱煜峰　张　涛　吕开云　刘　杨　龚循强　著

同济大学出版社
TONGJI UNIVERSITY PRESS
·上海·

**图书在版编目(CIP)数据**

InSAR 小基线集技术原理及应用 / 朱煜峰等著. --
上海：同济大学出版社，2023.12
ISBN 978-7-5765-0070-7

Ⅰ.①I… Ⅱ.①朱… Ⅲ.①基线测量 Ⅳ.①P225

中国国家版本馆 CIP 数据核字(2023)第 252272 号

**InSAR 小基线集技术原理及应用**

The Principle and Application of InSAR Small Baseline Subset Technology

朱煜峰　张　涛　吕开云　刘　杨　龚循强　**著**

责任编辑：李　杰
责任校对：徐逢乔
封面设计：陈益平

出版发行　同济大学出版社　www.tongjipress.com.cn
（地址：上海市四平路 1239 号　邮编：200092　电话：021－65985622）
经　　销　全国各地新华书店、建筑书店、网络书店
排版制作　南京月叶图文制作有限公司
印　　刷　常熟市大宏印刷有限公司
开　　本　787mm×1092mm　1/16
印　　张　10.5
字　　数　236 000
版　　次　2023 年 12 月第 1 版
印　　次　2023 年 12 月第 1 次印刷
书　　号　ISBN 978-7-5765-0070-7
定　　价　76.00 元

# 内容提要

本书在详细介绍国内外InSAR技术发展现状的基础上，总结了相关研究成果，以InSAR小基线集技术为主线，采用理论分析、试验分析与软件应用相结合的形式，系统归纳了InSAR技术理论、模型和数据处理方法，重点介绍了InSAR小基线集技术基础原理，并介绍了InSAR小基线集技术在各类自然灾害中的应用实例。

本书可供高等院校测绘、遥感等专业的师生使用，对地质灾害和矿产等领域的研究人员和工程技术人员也有一定的参考价值。

# 第一作者简介

**朱煜峰**

男，1981 年生，江西进贤人，博士，副教授。2013 年 6 月获得中南大学大地测量学与测量工程博士学位。现于东华理工大学从事测绘教学科研工作。长期从事测绘新技术在自然灾害防治的研究与应用工作。以主要完成人身份获得江西省科技进步二等奖 1 项、抚州市科技进步一等奖 1 项、中国测绘科学技术奖二等奖 1 项；参与完成国家自然科学基金 4 项；主持完成江西省自然科学基金项目 1 项，江西省教育科技项目 2 项，江西省教改项目 2 项，市厅级项目 10 余项；主持完成重大自然灾害防治横向项目多项。发表 SCI、EI 科研论文 13 篇，核心期刊论文 16 篇。

# 前　言

合成孔径雷达干涉测量(InSAR)因其高精度、高分辨率、全天候等优点已迅速成为目前常用的大地测量技术之一，旨在通过计算两次过境时SAR影像的相位差来获取数字高程模型。随之而来的差分雷达干涉技术(D-InSAR)则是通过引入外部数字高程模型或三轨/四轨差分实现地表形变监测。除了地形因素外，时空失相干、大气、轨道等也是影响D-InSAR技术在形变监测中精度的主要因素。为了突破D-InSAR技术的这些限制，学者们提出了多时相InSAR技术(MT-InSAR)来进行高精度的形变监测，如永久散射体(PS-InSAR)、小基线集(SBAS-InSAR)和分布式散射体(DS-InSAR)等。

本书以InSAR小基线集技术(SBAS)为主线，介绍了其发展现状，罗列了国内外相关的研究成果，系统陈述了InSAR技术理论、模型和数据处理方法，并列举了SBAS技术在自然灾害中的多个应用实例。本书对相关从业者具有一定的理论指导和实践参考意义，具体内容如下。

**1. 回顾SAR、InSAR技术的发展现状**

近些年发展起来的InSAR技术是SAR的一种特定应用，它结合了SAR技术和干涉测量原理。InSAR技术的出现为地表形变监测提供了一种高精度和广覆盖的方法，并逐步成为各国地学界研究的热点之一。本书在回顾SAR、InSAR技术发展现状的基础上，介绍了SBAS技术的发展概况和应用现状。

**2. 阐述InSAR技术基本原理及数据处理关键步骤**

InSAR技术利用雷达影像的相位信息来测量地表形变，为研究地壳运动、地震活动、地表沉降等提供了一种有效手段。SAR系统在不同位置和时间重复观测同一地区，对多次观测的数据进行合成，形成高分辨率的SAR影像。InSAR技术在具体操作过程中包括影像配准、基线估计、生成干涉相位图、消除平地效应、干涉图滤波、相位解缠、将相位信息转为高程形变信息等基本步骤。

**3. 详细介绍 SBAS 技术基本原理**

本书重点介绍了 SBAS 技术的理论基础，推导了相应公式的理论实现过程，阐释了 SBAS 关键技术，并详细介绍了目前常用的技术方法，以及 SBAS 技术的数据处理步骤，同时给出了对应的流程图。

**4. 介绍 SBAS 及 D-InSAR 技术的应用**

本书介绍了 SBAS 技术在矿山地表形变、城市地表形变、地质灾害早期识别、滑坡灾害识别等方面的应用，以及 D-InSAR 技术在地震监测中的应用，并给出了相应的应用实例。

本书的研究工作得到了国家自然科学基金项目(42061077、42101457)的资助，还得到了东华理工大学学术专著出版资助，在此表示感谢。

由于作者水平有限，书中难免有错误及不当之处，敬请读者不吝指教。

著 者

2023 年 10 月

# 目录

# 第1章 绪论

近些年发展起来的合成孔径雷达干涉测量(Interferometric Synthetic Aperture Radar,InSAR)技术是合成孔径雷达(Synthetic Aperture Radar,SAR)的一种特定应用,它结合了 SAR 技术和干涉测量原理,具有高精度、全天候等特点。InSAR 技术的出现为地表形变监测提供了一种高精度和广覆盖的方法,并逐步成为各国地学界研究的热点之一。本章首先回顾了 SAR、InSAR 技术的发展现状,然后介绍了小基线集(Small Baseline Subsets,SBAS)技术的发展概况和应用现状。

## 1.1 SAR 技术发展概况

### 1.1.1 SAR 系统的发展

雷达(Radar)是一种利用无线电波进行探测和测量的技术。早期的雷达由军方研制,通过发送无线电信号并接收其反射回来的信号来探测目标(飞机、导弹和船只等)的位置、速度和其他特征。

SAR 技术研究最早开始于 20 世纪 50 年代初,在 1951 年,Carl Wiley 首先发现利用多普勒频移现象来合成一个更大的雷达孔径,从而极大地改善了真实孔径的方位向分辨率,为 SAR 的发展奠定了理论基础,进而掀起了学界对 SAR 的理论与应用研究的热潮。与此同时,美国伊利诺伊大学控制系统实验室证实了该理论,并于 1952 年成功研制了第一个实用化的 SAR 系统,于 1953 年 7 月采用非聚集合成孔径方法获得了第一个实用化的 SAR 系统。在此基础上,美国密歇根大学雷达和光学实验室成功研制了第一个 X 波段 SAR 系统,并于 1957 年 8 月进行了飞行试验,获取了第一幅大面积聚集的 SAR 影像。这个阶段 SAR 系统主要使用航空器搭载雷达设备,虽然获取的影像分辨率较低,但仍提高了雷达探测与测距的精度,更为重要的是,SAR 技术的出现丰富了目标成像的手段,使其用于测绘、遥感、探测等领域成为可能。

### 1.1.2 星载 SAR 系统的发展

20 世纪 70 年代和 80 年代,SAR 技术开始应用于卫星平台,其发展历程见表 1-1。

1978 年,美国国家航空航天局(National Aeronautics and Space Administration,NASA)发射了世界上第一颗载有 SAR 系统的卫星 SEASAT-A,其空间分辨率达到了 25 m,超过了同期专题制图仪图像的空间分辨率(30 m)。卫星 SAR 系统提供了更高的分

表 1-1　星载 SAR 系统参数

| 卫星 | 国家/机构 | 运行时间 | 重访周期/d | 波段/GHz | 极化方式 | 轨道高度/km | 分辨率(方位向×距离向)/m | 入射角/(°) |
|---|---|---|---|---|---|---|---|---|
| SAESAT | 美国 | 1978 年 6 月—1978 年 10 月 | 17 | L | HH | 800 | 25×25 | 20～26 |
| SIR-A | 美国 | 1981 年 11 月—1981 年 11 月 | — | L | HH | 259 | 40×40 | 47 |
| SIR-B | 美国 | 1984 年 10 月—1984 年 10 月 | — | L | HH | 354 | 40×40 | 15～64 |
| ERS-1 | 欧洲航天局 | 1991 年 7 月—2000 年 3 月 | 35 | C | VV | 785 | 30×30 | 20～26 |
| JERS-1 | 日本 | 1992 年 2 月—1998 年 10 月 | 44 | L | HH | 568 | 18×18 | 35 |
| ERS-2 | 欧洲航天局 | 1995 年 4 月—2011 年 9 月 | 35 | C | VV | 785 | 30×30 | 20～26 |
| RADARSAT-1 | 加拿大 | 1995 年 11 月—2013 年 3 月 | 24 | C | HH | 792 | Standard：28×(21～27) | 20～49 |
| ENVISAT | 欧洲航天局 | 2002 年 3 月—2012 年 4 月 | 35 | C | VV/HH | 800 | Wave：10×10 | 15～45 |
| ALOS-1 | 日本 | 2006 年 1 月—2011 年 5 月 | 46 | L | VV/HH | 691 | Single/dual pol：10×7.14 | 8～60 |
| TerraSAR-X | 德国 | 2007 年 6 月至今 | 11 | X | VV/HH | 514 | HR Spotlight：1×(1.5～3.5) | 20～55 |
| COSMO-SkyMed | 意大利 | 2007 年 6 月至今 | 24 | X | 双极化 | 620 | Spotlight：1×1 | 25～50 |
| RADARSAT-2 | 加拿大 | 2007 年 12 月至今 | 24 | C | 全极化 | 798 | Spotlight：0.8×(2.1～3.3) | 20～49 |
| TanDEM-X | 德国 | 2010 年 6 月至今 | 11 | X | VV/HH | 514 | HR Spotlight：1×(1.5～3.5) | 20～55 |
| 环境一号 | 中国 | 2012 年 11 月至今 | 31 | S | VV | 499 | Stripmap：20×20 | 28～45 |
| Sentinel-1A | 欧洲航天局 | 2014 年 4 月至今 | 12 | C | 双极化 | 693 | IW：5×20 | 29～46 |
| ALOS-2 | 日本 | 2014 年 5 月至今 | 14 | L | 全极化 | 628 | Spotlight：1×3 | 8～70 |
| Sentinel-1B | 欧洲航天局 | 2016 年 4 月至今 | 12 | C | 双极化 | 693 | IW：5×20 | 29～46 |
| 高分三号 | 中国 | 2016 年 8 月至今 | 29 | C | 全极化 | 755 | 1～500 | 10～60 |
| SAOCOM-1A | 阿根廷 | 2018 年 10 月至今 | 16 | L | 双极化 | 619.6 | 10×10 | 20～50 |
| 天绘 2 号 | 中国 | 2019 年 4 月至今 | 19 | X | HH | 500 | 3×3 | 35～46 |
| 海丝一号 | 中国 | 2020 年 12 月至今 | 15 | C | VV | 512 | 1～20 | 15～35 |
| 齐鲁一号 | 中国 | 2021 年 4 月至今 | — | Ku | — | 500 | 0.5 | 20～50 |
| 陆地探测 1 号 | 中国 | 2022 年 1 月至今 | 8/4 | L | 全极化 | 600 | 3～30 | 10～60 |

辨率、更大的覆盖范围和更长的数据记录时间，具备获取全球范围内高分辨率地表图像的能力，这也标志着 SAR 已进入太空对地面观测的新时代。

1981 年、1984 年和 1994 年，美国宇航局相继发射了 Sir-A、Sir-B、Sir-C/X-SAR 卫星，并成功运用于地球表面测绘，发现了撒哈拉沙漠中的地下古河道，在国际学术界引起了广泛关注(Jordan et al.，1995；Stofan et al.，1995；Schaber et al.，1997；朱良，等，2009)。

1991 年、1995 年和 2002 年，欧洲航天局分别将 ERS-1、ERS-2 和 ENVISAT 卫星送入太空，用于大范围、高分辨率的海洋和陆地等地表测绘(Zebker et al.，1994；Le et al.，1997；Kerbao et al.，1998；Desnos et al.，2000)。

进入 21 世纪以来，世界上多个航天强国相继部署了各自的星载 SAR 卫星系统，并实现了 SAR 卫星的更新换代，如欧洲航天局发射了接替 ENVISAT 的 Sentinel-1。随着技术的发展和硬件的更新，各国家、机构发射的高分辨率 SAR 卫星开始运行和工作，卫星系统迎来了一个全新的时代。

2006 年，日本发射了 L 波段 PALSAR 的先进陆地观测卫星(Advanced Land Observing Satellite，ALOS)(Simard et al.，2000；Rosenqvist et al.，2007)。

2007 年，意大利空间局发射了高分辨率 COSMO-SkyMed 卫星，标志着 COSMO-SkyMed 星座项目的启动，4 颗 SAR 卫星在最优情况下可在一天内对同一地区实现 8 次成像，可提供高时效性的数据源(廖明生，等，2007；Bianchessi et al.，2008)；加拿大空间局发射了可实现全极化、超精细分辨率成像的 C 波段 Radarsat-2 卫星；德国空间局发射了 X 波段的 TerraSAR 卫星。

2010 年，德国空间局发射了 TanDEM-X 卫星，与前期发射的 TerraSAR 卫星组成了紧密编队飞行的卫星星座，为全球提供高精度的数字高程模型(Digital Elevation Model，DEM)数据(Werninghaus et al.，2010；Pitz et al.，2010)。

2012 年，中国发射了环境一号 C(HJ-1C)SAR 卫星，解决了以往雷达数据完全依赖国外数据的问题(王毅，2010)。

2014 年，日本空间局发射了 ALOS-2 卫星，搭载 PALSAR 传感器，相较于 ALSO-1，其分辨率和观测面积大大提高(Kankaku et al.，2012；戴舒颖，2015)。

2014 年和 2016 年，欧洲航天局分别发射了 Sentinel-1A 和 Sentinel-1B 两颗卫星，重访周期可缩短至 6 天，广域地表连续观测的时效性更好(Torres et al.，2012；杨魁，等，2015)。

2016 年，中国发射了“高分辨率对地观测”重大专项工程中的高分三号(Gaofen-3)卫星，是我国首颗 1 m 分辨率 C 波段多极化卫星，具有高分辨率、长运行寿命(8 年)和多种成像模式(12 种)等特点，技术指标达到或超过国际同类卫星水平(党安荣，等，2010)。

2018 年，阿根廷航天局成功发射 SAOCOM 系列卫星首星 SAOCOM-1A。SAOCOM 系列卫星是由两个航天器组成的 L 波段极化 SAR 星座，其总体目标是提供有效的对地观测和灾害监测能力。

2019 年，中国成功发射天绘 2 号 01 组卫星。天绘 2 号卫星系统是我国首个基于

InSAR 技术的微波测绘卫星系统，也是继德国 TanDEM-X 系统后的第二个微波干涉测绘卫星系统。

2020 年，由中国电子科技集团公司第三十八研究所和天仪研究院联合研制的我国首颗商业 SAR 卫星发射成功。“海丝一号”具有轻小型、低成本、高分辨率的特点，是我国首颗轻小型 SAR 卫星，是国际上首颗 C 波段小卫星，可为海洋环境、灾害监测及国土调查等领域提供服务。

2022 年，中国科学院空天信息创新研究院载荷团队研制的陆地探测 1 号卫星系统成功发射，该系统由 A、B 两颗先进的全极化 L 波段 SAR 卫星组成，A、B 星可独立工作，也可双星协同成像，具备多模式全极化、多通道宽幅、极化干涉等先进成像模式。系统在轨运行后，填补了我国在星载差分干涉、多模式极化、单航过极化干涉 SAR、双基宽幅等微波遥感领域上的多项空白，提升了我国对地多维信息感知与综合环境监测的能力。

近十几年来，星载 SAR 在系统体制、成像理论、系统性能、应用领域等方面均取得了巨大发展：SAR 影像的几何分辨率从初期的百米级提升至亚米级；从早期单一的工作模式到现在的多模式 SAR；从固定波束扫描角（条带模式）到波束扫描（聚束模式、滑动聚束模式），再发展到二维波束扫描模式（Sentinel 的 TOPS 模式、TecSAR 的马赛克模式等）；从传统单通道接收到新体制下的多通道接收，同时实现高分辨率与宽测绘带；从单一频段、单一极化方式发展到多频多极化；从单星观测发展到多星编队或多星组网协同观测，实现多基地成像与快速重访。国内外星载 SAR 系统的发展，使得 SAR 数据种类越来越丰富；不同波段和分辨率的 SAR 数据，使得 InSAR 技术的应用更加广泛。

## 1.2 InSAR 技术发展概况

InSAR 技术是在 20 世纪 60 年代末出现的微波遥感新技术。

1969 年，Rogers 和 Ingalls 首次使用 InSAR 技术观测了金星表面（Rogers et al.，1969）。

1972 年，Zisk 利用 InSAR 技术观测了月球，并绘制了月球表面地形（Zisk，1972）。

1974 年，Graham 提出运用 InSAR 技术进行地形测量的技术原理，并首次演示了 InSAR 用于地形测量的可行性（Graham，1974）。

1986 年，Zebker 和 Goldstein 使用来自 Space Shuttle Endeavour（STS－61）任务的 SIR-C（Shuttle Imaging Radar-C）SAR 数据，利用干涉测量方法对多个 SIR-C 影像进行配准和相位差分，获取了旧金山地区的 DEM 数据（Zebker et al.，1986）。

同年，NASA 的喷气推进实验室（Jet Propulsion Laboratory，JPL）开发了第一台用于机载三维地形测绘的 InSAR 系统 AIRSAR。

1988 年，AIRSAR 系统首次投入使用，并成为第一个能够进行高分辨率三维地形测绘的机载 InSAR 系统。AIRSAR 系统使用 X 波段雷达，能够以较高的分辨率获取地表影像，并通过干涉测量技术获取地表高程信息。

1990 年代，欧洲航天局的 ERS－1 和 ERS－2 卫星提供了连续的 SAR 数据，推动了

InSAR 技术的快速发展。这些卫星数据使得广泛的地表形变和地壳运动研究成为可能，尤其是在地震活动和火山监测方面。

1993 年，Massonnet 等利用 ERS - 1 SAR 数据对地震区进行干涉测量，得到的结果与地震模型一致，在业界引起了轰动(Massonnet et al., 1993)。

2000 年，NASA 和美国国防部国家地理空间情报局(National Geospatial-Intelligence Agency，NGA)合作发起了航天飞机雷达地形测量任务(Shuttle Radar Topography Mission，SRTM)，通过测量 SAR 向地表发射的雷达波束与地表反射回来的波束之间的相位差，系统获取了全球陆地表面 80%的 DEM 产品，即 SRTM DEM。SRTM DEM 常用作外部 DEM 数据源，其促进了 InSAR 技术在地形测绘中的应用和发展(陈富龙，2013；廖明生，等，2014；许才军，等，2015)。

InSAR 相位观测量中包含地形形变的贡献，在不考虑系统误差和外部误差影响的情况下，从相位观测量中减去参考面和地形相位分量，即可获得观测周期内该地区地表的形变信息，这一过程称为差分合成孔径雷达干涉(Differential InSAR, D-InSAR)。D-InSAR技术是在 InSAR 技术基础上发展起来的主要用于形变监测的新技术。

1989 年，Gabriel 等首次提出 D-InSAR 的概念、原理和数据处理方法，证明了 D-InSAR技术可探测地表微小形变信息，并用 L 波段的 SEASAT 数据观测了美国加州帝王谷黏土的地表状态(Gabriel et al., 1989)。

1993 年，Massonnet 等利用 D-InSAR 技术处理了 1992 年美国加州兰德斯 7.3 级地震前后两幅 C 波段 ERS - 1 SAR 影像，提取的地震同震形变场与实测数据相当吻合(Massonnet et al., 1993)，其成果在 *Nature* 上发表，这使得 D-InSAR 技术受到国际地球科学界学者的广泛关注。此后，D-InSAR 技术在地表沉降、地震形变、山体滑坡、冰川移动、火山运动等方面广泛应用。

2011 年，Frontera 等利用 D-InSAR 技术获取 2011 年西班牙南部洛尔卡市 5.1 级地震区域的地表沉降数据，并结合 GPS 观测结果和反演模型来研究地震机理(Frontera et al., 2011)。

2014 年，Ashrafianfar 等在伊朗西北部的哈什特格德地区以 ENVISAT ASAR 和 ALOS PALSAR 数据作为原始数据，采用二轨法 D-InSAR 技术结合有限差分近似方法和最小二乘法，加上适当的加权因子，成功地将多组不连续的干涉图连接起来，解决了不连续干涉图区域的监测难题(Ashrafianfar et al., 2014)。

2015 年，Przyłucka 等利用 D-InSAR 技术处理 TerraSAR-X 数据，对开采沉陷上方的西里西亚煤盆地进行监测，识别出 31 个沉降区，并通过 SqueeSARTM 方法对受采矿残余沉降量影响的汤姆市预测其沉降量，测量数据与实际结果的年平均绝对差为 7 mm，这对于沉降速率快的开采沉陷区具有重要意义(Przyłucka et al., 2015)。

2017 年，Suganthi 等采集了 2003 年、2007 年和 2010 年三幅 ENVISAT 影像，对印度加尔各答市地面沉降的时间演化进行了研究。利用航天飞机雷达地形任务中的高程模型数据去除干涉图中地形引起的相位变化，利用中光谱分辨率成像光谱仪数据去除干涉图中的大气噪声，大大提高了监测精度，为利用 D-InSAR 技术快速、高精度地评估地面沉降提供依据(Suganthi et al., 2017)。

由于缺少雷达卫星、SAR 影像数据以及其他存在的技术问题,我国 InSAR 或 D-InSAR 技术研究受到一定的约束。但因 InSAR 技术的优势和潜力,我国学者快速开展 InSAR 技术的理论创新和应用研究,特别是国外 SAR 影像数据的开放、中外合作项目的开展,如"龙计划"项目,国内 InSAR 技术的应用和研究得到了飞速发展。

1997 年,王超等开始介绍 InSAR 技术的基本原理和应用研究,并在地形测量方面取得较好结果(王超,等,1997a;王超,等,1997b)。

2000 年,李德仁等和丁晓利等分别进一步介绍了 InSAR 和 D-InSAR 技术的发展历程、原理、应用和技术特点等,为国内学者开展 InSAR 的研究和应用提供了重要的参考(李德仁,等,2000;丁晓利,等,2000)。

2001 年,刘国祥等利用 ERS－2 SAR 影像,成功监测了香港国际机场的形变情况(刘国祥,等,2001)。

2002 年,路旭等处理了 ERS－1/2 的 SAR 影像,提取了天津地区的 D-InSAR 结果,该结果与水准数据一致性较好(路旭,等,2001)。同年,单新建等利用 ERS－1/2 SAR 影像监测了西藏玛尼地震形变,并提取了 D-InSAR 地震同震位移场结果(单新建,等,2002)。

2003 年,廖明生等对 InSAR 数据处理提出一种中值-自适应平滑滤波方案(廖明生,等,2003)。

2004 年,李振洪等系统研究并推导了 InSAR 和 D-InSAR 数据处理中的相位观测误差、地形误差和卫星轨道误差等对测量结果的影响(李振洪,等,2004)。

2010 年,殷硕文利用 D-InSAR 技术对珠江三角洲公路进行了沉降监测应用研究,确定了南方公路沉降监测的 D-InSAR 技术路线(殷硕文,2010)。同年,黄昭权等利用 PALSAR 雷达影像数据提取内蒙古自治区乌海市乌达区境内的乌达煤田火区的地表形变,表明利用 D-InSAR 技术对煤火区地表形变进行监测是可行的(黄昭权,等,2010)。

2011 年,闫建伟等利用 2 景 PALSAR 影像数据得出淮南矿区在试验时间段的地表沉降图,研究结果表明,煤矿开采区有 5～25 cm 不同程度的沉降量,与实际情况相符(闫建伟,等,2011)。

2013 年,刘斌等以 6 景西藏地区的 ENVISAT ASAR 数据为原始数据,采用 InSAR＋AZI 模型和 Multi-LOS 模型对地震三维同震形变场进行解算,结果表明,在南北方向上,InSAR＋AZI 模型要优于 Multi-LOS 模型(刘斌,等,2013)。

2015 年,田辉等利用二轨法 D-InSAR 技术对盘锦湿地的 ALOS PALSAR 雷达数据进行分析,并成功获取地表形变信息,发现研究区存在西八千乡、东郭苇厂和欢喜岭三个沉降中心,这对解决湿地地区的防灾减灾具有重要意义(田辉,等,2015)。

2017 年,张玲等系统介绍了由国土资源部统一部署,以 ERS、ENVISAT、RADARSAT－2 等多源数据,利用 InSAR 技术开展全国性的地面沉降调查,阐述了我国地面沉降灾害的严峻形势,为全面防灾减灾规划、城市环境保障和重大工程项目部署提供依据(张玲,等,2017)。

2019年，雷帆等利用D-InSAR技术以3 m级TerraSAR数据为数据源提取南宁市地表形变信息，发现南宁市地下水开采及矿产开采导致高沉降漏斗区，并探讨了南宁市建设用地与沉降结果的整体相关性，为南宁市的城市规划提供参考(雷帆，等，2019)。

尽管D-InSAR技术可以提取高精度的形变量，具有较大的形变监测应用潜力，并取得了一些成功的应用。但受时空失相干、大气相位延迟、引入的DEM精度误差、主辅影像配准误差等因素的影响，D-InSAR技术难以长期对微小地表形变进行高精度监测。随着SAR系统的发展，同一地区积累了大量的SAR数据，通过对这些数据进行研究发现，某些点(人工建筑、裸露的基岩等)的观测值在长时序中仍能保持高相干性，利用这些高相干点的干涉信息，国内外学者开展了时间序列InSAR技术的研究。时序InSAR技术(Time Series InSAR)是一种利用多幅InSAR影像进行形变监测和分析的方法。

2001年，意大利学者Ferretti等提出了永久散射体干涉测量技术(Permanent Scatterers InSAR，PS-InSAR)，该技术基于时序InSAR影像中的稳定高相干目标点(称永久散射体或PS点)，能有效避免相位失相干等因素对干涉的影响，最终可获得毫米级高精度的地表形变速率场(Ferretti et al.，2001)。Ferretti等在2003年对PS-InSAR申请了专利。此后，许多学者针对不同的应用环境和条件提出了一些改进方法。

2003年，Werner等提出干涉点目标分析方法(Interferometric Point Target Analysis，IPTA)，选择相干性较高的相干点目标，基于二维线性回归模型估计高程误差、大气相位、线性形变和非线性形变速率以及累计形变量，并利用瑞士商业软件GAMMA中相干点目标分析模块实现了干涉处理(Werner et al.，2003)。在缺少人工建筑物的非城区，PS-InSAR技术难以筛选出足够的PS点，使得PS点对间距过大，无法有效进行相位解缠。

2006年，Hooper提出了三维时空解缠算法，并将该方法运用于火山地区的监测，其团队编写的StaMPS(Standford Method for Persistent Scatterer)开源软件对后续的研究具有重要的意义(Hooper，2006)。

2008年，Hooper又提出了多时相干涉目标分析方法，结合PS和SBAS技术的优点，通过更多的稳定点提取更可靠的形变信息，并利用该技术获取冰岛的一座火山两次喷发期间的时序形变(Hooper，2008)。

2009年，Vilardo等利用PS方法获取意大利南部Campania地区1992—2001年的地表形变，得出地质结构、地球重力、水文地质以及人类活动等多种因素对地表形变的综合影响(Vilardo et al.，2009)。

2010年，Piyush Shanker对PS技术中的算法进行研究，利用旧金山海湾1995—2000年的43幅ERS-1/ERS-2的SAR影像获取该地区的累计形变量与平均形变速率，并与由SBAS技术获取的结果进行了比较(Piyush，2010)。

2011年，Ferretti等提出了新一代分布式散射体(Distributed Scatterers，DS)时序InSAR技术(SqueeSAR™)，根据PS目标和DS目标在雷达回波信号上的不同统计特性，将两者联合处理提取形变信息，从而提高非城市地区监测点的密度和质量(Ferretti et al.，2011)。

2015 年，Siles 等利用 StaMPS 处理了 2002—2010 年的 ENVISAT ASAR 数据，获得墨西哥城市整个区域的变形率，发现沉降区与富含黏土的湖泊沉积物区域相吻合(Siles et al., 2015)。

2020 年，Poyraz 等通过 PS-InSAR 方法监测格迪兹格拉本的构造运动，并用 GNSS 结果进行了验证(Poyraz et al., 2020)。

在国内，关于时序 InSAR 技术的研究和应用稍晚于国外，但发展迅速。

2004 年，李德仁等将 PS-InSAR 测量技术引入国内(李德仁，等，2004)。

2006 年，张景发等结合地震地质学背景深入分析了 PS-InSAR 技术应用于地壳长期形变监测的可行性，并总结了 PS-D-InSAR 技术的应用现状(张景发，等，2006)。同年，廖明生等深入分析了 PS-InSAR 技术和相干点目标方法(Coherent Pixel Technique，CPT)，并利用 CPT 方法获取了上海地区的地表形变情况(廖明生，等，2006)。

2008 年，葛大庆等选取 22 景 ASAR 数据，利用 SBAS-InSAR 技术研究了廊坊市的地表形变场(葛大庆，等，2008)。

2009 年，陈强等基于 ENVISAT 卫星 ASAR 影像数据，提出一种雷达干涉 PS 网络的基线识别与解算的模型，通过试验验证利用该 PS 模型监测地表形变是可靠的(陈强，等，2009)。

2011 年，张金芝等利用多时相干涉目标分析方法对矿区的 19 景 ENVISAT ASAR 雷达数据进行时序分析，并与由 PS 和 SBAS 技术获得的结果进行对比，发现多时相干涉目标分析方法获取的形变信息最接近实际情况(张金芝，等，2011)。

2012 年，张学东等选用 2004—2007 年 27 景 ENVISAT ASAR 雷达数据，利用横向轨迹误差法(Cross Track Error)查明了唐山市城区地表累计沉降量及其空间分布特征，在这段时间里，最大年沉降速率达到−46.8 mm(张学东，等，2012)。

2016 年，刘文祥等根据地震发震断层滑动分量较小的特点，将滑动分量设为零作为方程的限制条件，并与 PS-InSAR 数据处理结果联立方程(刘文祥，等，2016)。

2018 年，麻源源等利用升降轨 Sentinel - 1A 雷达卫星数据，验证了升降轨数据与 PS-InSAR解算结果存在较高相关性，并利用均值融合的方法进行升降轨数据融合，最终获取了昆明市地表形变监测数据(麻源源，等，2018)。

2020 年，李勇发等利用 PS-InSAR 技术对矿区开展地表形变监测，将其解算结果作为神经网络算法的样本进行模拟参数预测，并利用遗传算法对神经网络算法进行阈值和权重的筛选，最终验证遗传神经网络算法能有效地预测矿区地面沉降的发展趋势(李勇发，等，2020)。

## 1.3 SBAS 技术发展概况

PS-InSAR 技术为了准确可靠地探测 PS 点，需要大量的 SAR 影像(多于 30 幅)，且这些 SAR 影像必须经过辐射纠正，对于数据量小的区域，PS 技术的应用将会受到限制。

2002 年，西班牙学者 Berardino 等提出小基线集方法(Small Baseline Subsets,

SBAS)，将获取的 SAR 影像通过时空基线限制组合干涉对，降低时空失相干影像，通过最小二乘法求解子集合的相位信息，利用奇异值分解法(Singular Value Decomposition，SVD)估计线性相位信息，再通过时空滤波方法去除大气相位(Berardino et al.，2002)。

2003 年，Mora 等根据 PS 方法的二维周期函数模型和 SBAS 方法的多主影像，提出了 CPT 方法，可减少数据处理误差，提高提取形变结果的精度(Mora et al.，2003)。

2008 年，Jin Baek 等基于 L 波段的 SAR 影像，利用 SBAS 技术获取研究区域的地表沉降，并结合 GIS 技术对其结果进行分析，发现 SBAS 技术探测的该区域的沉降位置与采工图中的位置一致(Jin Baek et al.，2008)。

2010 年，Lanari 等基于 SBAS 技术，利用 42 幅 2003—2009 年的 ENVISAT ASAR 影像对 2009 年意大利拉奎拉的 6.3 级地震进行了研究，获取了这段时间内地震区域地表在震前和震后的时序形变(Lanari et al.，2010)。

2012 年，Yan 等基于 38 幅 ENVISAT ASAR 影像，利用 IPTA 技术和 SBAS 技术分别获取墨西哥城市地表时序形变，并对两种方法的结果进行比较。同年，Sergey Samsonov 等利用 MSBAS(Multidimensional SBAS)方法对维龙加火山群的多源 SAR 数据(ENVISAT ASAR、RADASAT-2 和 PALSAR)进行处理，成功获取了研究区域的形变场，表明利用该方法进行地表形变监测是可行的(Yan et al.，2012)。

2018—2020 年期间，Loesch 等和 Chaabani 等基于 ENVI SARscape 软件和 SBAS 技术分别监测了突尼斯的城市和 Mornag 平原以及美国俄克拉何马州中东部地区的地表形变特征(Loesch et al.，2018；Chaabani et al.，2020)。

在 SBAS 技术应用方面，国内学者也进行了大量的研究。

2008 年，葛大庆等利用 SBAS 技术获取了廊坊市主城区的地表形变时序及形变速率，通过试验验证了该算法提取地表连续形变的可行性(葛大庆，等，2008)。

2009 年，黄其欢等利用附加约束条件的 SBAS 技术获取了南京市河西地区的地表形变场和速度场，与精密水准观测结果基本一致，证明了利用该方法提取地表沉降是有效的(黄其欢，等，2009)。同年，李振宏等利用基线小于 400 mm 的小基线干涉对获取了青海花土沟油田的地表形变时序，结果表明，利用该技术能进行相当精确的油田地表形变监测，在地表形变监测方面有很大潜力(李振宏，等，2009)。

2010 年，范洪冬等利用 SBAS 技术初步提取了江苏某矿 1995—1998 年间的地表沉降量，得到该区域的年最大沉降速率为 45 mm(范洪冬，等，2010)。

2012 年，朱煜峰等利用 SBAS 技术对丰城某煤矿 2007—2008 年间的 7 景 ALOS PALSAR 影像数据进行处理，采用最小二乘法估计出高相干点时序上的沉降速率和累计沉降量，得到各影像不同时刻的时序沉降图(朱煜峰，等，2012)。

2013 年，季运灵等采用 SBAS 技术和 Stacking 方法处理了 ASAR 和 PALSAR-1 数据，获取了阿什库勒火山群地区的地表形变信息(季灵运，等，2013)。

2016 年，白林等获取了 TerraSAR-X 影像，采用 SBAS 技术监测武汉市的地表形变时空变化，并从长江水位、软土层、城市发展等方面分析其原因(白林，等，2016)。

2017 年，周洪月等获取了沧州地区 2015 年 11 月—2016 年 11 月的 Sentinel-1A/B

数据，利用 SBAS-InSAR 和 PS-InSAR 两种不同时序方法提取了沧州地区年平均形变速率及累计沉降量，两种时序监测结果具有较高的一致性(周洪月，等，2017)。

2020 年，张金盈等利用 2015—2017 年 Sentinel - 1 数据结合 SBAS 技术对黄河三角洲大范围区域形变进行监测，并结合连续运行参考站(Continuously Operating Reference System，CORS)数据计算了两者间的误差及中误差(张金盈，等，2020)。

2021 年，马顶等通过 ENVISAT-ASAR 和 Sentinel - 1A 雷达影像对山西省西山煤田 2008—2010 年和 2019—2020 年两个时期的地表形变进行了动态监测，并结合构造断裂、地下水和矿产资料详细分析了形变原因(马顶，等，2021)。同年，李帅等利用 ENVI SARscape 软件并联合 SBAS 和 Offset-Tracking 技术分别获取了矿区沉陷边缘和中心的沉降特征，得到了完整的沉降信息(李帅，等，2021)。

由上可知，SBAS 技术可以有效克服 D-InSAR 和 PS-InSAR 在使用过程中存在的部分像对干涉较差的不足，可以同时满足城区和矿山地区的时序沉降监测，与 D-InSAR、PS-InSAR、Offset-Tracking 等方法联合监测矿区的地面沉降能在一定程度上克服各自使用的局限性。与此同时，结合多源 SAR 数据的二维或三维时序分析以及如何有效提高地表植被茂盛区域的形变监测精度仍然是一个挑战。此外，SAR 数据量越来越多，要求计算能力和处理能力动态可靠、快速高效，因此，如何在各阶段与机器学习和深度学习相结合，仍需要进一步探索。

## 1.4 SBAS 技术应用领域

目前，SBAS 技术的应用已经涉及城市沉降监测、矿山沉降监测、基础设施形变监测、地质灾害识别与监测等领域。

### 1.4.1 城市沉降监测

随着全球城市化进程的不断加快，城市形变的原因也越来越多元化，如地下资源的过度开采、建筑物及基础设施的大量修建以及软土层的压实等导致的地表形变，使得城市沉降监测成为一项长期的工作(莫莹，等，2020)。

利用 InSAR 技术可以评估城市基础设施的地基稳定性，查明发生地表形变的基础设施及周边区域，及时发现不合理的工程活动，针对产业集聚区、大型线性工程、跨江桥梁等进行专题分析与研究，同时为城市高程基准维护和地质灾害监测提供可靠的测量依据，为经济持续发展中的重大民生工程提供保障服务，为政府决策提供决策依据。SBAS 技术选取更多的短时空基线干涉对参与计算，能够弥补 InSAR 技术的时间失相干的不足，从而获得更精确的沉降信息。

### 1.4.2 矿山沉降监测

矿产过度开采易造成地表塌陷，导致开采范围内的建筑物、铁路变形，土地与水利工程遭到破坏，农业减产等，给国家和当地人民带来严重的损失(朱煜峰，等，2017)。矿山沉降监测一直是社会关注的重点，传统的监测方法以水准测量和GPS测量为主，这些方法存在监测效率低下、监测范围较小、耗时、监测精度受外界及人为影响等缺点，尤其是对大范围的矿区而言，传统的监测手段受限比较大（张涛，等，2016）。相对于传统的监测手段，D-InSAR技术能够在大范围内监测地面的细微形变；不需要人员进入现场区域测量；在干涉测量过程中与SBAS技术结合，能有效地减少由于空间基线引起的失相干问题，获取更精确的形变结果，并能提高地表形变的空间分辨率。

### 1.4.3 基础设施形变监测

基础设施，如高速公路、高速铁路、发电设施、码头等，是社会经济发展的重要支撑。受区域内不合理的人类工程活动等因素的影响，基础设施周边会出现严重的地表形变，影响基础设施的地基稳定性，对基础设施的安全运营造成潜在的安全威胁。因此，监测基础设施形变，对于保障基础设施稳定安全运营具有重要的现实意义。SBAS技术能够快速提供高精度、高空间分辨率以及大范围空间连续覆盖的地表形变监测结果，为基础设施形变监测提供更全面有效的手段。

### 1.4.4 地质灾害识别与监测

我国是世界上地质灾害发育最强烈、因灾死亡人数最多的国家之一，这些地质灾害常具有隐患点多、隐蔽性强、潜伏期长等特点，对人民生命财产安全和社会经济发展造成了严重威胁。由于地形地质环境复杂、地面调查工作开展难度大，加上技术因素等条件限制，目前仍有大量地质灾害隐患尚未完全查明。

InSAR作为一种主动微波遥感技术，主动式采集雷达数据，记录地物的散射强度信息及相位信息，生成中、高分辨率雷达影像，采用干涉测量相位差求解位移量的变化。InSAR技术依托其高分辨率、不受云雨条件限制、数据获取周期短的特点，可最大程度地实现大尺度、大面积区域形变的动态监测，在大范围地面沉降、采空区地面塌陷、山体滑坡隐患点等地质灾害监测中发挥重大作用（朱煜峰，等，2020）。随后发展起来的SBAS技术通过定期监测可以有效反映地表形变的发展趋势和规律性，为长时序下环境灾害问题提供良好的技术监测手段。

# 第2章　SAR、InSAR、D-InSAR技术基本原理

## 2.1　概述

SAR是一种主动遥感技术，利用雷达系统发射脉冲信号并接收回波信号，通过分析回波信号的幅度和相位信息，可以获取地物的特征和结构信息。SAR系统在不同位置和时间重复观测同一地区，通过合成多次观测的数据，形成高分辨率的SAR影像。

InSAR技术结合了SAR和干涉测量的原理。首先，SAR系统通过多次观测获取相同地区的两幅或多幅雷达影像。其次，对这些雷达影像进行配准（即准确地匹配它们的像素），形成一个叠加影像。在这个叠加影像中，每个像素点都包含了来自不同时间观测的相位信息。最后，通过计算两个波束的相位差异（干涉相位），可以得到地表形变引起的相位变化。

干涉相位的变化量与地表的形变有关，可以通过这些变化量来推断地表的形变情况，如地壳的沉降与隆起、地震引起的断层活动等。同时，InSAR技术还可以提供地表的高程信息，因为相位变化还受到地表高程的影响。InSAR技术利用雷达影像的相位信息来测量地表形变，为研究地壳运动、地震活动、地表沉降等提供了一种有效手段。

## 2.2　SAR技术基本原理

### 2.2.1　雷达工作原理

雷达（Radar）是一种利用无线电波进行探测和测量的技术。它通过发射电磁波并接收其反射回来的信号来获取目标的位置、速度、形状和其他相关信息。雷达系统由多个部分组成，这些部分共同协作以实现雷达的功能。以下是雷达系统的一些基本组成部分。

天线（Antenna）：用于发射和接收雷达信号，将电磁能量转换为辐射出去的电磁波或接收到的反射波。天线的类型和构造根据不同的雷达应用而异。

发射器（Transmitter）：负责产生和放大雷达信号，将电能转换为高频电磁波，并将其传输到天线中进行辐射。

接收器（Receiver）：用于接收由天线接收到的反射波或回波信号，并对其进行放大、滤波和解调等处理，以提取目标信息。

处理器（Signal Processor）：对接收到的信号进行数字信号处理，包括滤波、增强、调制

解调、频谱分析、目标检测和跟踪等，以获取目标的位置、速度和其他特征。

显示器(Display)：用于将雷达处理得到的目标信息以图像、数据或图表的形式呈现给操作员进行分析和判断。

控制器(Controller)：用于控制雷达系统的各个组件的操作和协调，包括发射器的功率控制、天线的转向和扫描等。

数据接口(Data Interface)：用于与其他系统进行数据交换和通信，如雷达数据的传输和共享。

此外，雷达系统还可能包括功率供应设备、冷却系统、数据存储和记录设备、报警系统等辅助组件，以满足不同雷达应用的需求。

这些组成部分相互合作，使雷达能够发射和接收信号，提取目标信息，并对其显示和处理。具体的雷达系统设计和组成可以根据应用需求和技术要求的不同而有所差异。雷达具体的工作原理如下。

发射信号：雷达系统通过天线向目标发射无线电波(通常是脉冲信号)，这些无线电波称为雷达信号或脉冲。

传播和散射：发射的雷达信号在空间中传播，并遇到目标物体，当雷达信号与目标物体相互作用时，一部分能量被吸收、散射或反射。

接收反射信号：雷达系统中的接收天线接收到从目标物体反射回来的信号，这些信号是原始雷达信号的衰减和变形版本。

信号处理：接收到的反射信号通过信号处理系统进行放大、滤波和其他处理，这些处理旨在增强目标信号并降低噪声水平。

目标参数提取：通过分析处理后的信号，雷达系统可以提取出目标的一些参数，如距离、方位角、仰角、速度等，这些参数可以通过测量信号的时延、频率变化、幅度变化等来确定。

显示和分析：提取的目标参数可以通过显示设备或计算机图形界面进行可视化展示。雷达系统还可以根据应用需求进行进一步的数据分析和处理，如目标识别、跟踪、测量等。

需要注意的是，雷达工作原理的具体细节可能因不同的雷达类型和应用而有所差异。不同类型的雷达，如连续波雷达(Continuous Wave Radar)、脉冲雷达(Pulse Radar)、合成孔径雷达(SAR)等，可能在信号发射、接收和处理方面存在一些差异。此外，雷达系统还需要考虑天线设计、波束形成、多普勒效应等因素。

总的来说，雷达通过发射和接收无线电波来实现目标探测和测量，其工作原理涉及信号的发射、传播、反射、接收以及后续的信号处理和参数提取过程(图 2-1)。

### 2.2.2　雷达波段划分

最早的雷达使用的是米波，这一波段被称为 P 波段(英文单词 Previous 的首字母，意为“以往”)。最早用于搜索雷达的电磁波波长为 23 cm，这一波段被定义为 L 波段(英文单词 Long 的首字母)，后来这一波段的中心波长变为 22 cm。当波长为 10 cm 的电磁波

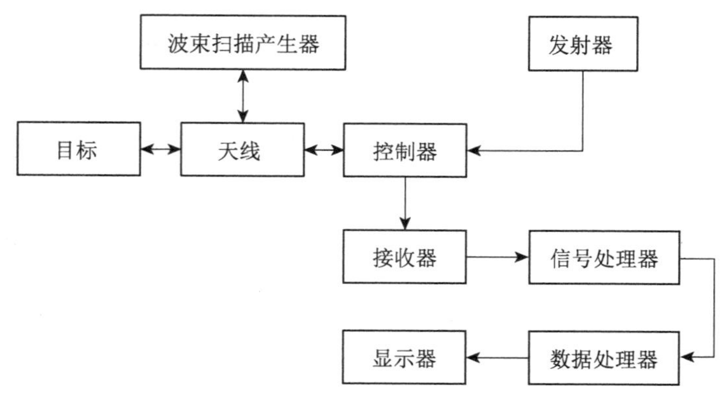


图 2-1　雷达工作原理

被使用后，其波段被定义为 S 波段(英文单词 Short 的首字母，意为比原有波长短的电磁波)。在主要使用 3 cm 电磁波的火控雷达出现后，3 cm 波长的电磁波被称为 X 波段，因为 X 代表坐标上的某点。为了结合 X 波段和 S 波段的优点，逐渐出现了使用中心波长为 5 cm 的雷达，该波段被称为 C 波段(英文单词 Combined 的首字母)。第二次世界大战(二战)期间，德国人在独立开发自己的雷达之初，选择 1.5 cm 作为自己雷达的中心波长，并把这一波长的电磁波称为 K 波(K 是德文 kurz 的首字母，意思是"短的")。在前期试验中发现，K 波的波长与水蒸气(频率 22.24 GHz)的谐振波长相近，能被水蒸气强烈吸收，从而限制了这一波段的雷达在雨天和有雾天气使用。为了避开这个谐振频率，二战期间设计的雷达通常使用频率略低于 K 波段的 Ku 波段(Ku，即英文 K-under 的缩写，意为在 K 波段之下)和略高于 K 波段的 Ka 波段(Ka，即英文 K-above 的缩写，意为在 K 波段之上)。表 2-1 是 SAR 系统常用波段的波长、频率以及应用领域。

表 2-1　SAR 系统常用波段的波长、频率以及应用领域

| 波段代号 | 频率/GHz | 波长范围/cm | 主要用途 |
|---|---|---|---|
| P | 0.23～1 | 130～30 | 一般用小而短的天线进行收发，用于移动通信领域 |
| L | 1～2 | 30～15 | L 波段雷达具有较长的波长，适用于穿透土壤和植被，用于土壤湿度测量、森林生态学和冰川研究等 |
| S | 2～4 | 15～7.5 | S 波段雷达在大气条件下有较好的传播特性，常应用于天气雷达、航空雷达和海洋监测等领域 |
| C | 4～8 | 7.5～3.75 | C 波段雷达受大气吸收和雨水干扰方面影响较小，被广泛应用于空中监视、气象雷达和地质勘探等 |
| X | 8～12 | 3.75～2.5 | X 波段雷达具有较高的分辨率和灵敏度，主要应用于空中监视、地面监测和海洋监测等 |
| Ku | 12～18 | 2.5～1.67 | Ku 波段雷达在大气条件下具有较好的传播性能，广泛应用于卫星雷达、测绘和环境监测等领域 |

（续表）

| 波段代号 | 频率/GHz | 波长范围/cm | 主要用途 |
| --- | --- | --- | --- |
| K | 18～27 | 1.67～1.11 | 主要用于雷达通信 |
| Ka | 27～40 | 1.11～0.75 | Ka波段雷达具有较高的分辨率和灵敏度，广泛应用于大气监测、地质勘探和地表形变测量等 |

### 2.2.3 雷达系统的分类

雷达的种类繁多，可以按照不同的分类方法进行分类，以下是一些常见的雷达分类方法。

1. 按照工作原理分类

连续波雷达：连续发射和接收无间断的电磁波，用于测量目标的距离和速度。

脉冲雷达：通过发射脉冲状的电磁波，测量目标的距离、速度和方位。

2. 按照工作频率范围分类

雷达根据工作频率范围可分为L波段雷达、X波段雷达、S波段雷达、C波段雷达等。

3. 按照应用领域分类

天气雷达：用于气象监测、预报和降水测量。

航空雷达：用于保障飞行安全和导航，包括空中交通管制雷达和飞行雷达。

地质雷达：用于地质勘探和矿产资源探测。

军事雷达：用于军事侦察、目标跟踪和导弹导航等军事领域。

海洋雷达：用于海洋监测、海洋导航和海洋资源勘测等。

4. 按照工作模式分类

扫描雷达(Scanning Radar)：通过旋转或倾斜天线进行水平和垂直扫描，获取目标位置和方位信息。

直接雷达(Conical Scan Radar)：天线以固定角度或连续变化角度发射和接收信号，用于快速搜索和探测目标。

跟踪雷达(Tracking Radar)：针对已知目标进行跟踪，实时测量目标位置、速度和加速度等参数。

5. 按照干扰对策分类

有源雷达干扰系统(Active Radar Countermeasure)：用于对抗敌方雷达系统的干扰设备。

无源雷达干扰系统(Passive Radar Countermeasure)：利用其他电磁信号对雷达系统进行干扰。

6. 按照天线类型分类

相控阵雷达(Phased Array Radar)：使用由多个单元组成的天线阵列，通过相位控制实现波束的电子扫描，具有快速波束转向和多目标跟踪能力。

机械扫描雷达(Mechanical Scan Radar):通过机械旋转或倾斜天线来实现波束的物理扫描,速度较慢但适用于许多应用。

电子扫描雷达(Electronic Scan Radar):利用电子元件控制天线的方向,实现快速的电子波束转向和跟踪能力。

7. 按照探测距离分类

远程雷达(Long-Range Radar):用于长距离探测和监视,通常具有较高的发射功率和接收灵敏度,可以探测数百千米甚至更远的目标。

中程雷达(Medium-Range Radar):用于中距离目标探测和跟踪,覆盖范围一般在几十千米到数百千米之间。

近程雷达(Short-Range Radar):用于近距离目标探测和测量,工作范围通常在几米到数十千米之间。

## 2.3 InSAR 技术基本原理

### 2.3.1 测量模式

InSAR 是对同一地区两幅 SAR 复数影像进行干涉处理,通过传感器参数和获取的相位信息反演出地表高程信息及形变信息的技术(Bamler et al., 1998; Rosen et al., 2000)。根据 SAR 运载平台的不同,可将 SAR 干涉测量分为机载 SAR 干涉测量和星载 SAR 干涉测量。同样,根据雷达干涉测量对地表观测方式的不同,通常可将 SAR 干涉测量分为单轨双天线横向模式、单轨双天线纵向模式和重复轨道单天线模式(陈富龙,2013;廖明生,等,2003),最常使用的是第三种。

1. 单轨双天线横向模式(Cross-Track Interferometry, XTI)

单轨双天线横向模式(图 2-2)是在同一飞行平台安装两副天线,并且天线基线垂直于平台的飞行轨道方向。在工作中,一副天线用于对地物发射雷达信号,两副天线同时接收地物回波信号,一次飞行即可获得 SAR 干涉对。因此,此模式没有时间间隔,可排除时间相干性,影像相干性更好,但空间基线受限制,对地形变化敏感,主要用于地形制图和数字高程模型构建。

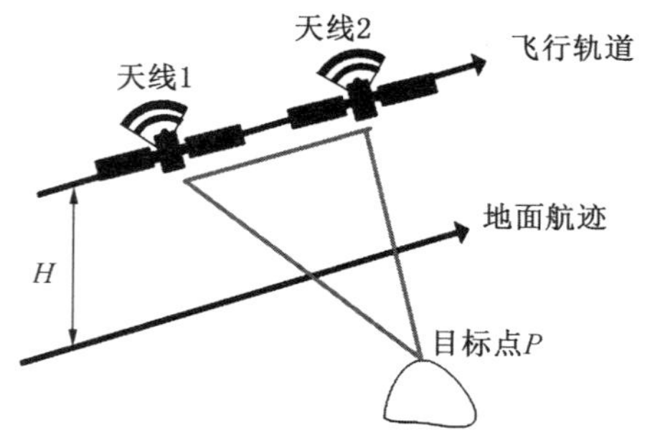


图 2-2 单轨双天线横向模式

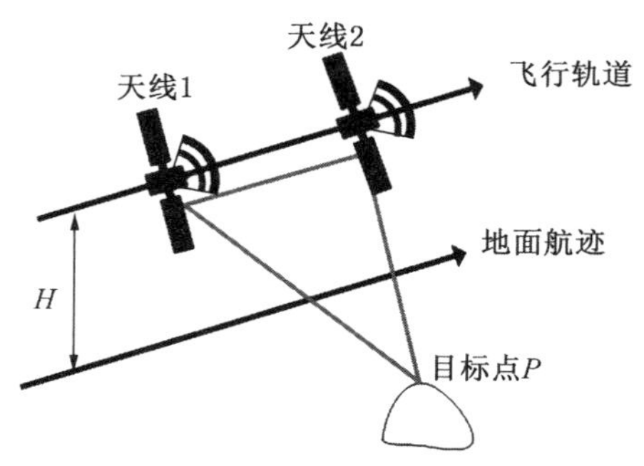


图 2-3 单轨双天线纵向模式

2. 单轨双天线纵向模式(Along-Track Interferometry，ATI)

单轨双天线纵向模式(图 2-3)是指在同一遥感平台安装两副天线，但天线连线方向与飞行方向平行，可在不同时间点观测同一地物，以监测与传感器飞行方向平行的目标运动为目的，主要用于海洋、冰川等动态监测。

3. 重复轨道单天线模式(Repeat-Track Interferometry，RTI)

重复轨道单天线模式(图 2-4)通常用于星载 SAR 卫星系统，飞行平台只有一副天线，在一定时间间隔以几乎相同的轨道路径重复飞行成像，获取同一地区的两幅 SAR 影像，经干涉处理后获取地表形变信息。重复轨道测量以 SAR 卫星为平台，受大气影响小，飞行轨道稳定，能提供精密轨道数据，但通常会产生时空失相干问题。

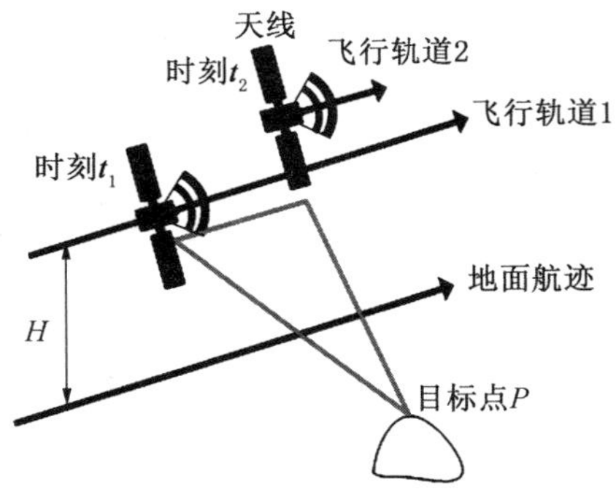


图 2-4　重复轨道单天线模式

### 2.3.2　基本原理

InSAR 技术是以 SAR 复数影像提取的相位信息为信息源获取地表的三维信息和变化信息的一项技术(王超，等，2002)，即利用获取的同一研究区域的 SAR 复数影像实现回波信号的干涉处理，从而得到该区域的干涉条纹图，并对相位信息进行分析，以获得该区域的高程或形变信息。

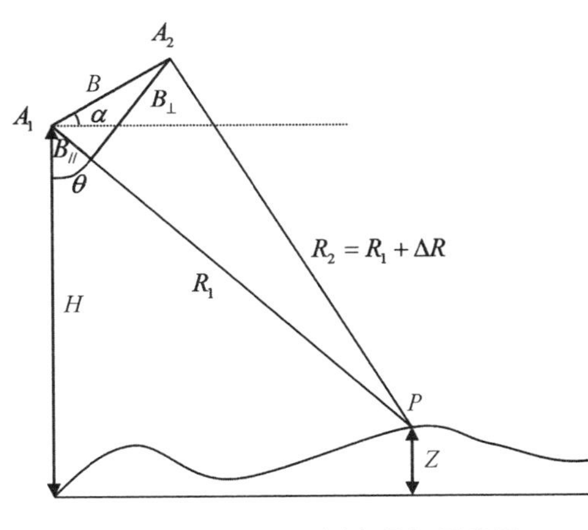


图 2-5　InSAR 测高几何示意图

下面以星载 SAR 干涉测量的重复轨道单天线模式为例，介绍 InSAR 技术获取地表 DEM 的基本原理。

图 2-5 中，$A_1$ 和 $A_2$ 分别为获取主、辅影像时雷达天线中心所在的两个不同的位置；$H$ 为主雷达天线中心 $A_1$ 到地面的高度；$\alpha$ 为水平方向与空间基线的夹角；$\theta$ 为天线 $A_1$ 对地面点 $P$ 成像时的入射角；$B$ 为两次成像时刻天线的空间基线长度；$B_\perp$ 和 $B_{//}$ 分别为垂直于视线方向的分量和基线沿视线方向(即平行基线和垂直基线)的分量；$Z$ 为地面点 $P$ 的高程；$R_1$ 和 $R_2$ 分别为主、辅雷达天线中心到 $P$ 点的距离；$\Delta R$ 为获取主、辅影像的两次观测的雷达天线中心到 $P$ 点的距离差；$\varphi$ 为两次观测产生的相位差。主、辅雷达天线接收的 SAR 信号 $c_1$ 和 $c_2$ 分别表示如下：

$$\begin{cases} c_1 = A_1 \exp(\mathrm{j}\varphi_1) \\ c_2 = A_2 \exp(\mathrm{j}\varphi_2) \end{cases} \tag{2-1}$$

式中，$A_i$、$\varphi_i$ 分别为 SAR 信号的灰度和相位，$i=1, 2$。

将主、辅影像进行影像配准，经过重采样后对 SAR 干涉图进行复共轭相乘，最终得到的复干涉相位为：

$$v=c_1c_2^*=A_1A_2\exp[j(\varphi_1-\varphi_2)] \tag{2-2}$$

式中，$*$ 代表复数共轭。

由于 SAR 系统获取的回波信号的相位主要与微波传播的路径长度和地物的后向散射特性有关，因此，两幅影像的观测相位可表示为：

$$\begin{cases}\varphi_1=-\dfrac{4\pi}{\lambda}R_1+\varphi_P^1\\ \varphi_2=-\dfrac{4\pi}{\lambda}R_2+\varphi_P^2\end{cases} \tag{2-3}$$

式中，$R_i(i=1, 2)$ 为雷达波单程传播距离；$\varphi_P^1$ 和 $\varphi_P^2$ 表示两次成像时刻不同散射体的散射相位；$\lambda$ 为雷达波长。若假设两次成像期间地面目标的散射特性相同，即 $\varphi_P^1=\varphi_P^2$，则干涉相位 $\varphi$ 可表示为：

$$\varphi=\varphi_1-\varphi_2=-\frac{4\pi(R_1-R_2)}{\lambda}=-\frac{4\pi\Delta R}{\lambda} \tag{2-4}$$

式中，$\Delta R$ 为雷达波单程传播距离差。

将传感器的空间基线（图 2-4 中的 $B$）沿视线方向和垂直于视线方向进行分解，能够求解出平行基线 $B_{/\!/}$ 和垂直基线 $B_{\perp}$ 的表达式：

$$B_{\perp}=B\cos(\theta-\alpha) \tag{2-5}$$

$$B_{/\!/}=B\sin(\theta-\alpha) \tag{2-6}$$

式中，$B$ 为两次成像时刻天线的空间基线长度；$\theta$ 为主雷达的入射角；$\alpha$ 为水平方向与空间基线的夹角。

由于

$$\sin(\theta-\alpha)=\frac{(R_1+\Delta R)^2-R_1^2-B^2}{2R_1B} \tag{2-7}$$

在参考面为平地的假设条件下，根据三角函数关系，得

$$Z=H-R_1\cos\theta \tag{2-8}$$

式中，$Z$ 为地面点 $P$ 的高程；$H$ 为主雷达天线中心 $A_1$ 到地面的高度。

在 $\Delta R\ll R$ 的条件下，可忽略式(2-7)中的 $(\Delta R)^2$ 项，则

$$\Delta R\approx B\sin(\theta-\alpha)+\frac{B^2}{2R_1} \tag{2-9}$$

在 $R\gg B$ 的条件下，可认为 $\Delta R\approx B_{/\!/}$，则式(2-9)可表示为：

$$\varphi = -\frac{4\pi}{\lambda} B \sin(\theta - \alpha) \tag{2-10}$$

分别对式(2-8)和式(2-10)两边同时取微分，得

$$\Delta Z = R_1 \sin\theta \cdot \Delta\theta - \Delta R_1 \cos\theta \tag{2-11}$$

$$\Delta\varphi = -\frac{4\pi}{\lambda} B \cos(\theta - \alpha) \cdot \Delta\theta \tag{2-12}$$

将式(2-11)代入式(2-12)，可得

$$\Delta\varphi = -\frac{4\pi B_{\perp}}{\lambda R_1 \sin\theta} \cdot \Delta Z - \frac{4\pi B_{\perp}}{\lambda R_1 \tan\theta} \cdot \Delta R_1 \tag{2-13}$$

式(2-13)等号左边为相邻像元间的干涉相位差；等号右边第一项 $\frac{4\pi B_{\perp}}{\lambda R_1 \sin\theta} \cdot \Delta Z$ 为由地面目标高程变化所引起的相位；等号右边第二项 $\frac{4\pi B_{\perp}}{\lambda R_1 \tan\theta} \cdot \Delta R_1$ 为由平地效应引起的相位，也可称为平地相位。因此，去除平地相位后，$P$ 点的地形相位 $\varphi_{top}$ 和高程之间的关系可表示为：

$$Z = -\frac{\lambda}{4\pi} \cdot \frac{R_1 \sin\theta}{B_{\perp}} \cdot \varphi_{top} \tag{2-14}$$

对式(2-14)进行微分，可以得到敏感度，计算式如下：

$$\Delta Z = -\frac{\lambda}{4\pi} \cdot \frac{R_1 \sin\theta}{B_{\perp}} \cdot \Delta\varphi_{top} \tag{2-15}$$

当地形相位有一个整周变化(即 $\varphi_{top} = 2\pi$) 时，对应的地面高程变化由以下公式计算：

$$\Delta Z_{2\pi} = -\frac{\lambda}{2} \cdot \frac{R_1 \sin\theta}{B_{\perp}} \tag{2-16}$$

从式(2-16)可知，地面高程对相位的敏感度取决于垂直基线的长度。式中的 $\Delta Z_{2\pi}$ 被称为“模糊高”。经验表明，垂直基线越大，高程变化对相位变化的敏感度越差，则模糊高度越小，反演 DEM 的高程精度越高；反之，垂直基线越小，模糊高度越大，反演 DEM 的高程精度越低。但是在实际应用过程中，如果垂直基线太大，会导致严重的相位噪声，当垂直基线超过一定的限值时，将产生干涉图完全失相干现象，此时的基线称为临界基线。以 ERS-1/ERS-2 系统为例，其临界基线约为 1 062 m，所以在使用 InSAR 技术获取地表 DEM 过程中，根据影像数据质量和试验区实际地形，基线长度的选择应尽可能为最优。DEM 生成的最优基线可以选取临界基线的 0.2～0.8 倍范围内的任何值(Zebker et al.，1986)。

## 2.4 D-InSAR 技术基本原理

### 2.4.1 工作模式

D-InSAR 技术是通过对同一地区不同时间的 SAR 影像进行差分干涉处理，消除平地相位、地形相位、大气相位等影响，最终提取地表形变信息。按照构成影像对的不同方法，可将 D-InSAR 技术分为二轨法、三轨法和四轨法等（李陶，2004；廖明生，等，2003）。

1. 二轨法（2 - Pass）

二轨法是在 1993 年由 Massonnet 等首次提出，该方法的核心是利用试验区地表两幅变化前后的单视复数（Single Look Complex，SLC）影像来生成干涉纹图，然后结合外部 DEM 数据模拟地形纹图，要求外部 DEM 数据精度高，在干涉纹图中去除地形相位，即可得到地表形变相位信息，再根据相位和形变量的关系得到形变量（Massonnet et al.，1993）。该方法的优点是不需要对干涉图进行相位解缠，直接对差分干涉图进行相位解缠，避免了解缠的困难。其缺点是在借助外部 DEM 数据的同时，可能引入 DEM 本身的高程误差、DEM 模拟地形纹图与 SAR 主影像的配准误差等，对于无 DEM 数据的地区无法采用该方法。图 2-6 所示为二轨法差分干涉测量处理流程。

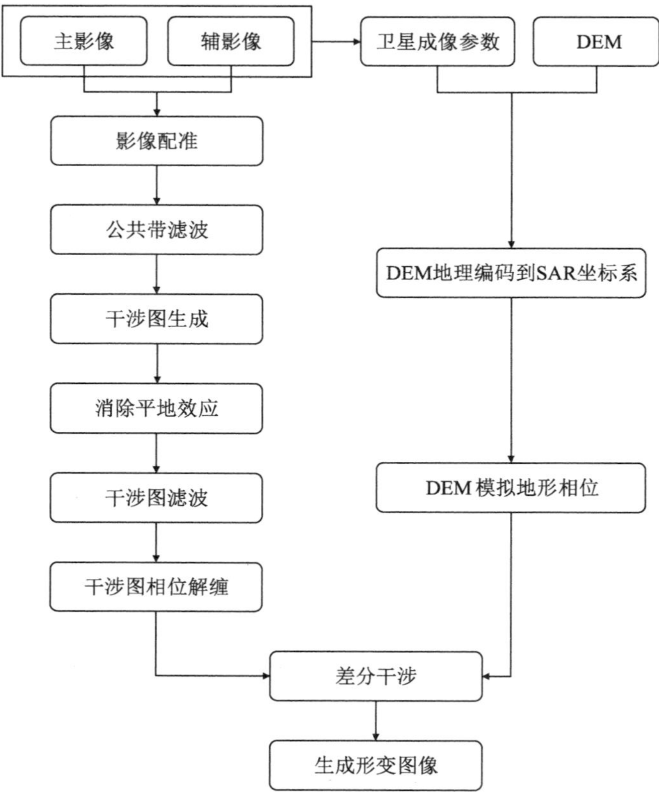


**图 2-6　二轨法差分干涉测量处理流程图**

2. 三轨法(3 - Pass)

三轨法是由 Zebker 等在 1994 年提出的,由于该方法可以直接从 SAR 影像中提取地表形变信息,因此得到广泛应用(Zebker et al.,1994)。其基本原理是利用研究区域三个不同时间段的 SLC 影像生成两幅干涉纹图,且这两幅干涉纹图具有公共主影像,一幅用来提取地形相位,另一幅用来提取形变相位。三轨法的主要优点是无需外部 DEM 数据,成像的几何和物理参数相似,可以消除部分系统误差,数据间的配准误差较小,而且在无地形数据的区域也可以实现监测。其缺点是地形像对成像期间存在形变被忽略的问题、不是真实的形变信息、地形像对可能受到大气扰动的影响、相位解缠的质量会直接影响最终的形变结果。图 2-7 所示为三轨法差分干涉测量处理流程。

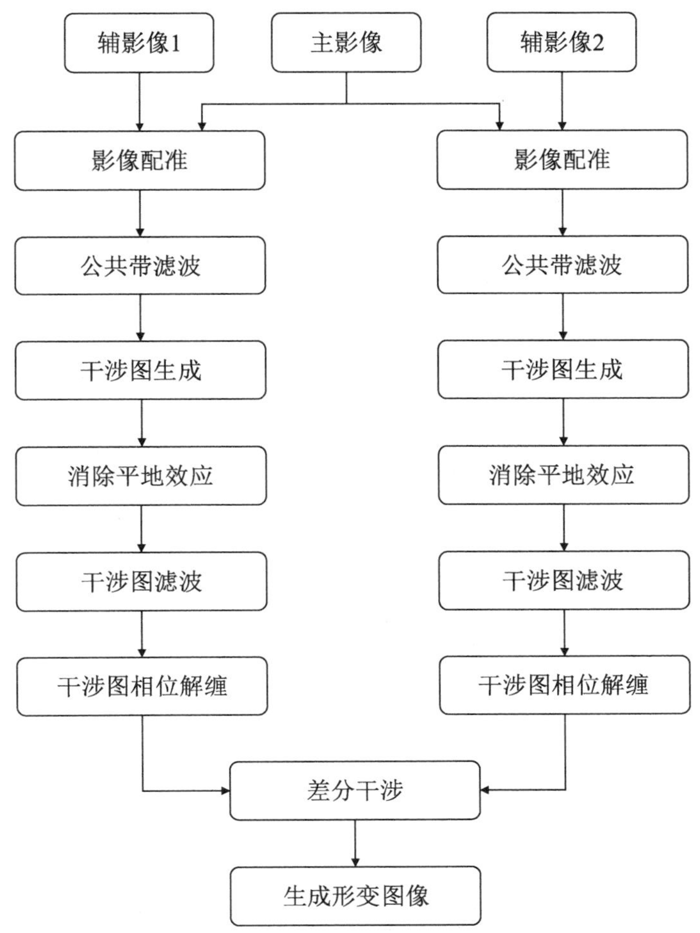


**图 2-7　三轨法差分干涉测量处理流程图**

3. 四轨法(4 - Pass)

三轨法要求有较高的差分干涉对数据,特别是对空间基线和时间基线都有限制条件,在试验过程中,容易碰到很难挑选出能够满足三轨法的干涉纹图限制条件的情况,在这种情况下可以选择四幅 SAR 影像,一幅 SAR 影像是形变发生后的影像,另外三幅是形变发生前的影像，由它们组成两组干涉对，其中一组生成 DEM 纹图，另外一组生成形变干涉纹图，将生成的形变干涉纹图与地形模拟干涉纹图进行配准，按照三轨法进行差分干涉处理，从而得到形变量，此过程即为四轨法。四轨法的优点同样是无需外部 DEM 数据，数据间的配准较易实现，在无地形数据的地区可以实现监测，而且与三轨法相比，其具有非常高的灵活性。其缺点是增加了 SAR 数据的购买成本，同样地，地形像对和相位解缠的质量将直接影响最终的形变结果。图 2-8 所示为四轨法差分干涉测量处理流程。

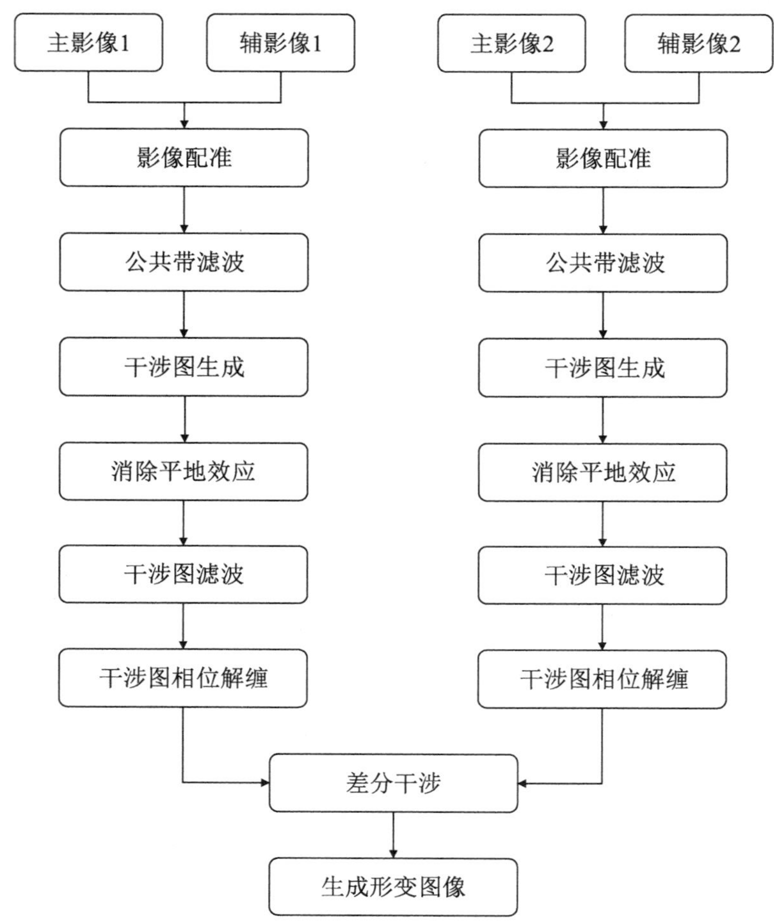


图 2-8　四轨法差分干涉测量处理流程图

### 2.4.2　基本原理

图 2-9 为利用二轨法进行差分干涉测量的几何示意图。SAR 复数影像通过配准后，再经共轭相乘，得到干涉条纹图，由雷达影像得到的干涉相位的组成可表示为：

$$\varphi_{\text{int}}=\varphi_{\text{flat}}+\varphi_{\text{top}}+\varphi_{\text{def}}+\varphi_{\text{orb}}+\varphi_{\text{atm}}+\varphi_{\text{noi}} \tag{2-17}$$

式中，$\varphi_{\text{flat}}$ 为地球曲面引起的平地效应相位；$\varphi_{\text{top}}$ 为地形起伏引起的地形相位；$\varphi_{\text{def}}$ 为地表形变引起的相位；$\varphi_{\text{orb}}$ 为轨道误差引起的相位；$\varphi_{\text{atm}}$ 为大气效应引起的延迟相位；$\varphi_{\text{noi}}$ 为影

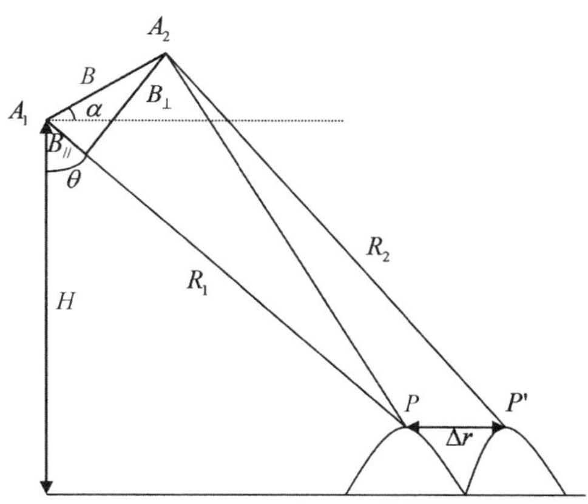


图 2-9　D-InSAR 技术(二轨法)基本原理图

像数据处理流程中产生的误差、热噪声引起的噪声相位。

因此,为了获取地表形变引起的相位信息,必须将其他相位从干涉相位中去除。对于平地效应相位,可通过基线估计得到;对于地形相位,需要采用其他的影像数据(三轨法和四轨法)或已有的外部 DEM 数据(二轨法),通过二次差分处理将其消除;对于轨道误差引起的相位,一般可利用精密轨道数据来进行校正,也可以通过多项式拟合进行去除(杨红磊,等,2012);对于大气延迟相位和噪声相位,可以采用滤波、引入外部数据等方法将其削弱或去除(孙广通,等,2011)。最终得到的地表形变引起的相位 $\varphi_{\mathrm{def}}$ 可由下式表示:

$$\varphi_{\mathrm{def}}=-\frac{4\pi\Delta r}{\lambda} \tag{2-18}$$

当 $\varphi_{\mathrm{def}}=2\pi$ 时,可得到形变模糊度:

$$\Delta r=\frac{\lambda}{2} \tag{2-19}$$

由式(2-19)得出,形变量根据相位变化来确定,所以一个周期的形变量为波长的一半。ENVISAT 和 ERS 卫星传感器为 C 波段,形变模糊度为 0.028 m;ALOS 卫星的 PALSAR 传感器为 L 波段,波长较长,其形变模糊度为 0.118 m。因此,C 波段的数据能探测地表形变的灵敏度高于 L 波段的数据,但 L 波段的数据比 C 波段的数据能探测更大梯度的形变(蒋弥,等,2009)。

### 2.4.3　技术流程

D-InSAR 的技术流程与 InSAR 相似,不同的是前者引入了外部 DEM 数据消除地形相位,并估算分离误差相位,最终获取地表形变信息。D-InSAR 的技术流程主要包括:选取 SAR 影像、SAR 影像配准、干涉处理、模拟 DEM 消除地形相位、滤波、相位解缠、地理编码、提取形变信息。本节基于 GAMMA 软件平台,以二轨法为例介绍 D-InSAR 技术的主要流程。图 2-10 为 D-InSAR 技术流程图。

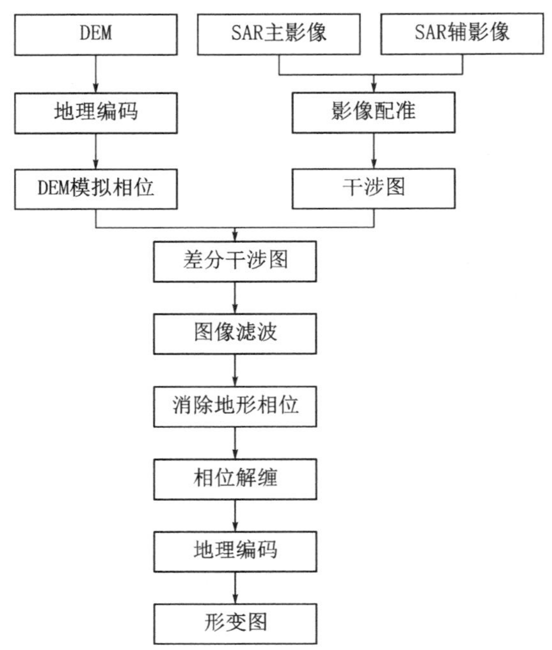


图 2-10　D-InSAR 技术流程图

GAMMA 软件是瑞士 GAMMA Remote Sensing Research and Consulting AG 公司推出的专业用于干涉雷达数据处理的全功能平台，是由苏黎世遥感实验室和美国喷气推进实验室(Jet Propulsion Laboratory, JPL)的科技工作者共同研制的商业化软件。公司由 Charles Werner 博士和 Urs Wegmüller 博士在 1995 年创建，一直致力于为用户提供完善的 SAR 数据处理软件。GAMMA 软件已经成为目前较为完善的商业雷达遥感软件之一，其主要处理流程如下：

(1) 原始数据的预处理：利用 GAMMA 软件中的 MSP(Modular SAR Processor)功能模块，根据距离-多普勒(Range-Doppler, RD)算法对 1.0 级雷达数据进行预处理，将雷达原始信号处理成标准雷达 SLC 数据格式。

(2) 影像配准：利用 GAMMA 软件的 ISP(Interferometric SAR Processor)模块进行配准处理。通常分粗配准和精配准两步处理。首先基于轨道数据进行粗配准，精度在 5 个像元之内；然后基于小窗口的方法，采用互相关方法估计方位向和距离向的偏移值，并使用最小二乘误差方程计算配准偏移值多项式；最后将影像重采到主影像的坐标系下，精确配准精度必须在 0.2 个像元以内。

(3) 干涉图的生成：对主、辅影像精确配准后，再对主、辅复数影像进行共轭相乘得到干涉图。

(4) 基线估计：GAMMA 软件中提供了四种基线估计的方法，可以通过轨道参数来估计干涉基线，或者基于干涉条纹频率来估计基线。基线估计可以用于消除平地效应和线性趋势。最终基线估计误差可作为误差引入模拟干涉图来影响形变信息。

(5) DEM 干涉相位模拟：首先对原始的 DEM 数据进行预处理，利用处理后的 DEM

模拟地图坐标系下的 SAR 强度图，并将模拟的 SAR 强度图从地图坐标系转换到 SAR 坐标系；然后生成精化后的投影变换查找表，将 DEM 数据进行向前编码，从地图坐标系转换到 SAR 坐标系；最后进行高程相位转换得到模拟地形相位图。

(6) 差分干涉：将生成的干涉图去除 DEM 模拟的地形相位，获取形变相位。

(7) 相位滤波：为了减少差分干涉图的相位噪声，以便相位解缠更简单、更准确和更有效，一般利用 GAMMA 软件中的 Goldstein 自适应滤波方法来对差分干涉图进行滤波。

(8) 相位解缠：在生成的差分干涉图中，可以得到差分相位值，但实际上得到的只是相位的主值 $\varphi$（取值范围为 $-\pi \leqslant \varphi < \pi$），将相位主值加上或减去 $2\pi$ 的整数倍，将其恢复为真实值的过程称为相位解缠。GAMMA ISP 模块支持两种相位解缠方法。一种是 1994 年 Rosen 等提出的枝切区域增长法(Branch_cut)，另一种是基于不规则三角网的最小费用流法(Minimum Cost Flow，MCF)。

(9) 沉降图的生成：经过相位解缠后，利用 GAMMA 软件中的 dispmap 命令就可以将解缠后的差分相位转换为形变。输出的形变有三种形式，包括视线向形变、垂直形变(即地表的沉降)和地表的水平形变。

(10) 地理编码：地理编码是 D-InSAR 处理流程的最后一个环节，它是将 SAR 坐标系下的沉降结果转化到地理坐标系下的过程，在 GAMMA 软件中利用 geocode_back 命令来完成，基于精化后的投影变换查找表对沉降图进行向后编码，得到地理坐标系下的沉降图。

### 2.4.4　D-InSAR 形变监测精度的影响因素

InSAR 生成的干涉图相位是由平地相位、地形相位、大气相位、轨道误差相位和系统噪声相位等部分组成的。通过二次差分处理之后，可以得到形变相位。不难发现，在从干涉相位中分离形变相位的过程中会生成各种类型的误差，D-InSAR 测量的准确度和精度因此受到较大影响。本节将对引起形变误差的原因——失相干现象、外部 DEM 误差、大气效应和轨道误差进行分析。

1. 失相干现象

高质量的干涉图是获得高精度地表形变信息的先决条件。但地面同一分辨单元在两次成像时的回波信号在干涉处理时存在多种失相干的因素，这些失相干源主要可分为六大类：几何失相干($\gamma_{geom}$)、多普勒质心失相干($\gamma_{DC}$)、体散射失相干($\gamma_{vol}$)、热噪声失相干($\gamma_{thermal}$)、时间失相干($\gamma_{temporal}$)和数据处理失相干($\gamma_{processing}$)。因此，干涉图对应的总的相干性在物理意义上可表示为：

$$\gamma_{tot} = \gamma_{geom}\gamma_{DC}\gamma_{vol}\gamma_{thermal}\gamma_{temporal}\gamma_{processing} \tag{2-20}$$

1) 几何失相干

几何失相干是由于成像入射角的不同引起的失相干现象。这种失相关现象也可以理解为：入射角的变化引起发射波段的中心频率发生了改变，当地表目标谱的频移量大于系统带宽 $B_R$ 时，会产生信号的完全失相干，此时所对应的空间基线距为临界基线：

$$B_{\perp \mathrm{crit}}=\lambda \cdot \frac{B_{\mathrm{R}}}{2d_{\mathrm{R}}} \cdot R\tan(\theta-\vartheta) \tag{2-21}$$

式中，$\lambda$ 为波长；$B_{\mathrm{R}}$ 为距离向带宽；$d_{\mathrm{R}}$ 为斜距分辨率；$R$ 为卫星到地面视线上的距离；$\theta$ 为入射角；$\vartheta$ 为地面坡度。

几何失相干可以简单地表示为：

$$|\gamma_{\mathrm{geom}}|=\begin{cases}\dfrac{B_{\perp \mathrm{crit}}-B_{\perp}}{B_{\perp \mathrm{crit}}}, & B_{\perp}\leqslant B_{\perp \mathrm{crit}}\\ 0, & B_{\perp}>B_{\perp \mathrm{crit}}\end{cases} \tag{2-22}$$

大量的试验证明：随着垂直基线 $B_{\perp}$ 的增加，相位的失相干越来越严重，当达到临界基线 $B_{\perp \mathrm{crit}}$ 时，则会引起完全失相干。

2）多普勒质心失相干

通常认为，卫星传感器天线的指向与飞行方向严格垂直时获取的 SLC 影像是零多普勒的。对于两景影像，如果它们的多普勒质心不同，就会产生多普勒质心失相干。在方位向上发生的多普勒质心失相干是由主、辅影像的成像多普勒质心差异造成的，与距离向空间基线产生的失相干现象是相对应的。多普勒质心差异引起的多普勒质心失相干的表达式为：

$$|\gamma_{\mathrm{DC}}|=\begin{cases}1-\Delta f_{\mathrm{DC}}/B_{\mathrm{A}}, & |\Delta f_{\mathrm{DC}}|\leqslant B_{\mathrm{A}}\\ 0, & |\Delta f_{\mathrm{DC}}|>B_{\mathrm{A}}\end{cases} \tag{2-23}$$

式中，$B_{\mathrm{A}}$ 是方位向上的带宽；$\Delta f_{\mathrm{DC}}$ 是多普勒质心差异。

由式(2-23)可知，干涉像对的多普勒质心频率差异与多普勒质心失相干 $\gamma_{\mathrm{DC}}$ 成反比。

3）体散射失相干

体散射失相干是指卫星雷达信号在遮挡物体间发生体散射所产生的失相干现象。雷达波的穿透性直接影响体散射失相干的大小，雷达波长及散射介质的特性对体散射失相干的产生起到关键作用。体散射失相干计算如下：

$$\gamma_{\mathrm{vol}}=\int f(z)\exp(-\mathrm{j}k_z z)\mathrm{d}z \tag{2-24}$$

式中，$f(z)$ 为有效体散射概率密度函数；$k_z$ 为 $z$ 方向上的波数。

在地表植被覆盖多的地区，由于雷达对地表植被有一定穿透性，雷达信号会在植被内进行多次反射。

4）热噪声失相干

理论上，系统热噪声失相干现象可根据传感器的系统信噪比来确定。它主要受到增益和天线特性的影响。系统的信噪比可表示为：

$$SNR=\frac{\bar{P}_{\mathrm{r}}}{P_{\mathrm{n}}} \tag{2-25}$$

式中，$\bar{P}_r$ 为接收功率的平均值；$P_n$ 为热噪声能量。

通过式(2-25)可得，热噪声失相干表达式为：

$$|\gamma_{\text{thermal}}| = \frac{1}{1+SNR^{-1}} \tag{2-26}$$

当两个传感器的信噪比 $SNR_1$ 和 $SNR_2$ 不同时，热噪声失相干表达式为：

$$\gamma_{\text{thermal}} = \frac{1}{\sqrt{(1+SNR_1^{-1})(1+SNR_2^{-1})}} \tag{2-27}$$

5）时间失相干

时间失相干是由于两次成像时间不同，地表散射体的分布和介质特性发生变化而引起的。在植物覆盖区，即使是重复周期较短的 C 波段、X 波段，也会产生时间失相干。在假设时间失相干仅与地表散射体的运动有关的前提下，Zebker 和 Villasenor 提出了一个基于散射体随机运动的时间失相干模型(Zebker et al.，1992)：

$$\gamma_{\text{temporal}} = \exp\left[-\frac{1}{2}\left(\frac{4\pi}{\lambda}\right)^2(\sigma_y^2\sin^2\theta + \sigma_x^2\cos^2\theta)\right] \tag{2-28}$$

式中，$\sigma_x$ 和 $\sigma_y$ 分别表示散射体在交轨和垂直方向上的随机运动。

大量试验表明：一般植被覆盖较少的地区受时间失相干的影响稍微小些，时间失相干还与天气情况有关。

6）数据处理失相干

数据处理失相干主要是由于干涉处理过程中各种算法精度不够而引起的，如配准失相干、插值失相干等。

Just 和 Bamler 在 1994 年给出了距离向配准失相干表达式(Just et al.，1994)：

$$|\gamma_{\text{coreg, r}}| = \begin{cases} \sin(u_r) = \dfrac{\sin(\pi u_r)}{\pi u_r}, & 0 \leqslant u_r \leqslant 1 \\ 0, & u_r > 1 \end{cases} \tag{2-29}$$

式中，$u_r$ 为距离向配准不准确的像元数。方位向配准失相干公式与之类似。

2. 外部 DEM 误差

在二轨法差分干涉测量中，外部 DEM 的不精确同样会作为误差引入形变测量中，如式(2-30)所示：

$$\Delta\varphi_{\text{top}} = -\frac{4\pi}{\lambda}\cdot\frac{B_\perp}{R_1\sin\theta}\cdot\Delta Z \tag{2-30}$$

因此，DEM 误差 $\Delta Z$ 会直接引入相位测量中，且造成的误差还与垂直基线有关。垂直基线越长，则引入形变测量中的误差越大；垂直基线越短，则引入形变测量中的误差越小。

3. 大气效应

当雷达发射的微波信号穿过大气层时，会受到大气延迟的影响，从而引起载波相位发生偏移。大气延迟主要发生在对流层，包括流体静力学延迟和水汽延迟。流体静力学延迟对干涉结果的影响很小，通常表现为类似于轨道误差的线性相位趋势。然而，对流层中的水汽延迟在时空上的变化相当大，是引起大气效应的主要原因。

由于大气效应对 D-InSAR 技术具有较大的影响，很多国内外学者对其进行了研究，并提出了大气纠正方法，如：

（1）根据 SAR 数据本身的图像特征来校正大气信号在时间域上的随机特性，如线性叠加法、随机滤波法、相位累积法和 PS 技术（Hanssen，1998）。

（2）利用遥感数据以外的数据，通过建立模型计算出大气效应，并将其从干涉纹图中去除，达到大气校正的效果，如利用地面气象信息、GPS 测量数据以及 MODIS 和 MERIS 的数据来校正大气水汽的影响（Li et al.，2004；Li，2005）。

上述大气校正方法各有优缺点，使用时都有一定的前提条件。当地表沉降范围在 1 km 以内时，此时大气在空间上表现为低频特性，两次成像时大气效应对小范围形变监测的影响也就较小。

4. 轨道误差

轨道误差人为无法干预，它表现为系统误差，在干涉图上一般呈明显的线性趋势，主要是由基线长度误差引入 D-InSAR 数据处理中的。目前，在法向、沿轨和交轨方向上，ERS/ENVISAT 卫星精密轨道数据的轨道误差分别为 7 cm、24 cm 和 18 cm，基线估算的精度也会在干涉图上呈现一定程度的线性趋势，而 RADARSAT、ALOS 卫星没有精密轨道数据，表现出更明显的线性趋势。目前消除轨道误差的方法主要有基于干涉纹图自身频率特性估计方法、基于地面已知控制点的方法和多项式拟合法。

# 第3章 InSAR 数据处理关键步骤

从第 2 章 InSAR 技术原理的介绍中可知，InSAR 的目的是从 SAR 卫星获得的复数影像对的相位信息中获取地表点位的相对高程变化值，一方面要求获得准确的相位差，另一方面也要求能估计精确的轨道参数，这些工作在实际的数据处理过程中均非易事。在具体操作过程中，其基本步骤包括影像配准、基线估计、生成干涉相位图、消除平地效应、干涉图滤波、相位解缠、将相位信息转为高程形变信息等。

## 3.1 影像配准

SAR 单视复数影像配准的目的是使计算干涉相位的两景影像的点必须对应地面的同一点(王超，等，2002)。无论是采用星载、机载还是地基 SAR 系统，当采用重轨观测时，SAR 传感器的轨道都会存在轻微偏移；当采用双天线模式观测时，两个天线之间的距离不为 0。这些都会造成干涉影像对不完全重合，因此，在进行干涉处理前，必须对干涉复数影像进行配准。影像配准精度也是影响干涉相位图质量以及最终成果精度的关键因素之一。

单视复数影像配准是 InSAR 数据处理中至关重要的一个步骤，直接关系到最终高程值和形变值的精度。在 PS-InSAR 数据处理中，如果配准精度达不到要求，会影响 PS 点的选择和降低 PS 点相位观测值的精度。要保证重采样后单视复数影像中信息不丢失，对配准精度是有严格要求的，即必须达到亚像元的精度，Just 和 Bamler(1994)、Wegmuller(2006)等指出，要使干涉图的相干性不低于 5%，配准精度必须优于 0.2 个像元。

SAR 单视复数影像的配准主要分为粗配准和精配准两个步骤。粗配准是依据卫星轨道数据或目视方法，从两景 SAR 影像中识别出少量同名点，基于同名点间的像素坐标偏移量，通过简单的平移，使干涉影像对同名像点对应同一个地面分辨单元。精配准是在粗配准的基础上，通过重复采样使配准精度达到亚像元级。精配准一般是在空间域或频率域进行，主、辅影像通过行列偏移在移动窗口内进行匹配。达到像元级精度后，经过差值计算，其配准精度可提升几十倍甚至达到百分之一像元。

雷达影像精配准可以基于影像强度，但精度要低于光学遥感影像。常用的基于相位的复影像匹配方法有频谱极大值法、平均波动法、函数法、相干系数法、最小二乘法等。

本书针对实际应用中 InSAR 处理所需数据量较大的情况，运用一种适用性更强的 SAR 影像配准方法。该方法先使用分块平均值的方法进行粗配准，然后采用不变性对称相位滤波器筛选匹配窗口大小，进行先计算旋转缩放量、后恢复平移量的精配准。该方法采用由粗到精的匹配过程，利用频率域互功率谱的傅里叶逆变换所对应的峰值来解决平移关系，并在频率域中由笛卡尔坐标系转换到对数-极坐标系来解决旋转和缩放。主、辅影像匹配后再根据移动窗口中主、辅影像最大相关的位置进行匹配，最后插值重采样完成精配准。下面介绍其主要原理与步骤。

设主影像 $m$ 和辅影像 $s$ 之间存在平移关系：

$$m(x, y)=s(x-x_0, y-y_0) \tag{3-1}$$

建立一个非线性滤波器进行图像匹配，$Q$ 为传递函数，即 $m(x, y)$ 和 $s(x, y)$ 的互功率谱：

$$Q(u, v)=\frac{M(u, v)}{|M(u, v)|}\cdot\frac{S^*(u, v)}{|S^*(u, v)|}=\exp\{j[\phi_m(u, v)-\phi_s(u, v)]\} \tag{3-2}$$

式中，$j^2=-1$；$M(u, v)$ 和 $S(u, v)$ 分别为将原图像 $m(x, y)$ 和 $s(x, y)$ 傅里叶变换到频率域的函数；$.^*$ 为共轭；$|\cdot|$ 为模；$\phi_m$ 和 $\phi_s$ 分别为主、辅影像的幅度值，即相位谱；$Q$ 为傅里叶逆变换后得到的一个狄拉克函数，在平移量 $(x_0, y_0)$ 处有极大值。

接下来解决主、辅影像旋转和缩放问题：

$$m(x, y)=s[\delta(x\cos\alpha+y\sin\alpha)-x_0, \delta(-x\sin\alpha+y\cos\alpha)-y_0] \tag{3-3}$$

式中，$\alpha$ 为旋转角；$\delta$ 为缩放因子（$x$，$y$ 方向的缩放因子同为 $\delta$）。$\alpha$ 和 $\delta$ 可通过傅里叶-梅林变换得到。

对主、辅影像进行傅里叶变换，得到 $M(u, v)$ 和 $S(u, v)$：

$$|M(u, v)|=\delta^{-2}|S[\delta^{-1}(u\cos\alpha+v\sin\alpha), \delta^{-1}(-u\sin\alpha+v\cos\alpha)]| \tag{3-4}$$

由式(3-4)可知，频谱的幅度只与旋转角度 $\alpha$ 和缩放因子 $\delta$ 有关，与平移量无关。因此，这三者可以分别计算。

将主、辅影像的幅度谱 $M(u, v)$ 和 $S(u, v)$ 变换到极坐标系 $(\theta, \rho)$ 中有：

$$\begin{cases}u=\rho\cos\theta\\ v=\rho\sin\theta\end{cases} \tag{3-5}$$

主、辅影像的频谱级数表示为：

$$\begin{cases}m_p(\theta, \rho)=|M(\rho\cos\theta, \rho\sin\theta)|\\ s_p(\theta, \rho)=|S(\rho\cos\theta, \rho\sin\theta)|\end{cases} \tag{3-6}$$

再转换到对数-极坐标系中有：

$$\begin{cases}m_{p1}(\theta, \delta)=m_p(\theta, \lg\rho)\\ s_{p2}(\theta, \delta)=s_p(\theta, \lg\rho)\end{cases} \tag{3-7}$$

由 $\delta=\lg\rho$ 得：$m_{p1}(\theta, \delta)=s_{p1}(\theta-\alpha, \delta-\lambda)$，代入频率域对数极坐标系中，式(3-7)变为：

$$Q_{p1}(\theta, \delta)=\frac{M_{p1}(\theta, \delta)}{|M_{p1}(\theta, \delta)|}\cdot\frac{S_{p1}^{*}(\theta, \delta)}{|S_{p1}^{*}(\theta, \delta)|} \tag{3-8}$$

对式(3-8)进行傅里叶逆变换，可求出主、辅影像之间的旋转缩放量。

若

$$m(x, y)=s[\rho_0(x\cos\theta_0+y\sin)\theta_0-x_0, \rho_0(-x\sin\theta_0+y\cos\alpha)\theta_0-y_0] \tag{3-9}$$

则可以对两幅影像进行傅里叶变换，在频率域内进行 log-polar 变换，把直角坐标系的 $(u, v)$ 转换成对数极坐标系的 $(\theta, \lg\rho)$，将旋转和缩放转换成平移。具体步骤如下：

(1) 将主、辅影像 $m(x, y)$ 和 $s(x, y)$ 作快速傅里叶变换，得到 $M(u, v)$ 和 $S(u, v)$，在频率域取模为幅度值 $|M(u, v)|$ 和 $|S(u, v)|$。

(2) 把 $|M(u, v)|$ 和 $|S(u, v)|$ 变换到对数极坐标系中，有 $lpm(\theta, \lg\rho)$ 和 $lps(\theta, \lg\rho)$，对 $lpm(\theta, \lg\rho)$ 和 $lps(\theta, \lg\rho)$ 进行快速傅里叶变换得到 $lpM(\theta, \lg\rho)$ 和 $lpS(\theta, \lg\rho)$，接着对其取模得到 $|lpM(\theta, \lg\rho)|$ 和 $|lpS(\theta, \lg\rho)|$，进而代入式(3-9)得到 $lpM(\theta, \lg\rho)$ 和 $lpS(\theta, \lg\rho)$ 的比率影像 $R_1$。

(3) 对 $R_1$ 进行傅里叶逆变换，其峰值位置为 $(\theta, \lg\rho)$，即缩放值 $\rho_0=base^{\lg\rho}$，旋转值 $\theta_0=0$。

(4) 使用求得的缩放、旋转参数对辅影像 $s$ 进行逆变换，得到新影像 $n$。

(5) 对主影像 $m$ 和新影像 $n$ 重复第(1)步，得到比率影像 $R_2$。对 $R_2$ 进行傅里叶逆变换，在其峰值位置处获取主、辅影像 $m$ 和 $n$ 间的平移值 $(x_0, y_0)$。对影像 $n$ 按照 $(x_0, y_0)$ 进行平移得到最终纠正后的影像 $t$。

(6) 对辅影像进行平移，再采用不变性对称相位滤波器筛选定义移动窗口大小，计算主、辅影像在窗口内的相关值。配准后经过重采样重新为辅影像赋值。

## 3.2　基线估计

基线是 InSAR 干涉测量的关键参数，它既是干涉成像的基础，也是导致干涉相位失相干的主要因素之一。在 InSAR 数据处理中，常用的基线有时间基线和空间基线两种。时间基线是指用于干涉处理的两个 SAR 影像获取的时间间隔，它是导致 InSAR 干涉时间失相干的根源；空间基线是指成像时刻两个卫星间的空间距离，它是产生 InSAR 干涉相位几何失相干的根源。本书讨论的基线误差主要针对空间基线。

在 InSAR 干涉测量中，干涉基线一般通过轨道的星历数据和状态矢量确定。当卫星的轨道数据不准确时，就会导致估计的基线存在误差，其在干涉图中常表现为一些明显的系统性条纹，因此，基线误差对形变结果的影响属于系统误差。然而，在实际处理过程中，很难将干涉相位中的形变分量、大气延迟分量和残差干涉条纹信息分离出来，这会直接影响最终获取的地表形变的精度和可靠性。若要完全有效地去除基线误差导致的残差干涉条纹，往往要求精密轨道数据的绝对精度优于 1 mm，但就目前而言，还达不到该精度要求。

目前常用的基线估计和精化方法可分为基于卫星轨道状态矢量的估计方法、基于外部信息(如 GCP)的估计方法和基于干涉图本身的估计方法。基线估计算法的精度与 SAR 数据的应用相关。在地震、冰川等差分形变监测应用中,ERS 和 ENVISAT 精密轨道的精度已可满足要求;但在地面沉降等高精度的地表形变监测应用中,轨道基线的精度要求达到亚厘米级,而现有的轨道数据是不满足的,因此必须提供精确客观的基线估计值。

## 3.3 干涉图和相干图生成

### 3.3.1 干涉图生成

当两景影像完成数据配准之后,每一点上的观测数据为:

$$\begin{cases} u_1 = |u_1| \mathrm{e}^{\mathrm{j}\varphi_1} \\ u_2 = |u_2| \mathrm{e}^{\mathrm{j}\varphi_2} \end{cases} \tag{3-10}$$

由每点的两组数据可以计算出干涉值:

$$u_{\mathrm{int}} = u_1 \cdot u_2^* = |u_1||u_2| \mathrm{e}^{\mathrm{j}(\varphi_1 - \varphi_2)} \tag{3-11}$$

式中,$u_2^*$ 为共轭复数;$u_{\mathrm{int}}$ 的相位数据是每一个同名点上对应于两个观测点的相位差,经过计算可得其值为:

$$\varphi = w(\varphi_1 - \varphi_2) = \arctan \frac{\mathrm{Im}(u_{\mathrm{int}})}{\mathrm{Re}(u_{\mathrm{int}})} \tag{3-12}$$

式中,$\mathrm{Im}(u_{\mathrm{int}})$ 和 $\mathrm{Re}(u_{\mathrm{int}})$ 分别为 $u_{\mathrm{int}}$ 的虚部和实部。此处 $\varphi$ 的数值在 $(-\pi, \pi]$ 的范围内变化,是相位的主值数据,被称为缠绕相位数据(Wrapped Phase)。干涉条纹之所以具有条纹状,是因为相位差存在周期性变化。此处的 $\varphi$ 还可以表示为:

$$\varphi = \frac{\delta_\rho}{\lambda} \cdot 2\pi \tag{3-13}$$

式中,$\delta_\rho$ 为信号的路径差,也是目标点相对于两个天线位置的路径差。

### 3.3.2 干涉相干性及相位误差源

评价干涉结果的好坏是由相干性决定的。目前通常用相干系数来评价相干性的好坏,以便描述两景影像同名区域回波信号的相似程度(Simons et al., 2007;刘国祥,等, 2000)。相干系数最早由 Prati 等于 1993 提出(Prati et al., 1994),其模型定义如下:

$$\gamma = \frac{E(\mu_1 \mu_2^*)}{\sqrt{E(|\mu_1|^2) E(|\mu_2|^2)}} \tag{3-14}$$

式中,$E(\cdot)$ 为数学期望;$\mu$ 为共轭复数,相干系数值 $\gamma$ 的取值范围为[0,1],$\gamma$ 越接近于

1，说明相干性越好。将数学期望的计算公式代入式(3-14)，得到其变换式如下：

$$\gamma=\frac{\sum_{n=1}^{N}\sum_{m=1}^{M}\mu_1(n,m)\mu_2^*(n,m)}{\sqrt{\sum_{n=1}^{N}\sum_{m=1}^{M}|\mu_1(n,m)|^2\cdot\sum_{n=1}^{N}\sum_{m=1}^{M}|\mu_2^*(n,m)|^2}} \tag{3-15}$$

式中，$M$ 和 $N$ 为计算相干性的数据块尺寸大小；$m$ 和 $n$ 分别为数据块内的行、列号；$\mu_1(n,m)$ 和 $\mu_2^*(n,m)$ 分别为主、辅影像数据块内影像坐标 $(n,m)$ 处的复数值。根据式(3-15)即可求得主、辅影像的相干系数值。

干涉处理得到的干涉结果难以避免地会携带噪声相位，过强的噪声相位会影响形变相位的提取，甚至掩盖形变相位，但噪声相位本身属于系统误差，可通过一定的方法加以去除。噪声来源可分为两大类：一类是由 SAR 硬件与处理系统等自身因素所产生的多普勒失相关和热噪声失相关；另一类是由于时空基线过大、两次回波信号差异较大、影像间难以进行有效配准，从而产生失相关现象。前者属于系统误差，通过一定的方法可以有效去除；后者属于偶然误差，可以通过选择合适的影像获取时间和调整时空基线阈值加以改进。时空基线过大引起的失相关是影响干涉成果的主要误差源。

1. 多普勒失相关

由于卫星沿轨道飞行姿态的不同，两次对地成像时的多普勒质心频率不一致，从而导致多普勒失相关。两次成像的多普勒质心频率差异越大，失相关越严重，可表示为：

$$\xi_D=\begin{cases}1-\dfrac{\Delta f_{\mathrm{DC}}}{B_{\mathrm{A}}}, & |\Delta f_{\mathrm{DC}}|\leqslant B_{\mathrm{A}}\\ 0, & |\Delta f_{\mathrm{DC}}|>B_{\mathrm{A}}\end{cases} \tag{3-16}$$

式中，$\Delta f_{\mathrm{DC}}$ 为多普勒质心频率差异；$B_{\mathrm{A}}$ 为方位向带宽。在处理过程中，多普勒失相关可用方位向滤波加以抑制，还可通过估计多普勒函数来提高 SAR 影像干涉对之间的相关性。

2. 热噪声失相关

SAR 系统自身在发射、接收电磁波信号以及记录地面回波信息的过程中会产生热噪声，会降低 SAR 影像间的相关性，产生噪声相位，造成干涉相位误差，即热噪声失相关。热噪声失相关可用系统信噪比来表示：

$$\xi_{\mathrm{N}}=\frac{1}{1+SNR^{-1}} \tag{3-17}$$

式中，$SNR$ 为雷达系统自身信噪比的值。例如欧洲航天局 ERS1/2 卫星的 $SNR=11.7$，代入式(3-17)可得 $\xi_{\mathrm{N}}=0.921$。

3. 空间失相关

空间失相关是由于 SAR 卫星在回归时轨道偏离距离过大，随着空间基线的增大，卫星对地面观测角度不同，接收到的回波信号也有所差异，进而导致配准时相干性降低。临界基线计算公式如下：

$$|B_{\perp,\text{critical}}|=\frac{\lambda R\tan(\theta-\varphi)}{2dR} \tag{3-18}$$

式中，$B_{\perp,\text{critical}}$ 为几何失相关临界基线长度；$\lambda$ 为雷达波长；$R$ 为雷达斜距；$\theta$ 为雷达侧视角；$\varphi$ 为地面坡度角；$dR$ 为 SAR 影像斜距向分辨率。

4. 时间失相关

时间失相关是指两景 SAR 影像因观测区域地物特性随时间发生变化而引起的失相关现象，例如植被生长、农田耕种、基础建设、土壤含水量变化等。时间间隔越长，发生时间失相关的概率越大。

因此，在数据处理过程中，选择的 SAR 影像时间基线应在合理范围内。除此之外，长波段的雷达在保持时间相关性方面极为有效，波长越长，雷达信号穿透植被的能力越强，在植被茂盛区域也能获得较好的干涉成果。

## 3.4 消除平地效应

在卫星斜距成像时，高度相同的地面点因距离不同产生的相位差异在干涉图中与地表形变引起的干涉条纹相同，这种影响称为平地效应(图 3-1)。上述两种因素同时存在，导致干涉条纹密集，难以解缠，所以需要先消除平地效应，再进行相位解缠。平地效应引起的干涉相位差可以由两幅影像的斜距差近似求取，除了利用 DEM 数据消除平地效应外，还可以利用轨道参数和地面中心点的大地经纬度计算。没有轨道参数或精度不够时可以利用干涉条纹图本身的频率特性消除平地效应，在距离向将每条线的频谱相加后所得最大值 $f_{\max}$ 即为平地效应，斜距上可以乘以复数 $\exp(-\mathrm{j}2\pi f_{\varphi}\Delta R)$，$\Delta R$ 为 $A_1$ 点到 $P$ 点和 $P'$ 点的斜距差，但消除过后做相位解缠时仍要加上。

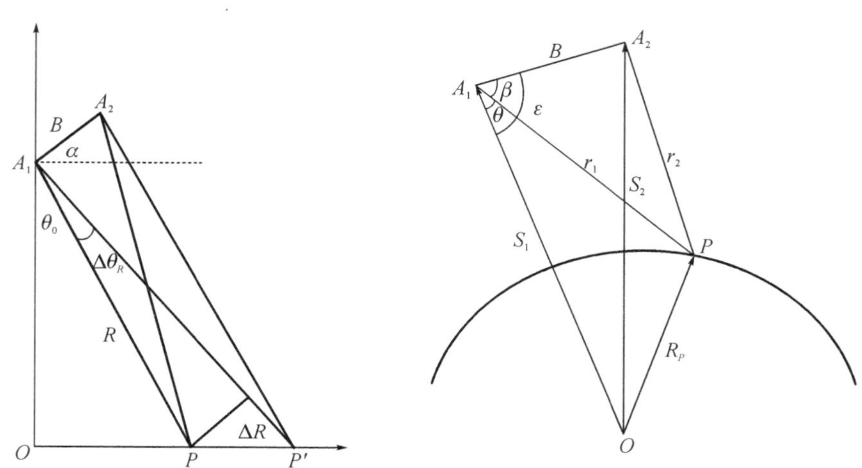


**图 3-1 平地效应产生原理**

利用 DEM 数据消除平地效应的原理见式(3-19)。

$$\Delta\varphi = -\frac{4\pi}{\lambda} \cdot \frac{B\cos(\theta_0 - \alpha)\Delta R}{R\tan\theta_0} \tag{3-19}$$

利用条纹频率消除平地效应的原理见式(3-20)—式(3-22)。

距离向的局部条纹频率为：

$$f_\varphi = \frac{1}{2\pi} \cdot \frac{\partial\varphi}{\partial R} = -\frac{2B_\perp}{\lambda R\tan(\theta_0 - \tau)} \tag{3-20}$$

式中，$\tau$ 为地形坡度在零多普勒平面的分量。

当地形平坦 ($\tau = 0$) 时，距离向的局部条纹频率变为：

$$f_\varphi = -\frac{2B_\perp}{\lambda R\tan\theta_0} \tag{3-21}$$

因此，平地效应可以表示为：

$$\Delta\varphi = 2\pi f_\varphi \Delta R \tag{3-22}$$

## 3.5　干涉图滤波

在 InSAR 系统中，受斑点噪声、数据处理噪声、地面背景干扰、基线失相干等因素的影响，InSAR 影像的信噪比较小，严重影响着干涉 SAR 影像的质量，致使目标干涉相位精度降低。干涉图的质量不但直接决定了由 InSAR 技术生成 DEM 或监测地表形变量的精度，而且影响着相位解缠等后续处理过程的复杂程度（王升，等，2019）。在干涉条纹图残差点特别密集或分布不均匀的情况下，相位解缠的结果偏差会很大甚至根本无法进行解缠。为获得高质量的干涉 SAR 影像，必须对噪声进行有效的抑制，并同时保持干涉 SAR 影像的分辨率。

干涉影像的噪声来源主要有时间/空间基线失相干、热噪声、数据处理误差等。为了减小噪声对后续解缠的影响，需采取滤波的方法对干涉影像进行处理。

针对干涉 SAR 影像中随机噪声的特性，将抑制噪声的方法大体分为空间域滤波和频率域滤波两类。空间域滤波方法主要有条纹自适应滤波方法、多视滤波方法和矢量滤波方法等；频率域滤波方法主要有自适应滤波（Goldstein 滤波）方法、频谱加权滤波方法、小波滤波方法等。

Goldstein 滤波是 1997 年由 Richard M. Goldstein 等提出的一种数字图像处理的滤波算法，是研究 InSAR 干涉图常用的滤波器之一，其参数是可以调整的，能够增强干涉条纹的清晰度，减少时空基线引起的失相干的噪声。

在传统高斯滤波中，图像的每个像素都被平滑成一个具有相同权重的高斯函数，这样会导致图像的边缘模糊，从而影响图像的质量。而 Goldstein 滤波可以解决这个问题。Goldstein 滤波通过改变高斯函数的标准差来适应不同区域的图像，从而保持边缘的锐利度。在这个过程中，算法会根据每个像素点周围的像素点的灰度值来自动调整高斯函数的标准差。如果周围像素点灰度值的变化较小，则高斯函数的标准差就会变小，从而减小滤波器的半径。如果周围像素点灰度值的变化较大,则高斯函数的标准差就会变大,从而增大滤波器的半径。

Goldstein 滤波的基本原理及步骤如下:首先将干涉图分成重叠的部分,然后做离散傅里叶变换后,再平滑,最后逆变换回空间域即可,具体如式(3-23)所示。

$$\begin{cases} Z'(u,v)=F(Z(r,a)) \\ Z'(u,v)=|Z(u,v)|^{a}\cdot Z(u,v) \\ Z'(r,a)=F^{-1}(Z(u,v)) \end{cases} \tag{3-23}$$

式中,$a\subseteq 0\sim 1$,是经验参数,需要根据不同干涉图的情况设置其具体数值。

## 3.6 相位解缠

InSAR 是对两幅或多幅由雷达获取的单视复数影像进行干涉后得到相位信息,从而计算出 DEM 的测量方法(李敏,等,2023)。相位解缠的效果决定了干涉测量的精度,从而决定所得 DEM 的精度。

相位解缠的基本思路是将已经获取到的干涉图中的缠绕相位通过 2π 整周数的叠加缠绕数来恢复相位的真实值。根据奈奎斯特准则(Nyquist Law),一般缠绕相位如果相邻相位差的绝对值不大于 π,则通过对缠绕值进行积分就可以对缠绕相位进行展开。但在实际解缠时,卫星传感器或其他传感器欠采样、信息干扰产生噪声和成像时产生的混叠现象导致相位差超过 π。因此,相位解缠是 InSAR 数据处理中关键的一步。

$$\phi_{m,n}=\varphi_{m,n}+2\pi\cdot c_{m,n} \tag{3-24}$$

式中,$\phi_{m,n}$ 为解缠后的相位;$\varphi_{m,n}$ 为缠绕相位;$c_{m,n}$ 为缠绕数。

一维相位解缠是逐个积分且路径唯一,易受到相位噪声和复杂地形的影响,导致解缠误差沿积分路径传递。为探讨积分与路径无关的其他方法,引申出二维相位解缠。二维相位解缠需同时满足积分与路径无关和保证解缠的精度。

常用相位解缠的方法按原理分为三大类:第一类基于路径积分。选择不同积分路径绕过低相干性区域以保证解缠精度,主要有枝切法、质量图法、Flynn 的最小不连续法、区域生长法等。第二类是基于最小范数思想通过最小二乘法进行解缠,最小二乘法通过控制计算相位梯度差达到全局平方和最小,主要有 FFT/DCT 最小二乘法、最小 L 范数法、多级格网法等。第三类是基于最优估计法,通过生成全局最短路径最优枝切线进行解缠,主要有以网络费用流为代表的最小费用流方法。除此之外还有其他互相结合以及借鉴其他领域算法的网络规划法、卡尔曼滤波法、遗传算法等。

### 3.6.1 基于路径积分的相位解缠算法

1. 枝切法

路径积分法以枝切法为经典,质量图法应用最广。Goldstein 枝切法是由 Goldstein

等在 1986 年提出，先计算残差点数，形成枝切线连接正、负残差点，使得积分路径不穿过枝切线，因其连线形似树枝生长蔓延，故而称为枝切线，这种方法叫作枝切法。枝切线将积分区域分割开来，减少孤立的残差点引起的误差传递，因此，枝切法在速度和效果上都具有优势。但如果残差点比较密集，会导致枝切线闭合而无法解缠。因此，枝切法的结果与干涉图的质量成正比。

残差点四邻接相位的中心旋度不为零，且这四个相位会影响解缠结果，计算分析残差点是路径跟踪法的核心，不仅能评价干涉图的质量，也能更科学合理地选择积分路径。

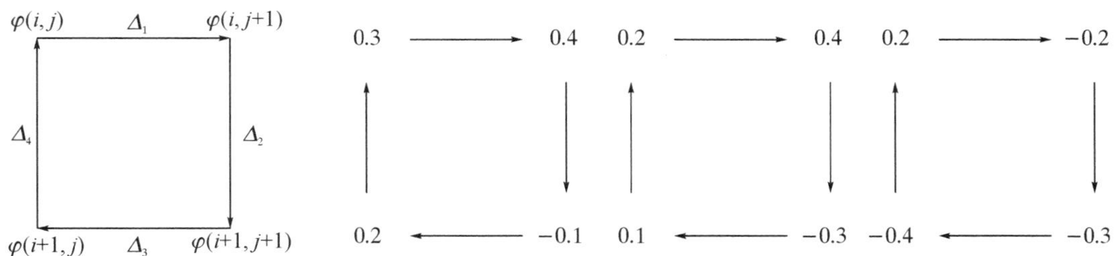


图 3-2　缠绕相位节点示意图

首先判定干涉图中残差点的位置。如图 3-2 所示，设第 $i$ 行第 $j$ 列的缠绕相位为 $\varphi(i, j)$，即窗口内的左上角为残差点，该值处于 $(-\pi, \pi)$ 之间。定义一个 2×2 大小的窗口判断残差点，沿顺时针方向计算相邻相位的差值，当差值超过 $(-\pi, \pi)$ 时，对该值加或减 $2\pi$，使其回归到单周期内，此过程为相位解缠。用 $\Delta$ 表示该窗口中各个相邻相位间的缠绕差值，$\Delta$ 的表达式为：

$$\begin{cases} \Delta_1 = \varphi(i, j+1) - \varphi(i, j) \\ \Delta_2 = \varphi(i+1, j+1) - \varphi(i, j+1) \\ \Delta_3 = \varphi(i+1, j) - \varphi(i+1, j+1) \\ \Delta_4 = \varphi(i, j) - \varphi(i+1, j) \end{cases} \tag{3-25}$$

$$\Delta\varphi_{i,j} = \begin{cases} \varphi_{i+1,j} - \varphi_{i,j}, & -\pi \leqslant \varphi_{i+1,j} - \varphi_{i,j} \leqslant \pi \\ \varphi_{i+1,j} - \varphi_{i,j} + 2\pi, & \varphi_{i+1,j}, - \varphi_{i,j} < -\pi \\ \varphi_{i+1,j} - \varphi_{i,j} - 2\pi, & \pi < \varphi_{i+1,j} - \varphi_{i,j} \end{cases} \tag{3-26}$$

若窗口中的相位差均在 $(-\pi, \pi)$ 内，$\Delta$ 相加为零，则说明四个点是连续的；反之则为不连续的残差点（最小不连续点为跳跃点），即 $\varphi(i, j)$ 为残差点。残差点的 $\Delta$ 和为 $2\pi$ 的整数倍，若为正，则该残差点的极性电荷 $q$ 为正，称作正残差点，值设为 1；若为负残差点，则值设为 −1。

如图 3-3 所示，图 3-3(a)的 $\Delta$ 和为 0，不是残差点；图 3-3(b)的极性为 +1，$\varphi(i, j)$ 是正残差点；图 3-3(c)的极性为 −1，$\varphi(i, j)$ 是负残差点。图中数字是缠绕相位值除以 $2\pi$ 后得到的。两两相减之后如果数值的绝对值大于 0.5，则需要加或减与数值符号相反的 $2\pi$。将箭头方向的缠绕相位值减去箭尾方向的缠绕相位值，再将四个像素两两相减之

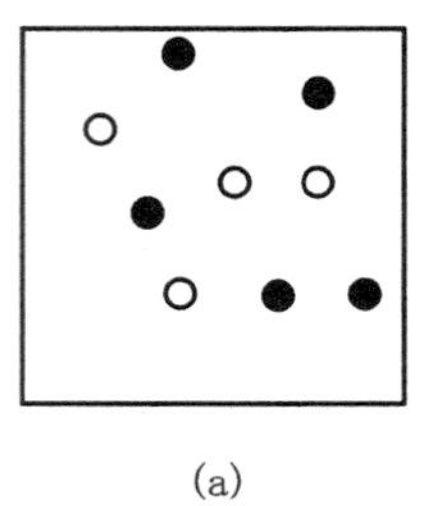

(a)

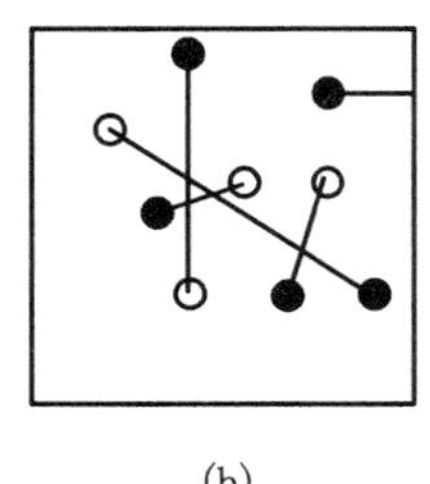

(b)

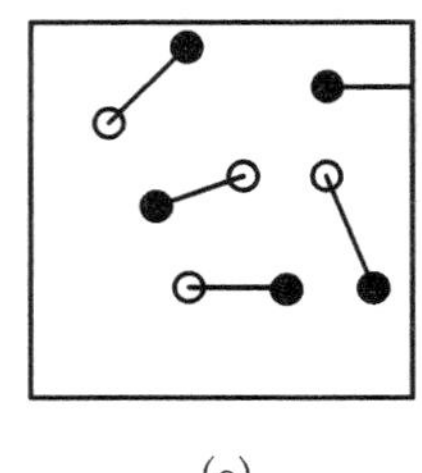

(c)

**图 3-3　枝切法示意图**

后求四个差的和，即可得到残差点的极性。

具体运算时，除了连接正、负残差点数量相同外，也要结合其他约束条件设置枝切线。在图 3-3 中，黑色圆点代表正残数点，白色圆点代表负残差数点。图 3-3(b) 中虽然正、负残差点可以相互抵消，但枝切线相交所包围的三角形区域，因无法解缠而形成“孤岛”，并且切线过长不利于解缠。图 3-3(c)所示为正确的枝切线连接方式，在保证枝切线尽可能短的前提下也没有形成“孤岛”。如何有效合理地建立枝切线是枝切法的重难点。

确定残差点后用枝切线将极性不同的残差点连接起来，避免积分路径穿过相位跳变区即可进行解缠。建立合适积分路径的步骤如下：

(1) 按照枝切法原理检测出第一个残差点，并以此点为中心按照设定的窗口检测第二个残差点；

(2) 检测到新的残差点后，将该点与中心点用枝切线连接，同时计算两点之和；

(3) 若这两点极性相同，则以第二个残差点为中心点，重新搜索残差点；

(4) 将步骤(3)中新发现的残差点与中心点相连接并求出残差点之和；

(5) 若残差点和为 0，即该枝切线上的残差点极性平衡，则执行步骤(1)；

(6) 若残差点和不为 0，将已检测到的残差点作为中心点，重新搜索；

(7) 若检测不到新的残差点，则增加检测窗口大小，重复执行步骤(2)；

(8) 搜索窗口中包含边界点时，在边界点与中心点方向上建立枝切。

在生成枝切线时，若残差点极性无法平衡，则将其与边界点相连，以此阻断积分路径跨越枝切线。当残差点分布较为密集时，枝切线生成不当会引起部分区域闭合，无法对该区域进行解缠。枝切法在图像噪声小或残差点较少时是一种有效的快速解缠算法。

为保证试验效果，在软件中使用优化后的 Goldstein 枝切法对模拟数据进行处理和分析。利用 peaks 函数构建三维地形的曲面俯视图，加入期望为 0、方差为 0.4 的均匀噪声生成缠绕相位。相位图像大小为 256×256，具体仿真结果如图 3-4 所示。

从图 3-4 中可以看到，解缠后的相位图因为噪声的存在有多个“孤岛”区域，枝切法的均方根误差在(－20,40)之间，解缠误差偏大，这也验证了枝切法解缠速度快，算法时间仅用于生成枝切线，没有其他干扰，也表明当噪声过大时，相位被干扰，相应残差点受到影响，进而导致数量过大，生成枝切线的时间和总长度都会变长，解缠效率也会变低，在解缠过程中形成“孤岛”，从而降低解缠精度。

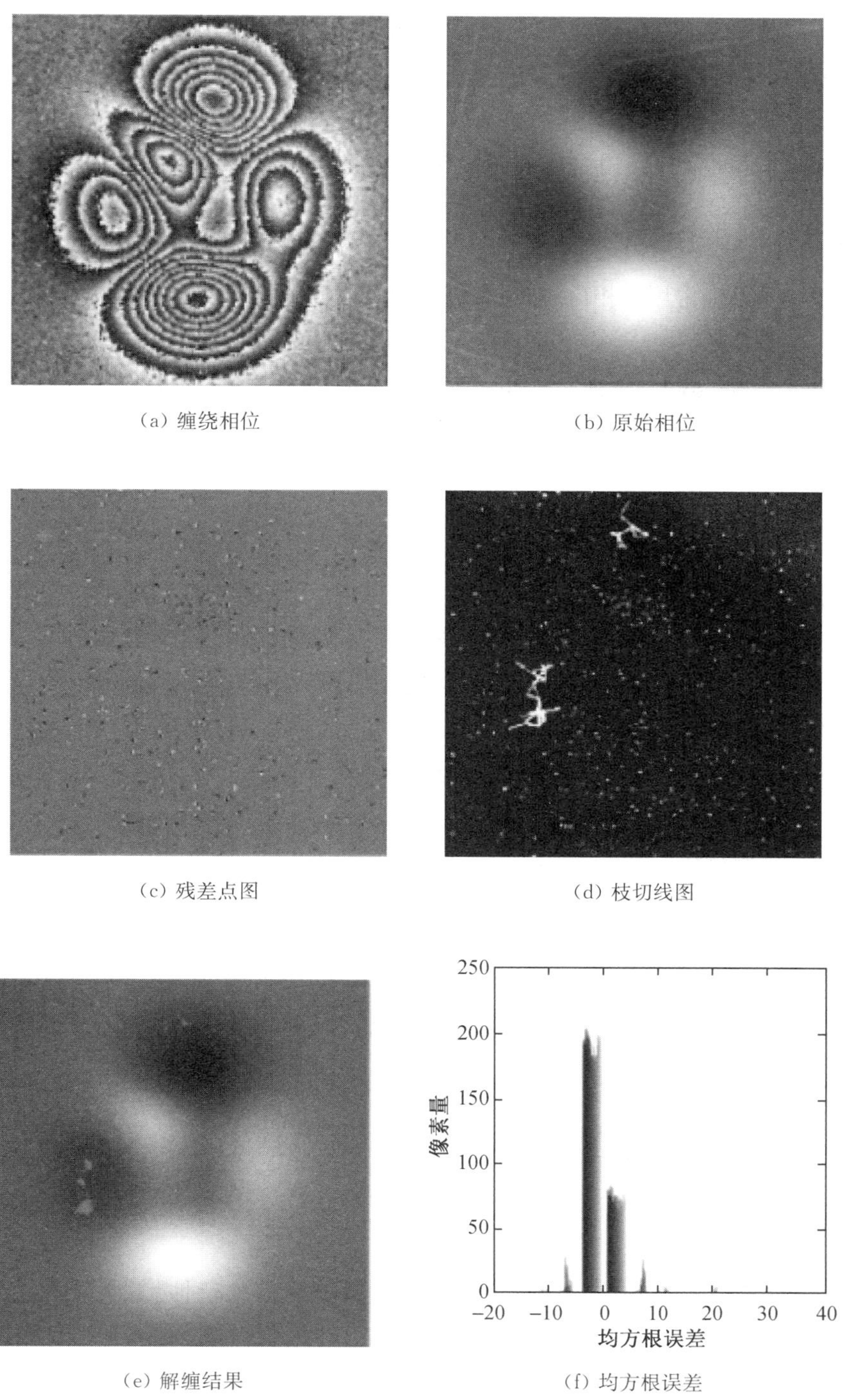


（a）缠绕相位　（b）原始相位

（c）残差点图　（d）枝切线图

（e）解缠结果　（f）均方根误差

**图 3-4　Goldstein 枝切法仿真试验图**

2. 质量图法

基于质量图引导路径积分法是利用干涉图的像元相位质量作为解缠的辅助信息，帮助快速且准确地规划出积分路径。质量图法从高质量区域开始解缠，依次解缠低质量区域，以实现解缠误差的最小化；无需检测残差点，直接将较高质量的像元作为可靠数据进行指导，算法时间长于枝切法，但解缠效果要优于枝切法；因为不计算残差点，所以可能会引起某些相位的 $2\pi$ 整数倍的误差，也会在质量较差的区域产生误差传递。常见的质量图有以下几种。

1）相干系数图

相干系数图是最常用的相位质量图，仅由相位数据生成，用相干系数值来表示影像之间的相干性。相干系数值越大，表示影像之间的相干性越好，即相位信息越可靠；反之则表明相位信息不可靠，影像间相干性差。如果复影像对用 $S_1$ 和 $S_2$ 表示，则它们的相干系数为：

$$\gamma = \frac{|E(S_1 S_2^*)|}{\sqrt{E(|S_1|)^2 E(|S_2|)^2}} \tag{3-27}$$

2）伪相干系数图

当无法获得相干系数值时，可以用伪相干系数图代替相干系数图进行解缠，同时用它来评价相位的质量。若复影像对的相干系数为 1，则伪相干系数可以表示为式(3-27)。伪相干系数图与相干系数图不同之处在于：它将低质量区域(相位质量高、无噪声，但相位差很大、相关性不高的地区)表达为复杂地形。在 $K$ 邻域中计算像元 $(m, n)$ 的伪相关系数，$\varphi(i, j)$ 表示窗口内的干涉相位值。

$$Z_{m,n} = \frac{\sqrt{\left[\sum \cos\varphi(i, j)\right]^2 + \left[\sum \sin\varphi(i, j)\right]^2}}{K^2} \tag{3-28}$$

3）相位导数方差图

为了弥补伪相干系数的缺点，延伸出相位导数方差图，在 $K$ 邻域中计算像元 $(m, n)$ 的相位导数方差，$\Delta_{x,y}^x$ 和 $\Delta_{x,y}^y$ 分别为窗口内横、纵向的相位梯度，$\bar{\Delta}_{m,n}^x$ 和 $\bar{\Delta}_{m,n}^y$ 分别为横、纵向的相位梯度均值。

$$Z_{m,n} = \frac{\sqrt{\sum(\Delta_{x,y}^x - \bar{\Delta}_{m,n}^x)^2 + \sum(\Delta_{x,y}^y - \bar{\Delta}_{m,n}^y)^2}}{K^2} \tag{3-29}$$

4）最大相位梯度图

最大梯度与伪相干系数图类似，也用低质量区域代表复杂地形，由于相位变化明显，这两个值都很大。在 $K$ 邻域中计算像元 $(m, n)$ 的相位导数方差，$\Delta_{m,n}^x$，$\Delta_{m,n}^y$ 分别为横、纵向的相位梯度。

$$Z_{m,n} = \max\{\max\{\Delta_{m,n}^x\}, \max\{\Delta_{m,n}^y\}\} \tag{3-30}$$

质量图法原理与步骤如下：

(1) 根据上述参数形成相关质量图，将干涉图的像元进行质量值排序；

(2) 以高质量像元为主，对相邻像元进行扫描解缠并与邻接表融合；

(3) 对邻接表中的像元按照质量值排序，将质量值最高的像元标记为已解缠，同时将它从邻接表中移出，再把它的相邻未解缠像元存入邻接表，如图 3-5 所示；

(4) 重新排序后按照规定方式一直搜索，直至最终完成最差像元的解缠。

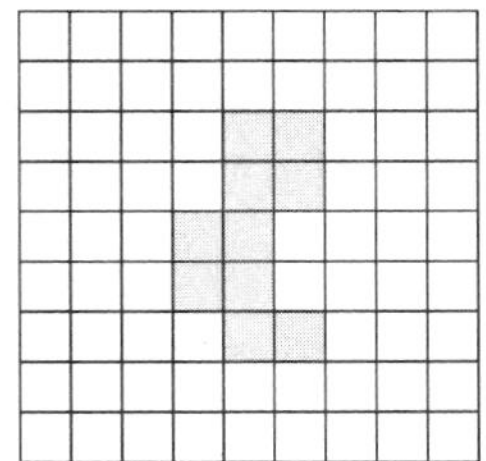
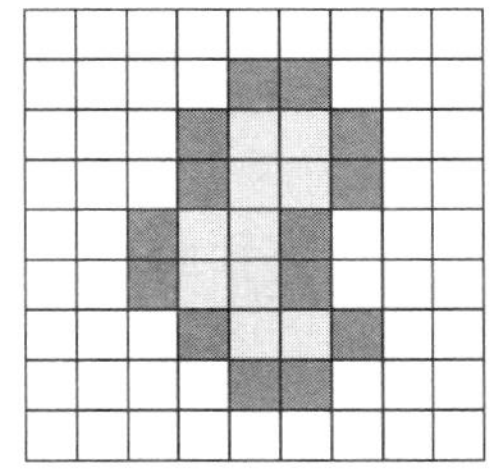
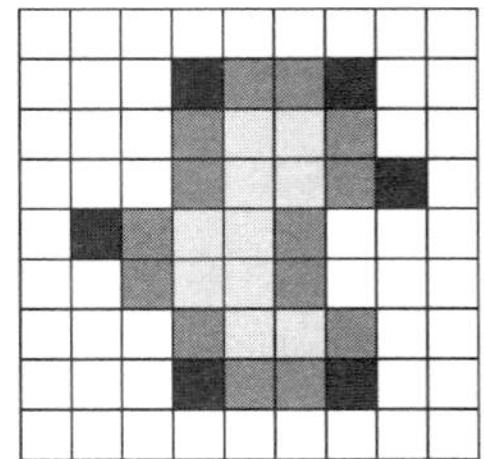

**图 3-5　邻接表变化示意图**

图 3-5 中，白色为未解缠，浅灰色为已解缠，深灰色为在表中但未解缠。为保证试验效果，在软件中使用优化后的质量图算法对模拟数据进行处理和分析。利用 peaks 函数构建三维地形的曲面俯视图，加入期望为 0、方差为 0.4 的均匀噪声生成缠绕相位。相位图像大小为 256×256，具体仿真结果如图 3-6 所示。

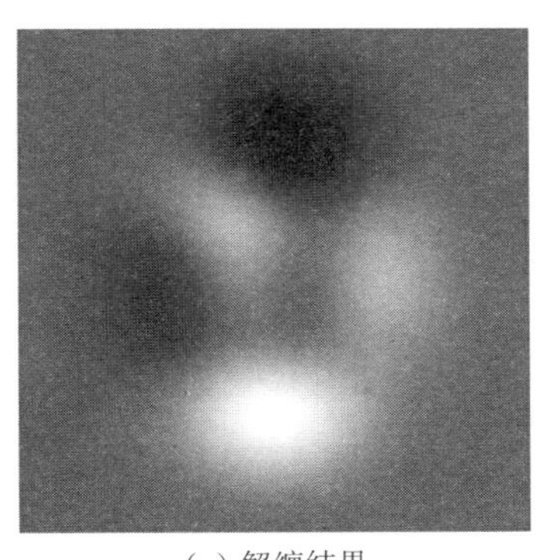

(a) 解缠结果

(b) 相位差

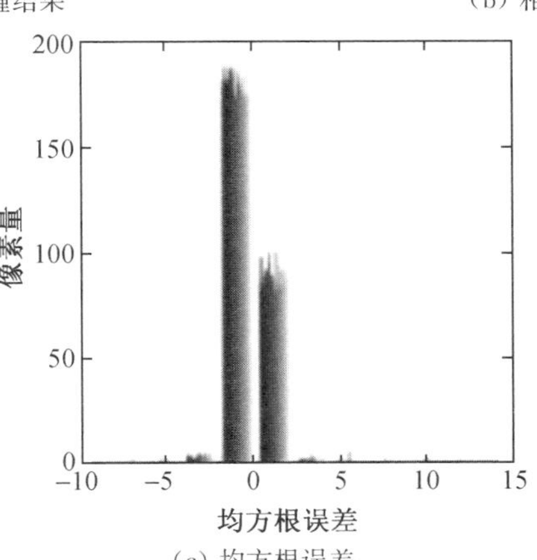


(c) 均方根误差

**图 3-6　质量图法仿真试验图**

由解缠结果和相位差可以看出，在相同大小噪声和同等参数条件下，均采用优化后的方法，质量图法的解缠精度要比 Goldstein 枝切法的精度高，只有中间靠左上方一处小范围区域未解缠。质量图法的均方根误差在(－10，15)之间，较枝切法有所减小。质量图法在解缠速度上比 Goldstein 枝切法要慢稍许，但在总体效率上，质量图法要优于 Goldstein 枝切法。

3. 最小不连续法

最小不连续法属于路径跟踪法，由 Fylnn 于 1997 年提出，此算法要求以总积分路径最短原则连接残差点。不连续是指缠绕的两个相邻相位在水平方向或竖直方向上的差值超过 $\pi$。在选取缠绕数时，需要获取该点及其周围区域的原始值和解缠以后的值。最小不连续算法在不加权时与最小 $L_1$ 范数拥有一致解。其余的加权最小不连续算法则需要更多的运算时间与运行内存。最小不连续算法适用于多种缠绕相位的解缠，但由于算法的单一性，在解缠过程中需要反复扫描全局，以检测存在相位跳变的区域，导致算法需耗费大量的计算时间，也增加了解缠的数据计算量。

不连续在干涉图上表现为一系列的带状或圈状条纹，一套重复的条纹表明缠绕数从 $-\pi$ 到 $\pi$ 转换，这些条纹将图像分割成若干区域，形成一系列的不连续。相位解缠的过程也可以看作是将多个 $2\pi$ 拟合到条纹分割出的不同区域中，将全局相位的不连续性最小化，在视觉上表现为更加平滑。最小不连续算法就是为了得到一个缠绕数矩阵，从而将全局的不连续性降到最低。

由式(3-24)可知，像元 $\phi_{m,n}$ 的缠绕相位为 $\varphi_{m,n}$，解缠后的相位为 $\phi_{m,n}$，$c_{m,n}$ 为缠绕数。计算缠绕数使得展开后的相位与其周边相位的垂直和水平方向上的跳跃数取整最小，其跳跃数分别表示为：

$$V_{m,n}=\mathrm{Int}\left(\frac{\phi_{m,n}-\phi_{m-1,n}}{2\pi}\right) \tag{3-31}$$

$$Z_{m,n}=\mathrm{Int}\left(\frac{\phi_{m,n}-\phi_{m,n-1}}{2\pi}\right) \tag{3-32}$$

联立式(3-24)、式(3-31)与式(3-32)可得：

$$V_{m,n}=c_{m,n}-c_{m-1,n}+\mathrm{Int}\left(\frac{\varphi_{m,n}-\varphi_{m-1,n}}{2\pi}\right) \tag{3-33}$$

$$Z_{m,n}=c_{m,n}-c_{m,n-1}+\mathrm{Int}\left(\frac{\varphi_{m,n}-\varphi_{m,n-1}}{2\pi}\right) \tag{3-34}$$

由式(3-24)可知，跳跃数变化(增减)会引起缠绕相位(增减)或与其相邻相位的缠绕数(减增)变化(方志平，2018)。令整个区域的跳跃数总和为 $E$ 来评价研究区域不连续的程度。以伪相干系数图等质量图 $q_{m,n}$(王志勇，等，2013)作参考得到加权最小不连续值为 $\tilde{E}$，其中，水平权重为 $\omega^{v}_{m,n}$，垂直权重为 $\omega^{z}_{m,n}$(殷跃平，等，2013)。

$$E=\sum|V_{m,n}|+\sum|Z_{m,n}| \tag{3-35}$$

$$\widetilde{E}=\sum \omega_{m,n}^{v}\mid V_{m,n}\mid+\sum \omega_{m,n}^{z}\mid Z_{m,n}\mid \tag{3-36}$$

$$\omega_{m,n}^{v}=\min\{q_{m,n},\ q_{m+1,n}\} \tag{3-37}$$

$$\omega_{m,n}^{z}=\min\{q_{m,n},\ q_{m,n+1}\} \tag{3-38}$$

用垂直跳跃数 $V_{m,n}$ 和水平跳跃数 $Z_{m,n}$ 来反映整体的不连续性，其定义如式(3-31)、式(3-32)所示。其中，Int(•) 表示最近取整，整个区域的跳跃总数为 $E$，若给定质量图 $q_{m,n}$，则可进行加权最小不连续计算，如式(3-37)所示。

Flynn 算法规定，每条边在一对像素之间移动，表示该像素对的跳跃数的变化：向左(右)表示垂直方向上跳跃数增加(递减)，向下(上)表示水平方向上的跳跃数增加(递减)。每条边跳跃数的改变会导致区域内总跳跃数的变化。

遍历全局在节点间添加边，生成树。查找并确定生成的遍历节点具有唯一性，若能形成闭合环(增长环)，则计算该环，此环将图像分为两个部分，分割边界的跳跃数增加或减少 1。需要确定环上消去的不连续点多于增加的不连续点，以保证增长环的计算正确。若遍历路径为顺时针，则环外点相位增加 2π，若遍历路径为逆时针，则环内点相位增加 2π，同时消除生成的边。重复操作后整个区域的跳跃数会逐步减少，直到没有新的增长环，不连续值也最小，可以得到基于最小不连续的解缠相位。

从已知点 $A$ 到另一点 $G$ 生成一条边，称为连接边，其权值用 $\delta V(A,G)$ 表示，跳跃数增加时权值减少 1，从而尽量保持连接线的平衡，同理，跳跃数减少时权值加 1。此算法中增长环定义为正边数大于负边数，核心为找出增长环并消去。从单条边开始，所有独立的节点都可作为根节点，任意节点 $m$ 处的值代表 $m$ 所在根节点到 $m$ 的不连续值，这个不连续值可以根据边的权值进行计算：

$$Value(m_l)=\sum_{k=0}^{l-1}\delta V(m_k,\ n_{k-1}) \tag{3-39}$$

$m$ 的不连续值表示每条边相邻两节点的权值之和累加到该节点上，根节点与独立节点权值为 0。

图 3-7(a)为最小不连续法原理示意图：字母圆圈代表像素，方块表示像素周围的节点，连接节点的箭头生成边。图 3-7(b)为缠绕相位，数字代表缠绕相位值，横线表示相邻

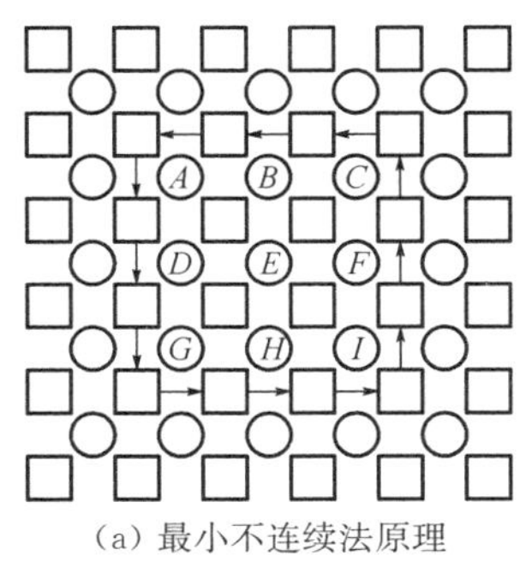

(a) 最小不连续法原理

1.7　1.9　2.2　2.4　2.0

0.5　0.6　0.4　2.2　1.6

1.3　0.9　0.6　2.0　1.3

1.0　1.2　1.5　1.8　1.6

(b) 缠绕相位

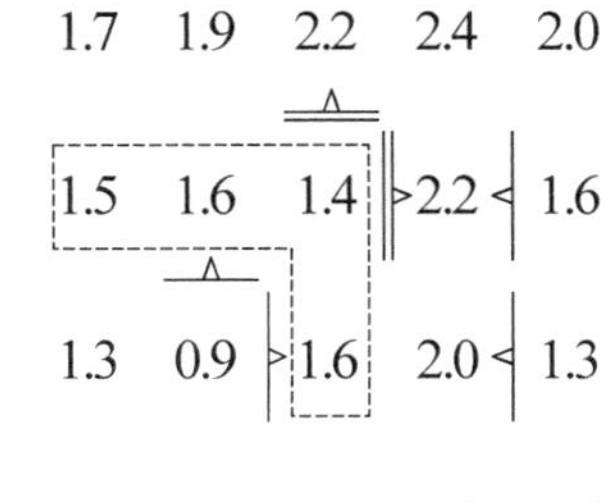

(c) 相位值的改变

**图 3-7　最小不连续法示意图**

像元间产生的相位跳变，箭头指向跳变点高的像元，图 3-7(b)的不连续数为 11(有 11 条不连续的边，双条边是由于该像素点加 1 倍之后还是跳跃点)。图 3-7(c)表示经过一次最小不连续算法(对产生跳跃的像素点所围成的增长圈内像素都加 1 倍)后相位值的改变，不连续数已变为 6。最小不连续法的原理与步骤如下：

(1) 计算输入相位中的跳跃数；

(2) 扫描闭合的边界，对闭合边界内的相位加上 2π 的整倍数，使跳跃数减少；

(3) 依据跳跃数来计算解缠相位。

为论证本节改进算法的研究意义，在软件中使用原有的最小不连续算法对模拟数据进行处理和分析。利用 peaks 函数构建三维地形的曲面俯视图，加入期望为 0、方差为 0.4 的均匀噪声生成缠绕相位。相位图像大小为 256×256，具体仿真结果如图 3-8 所示。

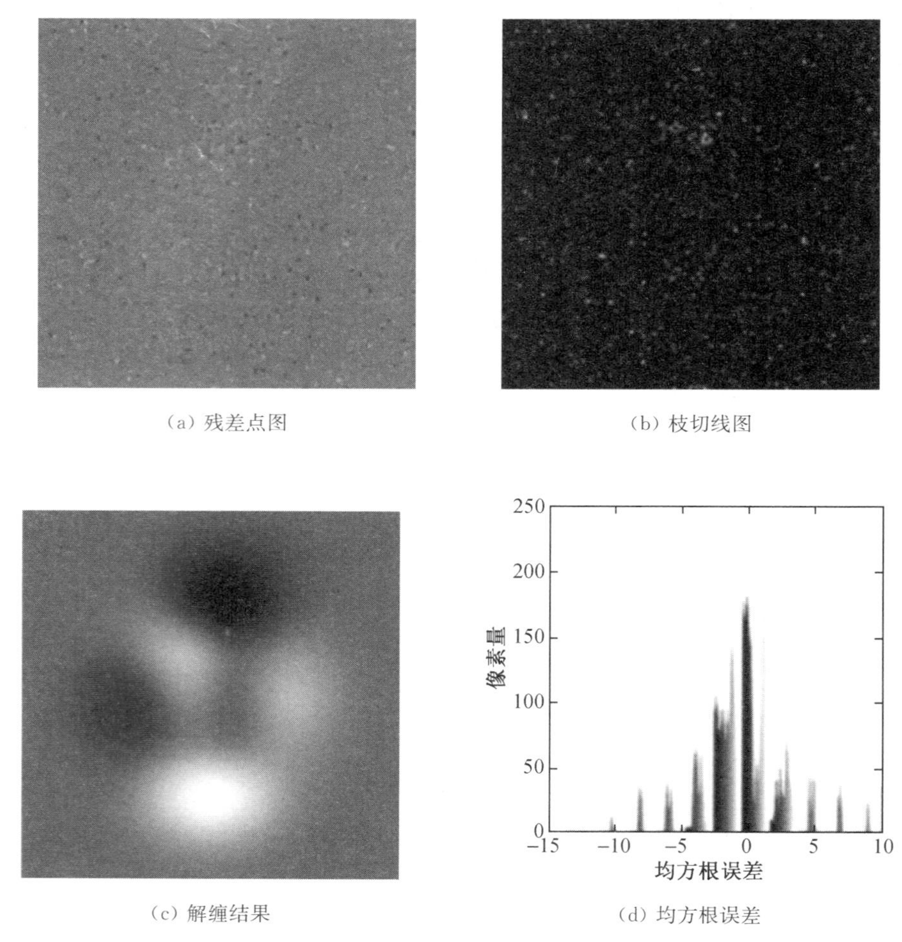


**图 3-8 最小不连续算法仿真试验图**

由图 3-8 中解缠结果和相位差可以看出，未改进的最小不连续解缠虽然存在明显的未解缠区域，但其面积相对较小，因此相位解缠精度是可靠的，但是在解缠速度上会比枝切法和质量图法慢。因此，改进最小不连续法用于相位解缠在理论上是行得通的，并且在实际应用中也能够提升相位解缠算法的广度和深度，未改进的最小不连续法与枝切法具有相同的均方根误差(−15,10)，更多的误差均匀分布也表明了最小不连续法解缠精度比其他两种方法高并且具有全局性。改进最小不连续法的重点将放在保证其精度的同时提高其算法效率。

### 3.6.2　基于最小范数的相位解缠算法

在最小范数问题中，当 $L=2$ 时为最小二乘问题。与路径积分类方法不同，最小范数或最小二乘方法将相位解缠转换成令全局中缠绕相位与解缠相位之差最小。最小二乘算法从全局考量，无需考虑积分路线的设计，所以比基于路径积分的解缠方法效率更高。由于从全局入手，解缠后的相位只能保证差值和最小，无法保证与其真实相位相同，解缠后的相位值比原有的真实值更平滑，所以可能会出现全局性的相位偏差。最小范数思想中常用的算法有不加权最小二乘法、加权最小二乘法、基于多分辨网格的最小二乘法、基于共轭梯度的加权最小二乘法、基于最小化 Lp 范数的算法等。

1. 不加权最小二乘法

不加权最小二乘法常用的算法有：基于快速傅里叶变换(Fast Fourier Transform, FFT)的最小二乘相位解缠算法、基于离散傅里叶变换(Discrete Fourier Transform, DFT)的最小二乘相位解缠算法。FFT 属于 DFT 的一种。基于 FFT 的最小二乘相位解缠算法是通过镜像对称将隐含的周期性相位函数转变为周期函数，然后通过 FFT 进行解缠。基于 DFT 的最小二乘相位解缠算法与基于 FFT 的最小二乘相位解缠算法等权，即两种算法原理相似，且求出的解缠结果都会有一定程度的失真。有学者对基于 FFT 的不加权最小二乘法和基于路径积分的枝切法进行相位解缠试验分析，对比发现，在相同图像和窗口下，基于 FFT 的不加权最小二乘相位解缠算法运行时间较短，但由于试验数据存在大量残差点，而且压缩了地形的高度变化，所以不能保证解缠的精度。

基于 FFT 的最小二乘相位解缠算法的基本思想如下：

定义像元 $\phi_{i,j}$ 的缠绕相位为 $\varphi_{i,j}$，$i\subset(0,M)$，$j\subset(0,N)$。缠绕相位属于 $(-\pi,\pi)$ 且满足 $\exp(\mathrm{j}\varphi)=\exp(\mathrm{j}\phi)$，$\varphi_{i,j}$ 在二维平面内分别按照 $i=M$ 和 $j=N$ 做镜像操作，如图 3-9 所示。

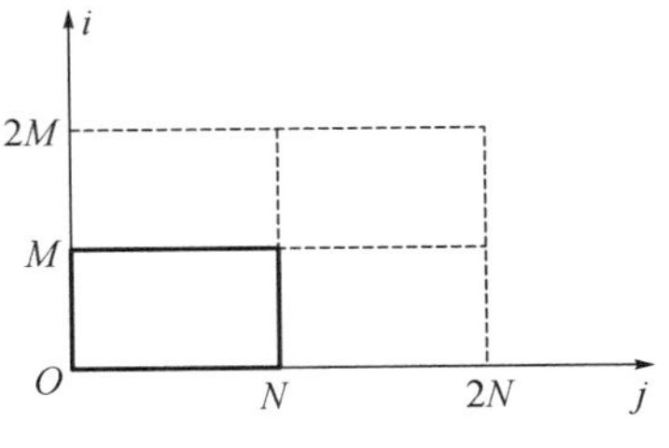

**图 3-9　最小二乘镜像操作示意图**

$$\tilde{\varphi}_{i,j}=\begin{cases}\varphi_{i,j}, & 0\leqslant i\leqslant M,\ 0\leqslant j\leqslant N\\ \varphi_{2M-i,j}, & 0\leqslant i\leqslant 2M,\ 0\leqslant j\leqslant N\\ \varphi_{i,2N-j}, & 0\leqslant i\leqslant M,\ \leqslant j\leqslant 2N\\ \varphi_{2M-i,2N-j}, & 0\leqslant i\leqslant 2M,\ 0\leqslant j\leqslant 2N\end{cases}\tag{3-40}$$

$x$，$y$ 方向的相位差为：

$$\begin{cases}\Delta_{i,j}^{x}=W(\widetilde{\varphi}_{i+1,j}-\widetilde{\varphi}_{i,j})\\ \Delta_{i,j}^{y}=W(\widetilde{\varphi}_{i,j+1}-\widetilde{\varphi}_{i,j})\end{cases} \tag{3-41}$$

式中，$W$ 为缠绕函数。

对解缠相位也进行镜像对称操作，得到拓展函数 $\widetilde{\phi}_{i,j}$，则离散泊松方程的最小二乘解为：

$$\begin{cases}(\widetilde{\phi}_{i+1,j}-2\widetilde{\phi}_{i,j}+\widetilde{\phi}_{i-1,j})+(\widetilde{\phi}_{i,j+1}-2\widetilde{\phi}_{i,j}+\widetilde{\phi}_{i,j-1})=\widetilde{\rho}_{i,j}\\ \widetilde{\rho}_{i,j}=(\Delta_{i,j}^{x}-\Delta_{i-1,j}^{x})+(\Delta_{i,j}^{y}-\Delta_{i,j-1}^{y})\end{cases} \tag{3-42}$$

式中，$\widetilde{\rho}_{i,j}$ 为周期函数。对最小二乘的解进行傅里叶变换，得到：

$$\Phi_{m,n}=\frac{p_{m,n}}{2\cos(\pi m/M)+2\sin(\pi m/M)-4} \tag{3-43}$$

式中，$\Phi_{m,n}$ 和 $p_{m,n}$ 分别为 $\widetilde{\phi}_{i,j}$ 和 $\widetilde{\rho}_{i,j}$ 的傅里叶变换(由于 $\Phi_{0,0}$ 没有定义，所以对其赋值0)。对 $\Phi_{m,n}$ 进行傅里叶逆变换得到 $\widetilde{\phi}_{i,j}$，$\widetilde{\phi}_{i,j}$ 包含在 $\phi_{i,j}$ 像元范围内。

基于FFT的不加权最小二乘法原理与步骤如下：

(1) 计算 $i\subset(0,M)$，$j\subset(0,N)$ 的 $\rho_{i,j}$；

(2) 对 $\rho_{i,j}$ 做镜像对称得到：

$$\widetilde{\rho}_{i,j}=\begin{cases}\rho_{i,j}, & 0\leqslant j\leqslant N\\ \rho_{i,2N-j}, & N\leqslant j\leqslant 2N\end{cases} \tag{3-44}$$

对 $\widetilde{\rho}_{i,j}$ 进行傅里叶变换得到 $\rho_{i,j}$；

(3) 计算 $\Phi_{m,n}$；

(4) 对 $\Phi_{m,n}$ 进行傅里叶逆变换得到解缠相位 $\phi_{i,j}$。

在MATLAB上使用基于FFT的不加权最小二乘相位解缠算法对模拟数据进行处理和分析。利用peaks函数构建三维地形的曲面俯视图，加入期望为0、方差为0.4的均匀噪声生成缠绕相位。相位图像大小为256×256，具体仿真结果如图3-10所示。

由图3-10可以看出，基于FFT的不加权最小二乘相位解缠算法的解缠结果在全局内效果均匀且没有产生未解缠的“孤岛”区域。该算法的均方根误差范围在(−10,10)之间，其精度高于基于路径积分的相位解缠算法的精度，且其解缠速度快、用时短，适用于地形差距较小的干涉图，若地形差距较大，则会影响全局解缠效果。

2. 加权最小二乘法

在残差点较多、地形比较复杂的情况下，最小二乘法由于其解缠原理会使得相位误差传递至全局，导致每个相位都与真实值不同，从而降低相位解缠的精度。为了避免这种情况的发生，以及规避在相位解缠中可能出现的全局性误差，需要在基本的最小二乘解缠算法上对不同区域的像元相位引入权重，以保证使用最小二乘算法进行相位解缠时不会对高精度地区产生影响，同时控制低精度的误差传递。目前常用的加权最小二乘相位解缠算法通过构造迭代在最小二乘的基础上对像元相位添加梯度权重来进行解缠。本节将介绍使用Picard迭代法的加权最小二乘法。

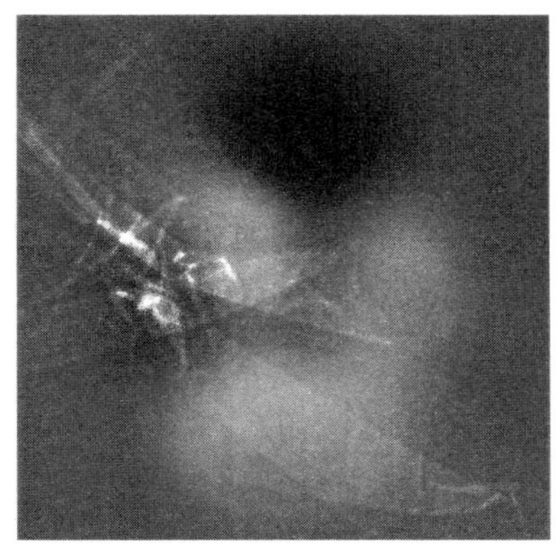

(a) 解缠结果

(b) 相位差

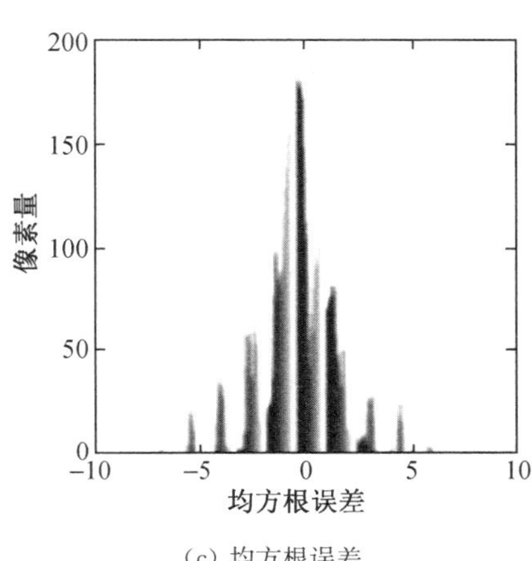


(c) 均方根误差

**图 3-10　基于 FFT 的不加权最小二乘法仿真试验图**

通常权重数据 $\bar{\omega}_{i,j}$ 的取值范围是[0,1]，一般权重数值由相位质量图或研究区域已知的先验知识确定。加权最小二乘法即求解下式：

$$\min\left\{\sum_{i,j}U_{i,j}(\phi_{i+1,j}-\phi_{i,j}-\Delta^{x}_{i,j})^2+\sum_{i,j}V_{i,j}(\phi_{i,j+1}-\phi_{i,j}-\Delta^{y}_{i,j})^2\right\} \tag{3-45}$$

式中，$U_{i,j}$ 和 $V_{i,j}$ 为梯度权重，$U_{i,j}=\min\{\bar{\omega}^2_{i+1,j},\bar{\omega}^2_{i,j}\}$，$V_{i,j}=\min\{\bar{\omega}^2_{i,j+1},\bar{\omega}^2_{i,j}\}$。

最小二乘的解定义为：

$$U_{i,j}(\phi_{i+1,j}-\phi_{i,j})-U_{i-1,j}(\phi_{i-1,j}-\phi_{i,j})+V_{i,j}(\phi_{i,j+1}-\phi_{i,j})-V_{i,j-1}(\phi_{i,j}-\phi_{i,j-1})=C_{i,j} \tag{3-46}$$

式中，$C_{i,j}$ 为加权相位的拉普拉斯函数，$C_{i,j}=U_{i,j}\Delta^{x}_{i,j}-U_{i-1,j}\Delta^{x}_{i-1,j}+V_{i,j}\Delta^{y}_{i,j}-V_{i-1,j}\Delta^{x}_{i-1,j}$。

对式(3-46)进行整理得：

$$\phi_{i,j}=\frac{U_{i,j}\phi_{i+1,j}+U_{i-1,j}\phi_{i-1,j}+V_{i,j}\phi_{i,j+1}+V_{i,j-1}\phi_{i,j-1}-C_{i,j}}{U_{i,j}+U_{i-1,j}+V_{i,j}+V_{i,j-1}} \tag{3-47}$$

通过对式(3-47)进行多次迭代,可求得 $\phi_{i,j}$。

将不加权的最小二乘法表示为矩阵形式: $\boldsymbol{Ax}=\boldsymbol{b}$, 对其求正交方程的解:

$$\boldsymbol{A}^{\mathrm{T}}\boldsymbol{Ax}=\boldsymbol{A}^{\mathrm{T}}\boldsymbol{b} \tag{3-48}$$

式中, $\boldsymbol{x}$ 是长度为 $MN$ 的解缠相位向量; $\boldsymbol{b}$ 是长度为 $N(M-1)+M(N-1)$ 的缠绕相位差向量。

将加权最小二乘问题表示为矩阵形式: $\boldsymbol{WA\phi}=\boldsymbol{Wb}$, 其解为:

$$\boldsymbol{A}^{\mathrm{T}}\boldsymbol{W}^{\mathrm{T}}\boldsymbol{WA\phi}=\boldsymbol{A}^{\mathrm{T}}\boldsymbol{W}^{\mathrm{T}}\boldsymbol{Wb} \tag{3-49}$$

令 $\boldsymbol{Q}=\boldsymbol{A}^{\mathrm{T}}\boldsymbol{W}^{\mathrm{T}}\boldsymbol{WA}$, $\bar{\boldsymbol{b}}=\boldsymbol{W}^{\mathrm{T}}\boldsymbol{Wb}$, $\boldsymbol{c}=\boldsymbol{A}^{\mathrm{T}}\bar{\boldsymbol{b}}$ 可以得到加权最小二乘矩阵: $\boldsymbol{Q\phi}=\boldsymbol{c}$。

将 $\boldsymbol{Q}$ 分解为 $\boldsymbol{P}$ 和差异阵 $\boldsymbol{D}$, 得:

$$(\boldsymbol{P}+\boldsymbol{D})\boldsymbol{\phi}=\boldsymbol{c} \tag{3-50}$$

将括号展开后利用多次迭代求解方程:

$$\boldsymbol{P\phi}_{K+1}=\boldsymbol{c}-\boldsymbol{D\phi}_K=\boldsymbol{\rho}_K \tag{3-51}$$

式中, $K$ 为迭代次数。使用函数:

$$\begin{cases}\boldsymbol{D\phi}_K=(\boldsymbol{Q}-\boldsymbol{P})\boldsymbol{\phi}_K \\ \boldsymbol{Q}=\boldsymbol{A}^{\mathrm{T}}\boldsymbol{W}^{\mathrm{T}}\boldsymbol{WA}\end{cases} \tag{3-52}$$

对最小二乘加权相位差进行拉普拉斯算子操作:

$$\begin{aligned}\rho_{i,j}=c_{i,j}-[&U_{i,j}(\phi_{i+1,j}-\phi_{i,j})-U_{i-1,j}(\phi_{i-1,j}-\phi_{i,j})+\\&V_{i,j}(\phi_{i,j+1}-\phi_{i,j})-V_{i,j-1}(\phi_{i,j}-\phi_{i,j-1})]\end{aligned} \tag{3-53}$$

加权最小二乘法原理与步骤如下:

(1) 利用质量图或先验数据中已知的权重数据和缠绕相位差计算向量 $\boldsymbol{c}$;

(2) 设定最大迭代次数 $K_{\mathrm{MAX}}$;

(3) 设定初始条件, $K=0$, $\boldsymbol{\phi}_K=1$;

(4) 计算向量 $\boldsymbol{c}-\boldsymbol{D\phi}_K=\boldsymbol{\rho}_K$;

(5) 利用 DCT 法求解 $\boldsymbol{P\phi}_{K+1}=\boldsymbol{\rho}_K$;

(6) 如果 $K<K_{\mathrm{MAX}}$, 则继续迭代,否则得到最终结果 $\boldsymbol{\phi}_{K+1}$;

(7) 更新迭代 $K=K+1$, 转到步骤(4)。

Picard 迭代法比较简单,但它收敛速度很慢,因此应用范围受限。本节对此进行描述介绍仅从理论上使读者了解加权最小二乘法的基本原理与操作步骤。

### 3.6.3 基于网络流的相位解缠算法

1996 年,Costantini 第一次提出网络流算法。网络流算法的基本思想与最小不连续相位解缠算法有异曲同工之处,都是使缠绕相位之间的相位梯度差保持最小。相位最小化问题虽然会提高相位解缠的精度,但会因为方法的多样性导致效率不高,因此在使用网络流算法时会引入最小费用流的解决方法，在保证精度的前提下进一步缩短解缠所需要的时间。1998年，Costantini将Flynn提出的最小不连续相位解缠算法推广到网络流方法，并把这种方法命名为最小费用流算法(Minimum Cost Flow, MCF)。最小费用流算法与最小不连续算法原理基本相同，不同的是，最小费用流算法使用网络流中的概念代替路径积分法当中的概念。

引入弧与流的概念，使用弧来表示相位梯度，梯度的差值用流的方向差值表示。最小费用流就可以类比为跑最短的路径还要控制其花费最少，这与生长树的理念相似，即找到调量最大的弧，然后通过其两端节点包含的数值来对弧进行缩减。按照这一操作，反复迭代直到所有的数值都为0停止，此时可以得到全局的最优解。同时也可以印证最小不连续算法是兼顾全局相位和各个独立像元的相位解缠算法，其优良的解缠效果与特点值得研究人员改进其算法实现的时间。

最小费用流算法的基本思想如下：

定义像元 $\phi_{i,j}$ 的缠绕相位为 $\varphi_{i,j}$，$i \subset (0,M)$，$j \subset (0,N)$。缠绕相位属于 $(-\pi,\pi)$ 且满足 $\exp(\mathrm{j}\varphi)=\exp(\mathrm{j}\varphi)$，$x$，$y$ 方向的相位差为：

$$\begin{cases} \Delta_{i,j}^{x} = W(\widetilde{\varphi}_{i+1,j} - \widetilde{\varphi}_{i,j}) \\ \Delta_{i,j}^{y} = W(\widetilde{\varphi}_{i,j+1} - \widetilde{\varphi}_{i,j}) \end{cases} \tag{3-54}$$

式中，$W$ 为缠绕函数。

在网络模型(图3-11)中，用一个2×2环积分点表示一个节点，任意两个相邻节点之间都为双向弧，节点与边界相连接，箭头表示流的出入方向。参数 $K_{i,j,d}$ 表示弧上的流量：

$$\begin{cases} K_{i,j,d} = \dfrac{1}{2\pi}[\Delta_{i,j}^{x}\phi_{i,j} - W(\Delta_{i,j}^{x}\phi_{i,j})] \\ K_{i,j,d} = \dfrac{1}{2\pi}[\Delta_{i,j}^{y}\phi_{i,j} - W(\Delta_{i,j}^{y}\phi_{i,j})] \end{cases} \tag{3-55}$$

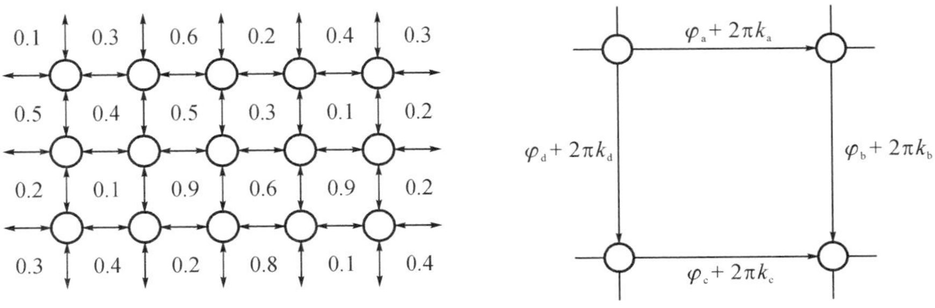


**图3-11 由干涉相位建立网络模型**

最小费用流算法即获得流值函数的最小值：$\min\left(\sum_{q} c_q \mid K_q \mid\right)$。此流值函数的最小值即相位解缠的结果，其中，$c_q$ 相当于权值，表示单位量上所使用的费用，$c_q$ 值越大表示参数取值越可靠、权值越高，若相反则可靠性越差；$q$ 表示有向线 $(i, j, d)$。这个极值受式(3-56)的条件约束：

$$K_a + K_b - K_c - K_d = \frac{1}{2\pi}(\varphi_a + \varphi_b - \varphi_c - \varphi_d) \tag{3-56}$$

利用图 3-11 对该约束条件进行解释，对于一个连续的相位值即正确的相位场，顺时针相加的相位差应该是无旋的，其和为 0，所以有：

$$(\varphi_a + 2\pi K_a) + (\varphi_b + 2\pi K_b) - (\varphi_c + 2\pi K_c) - (\varphi_d + 2\pi K_d) = 0 \tag{3-57}$$

对式(3-57)进行变换就可以得出相位之间的约束条件，最小费用流相位解缠算法的最终目的就是迭代出最小值时所确定的式子。此问题是一个非线性值最小化的问题，非线性最小化很难找到合适的算法来求解，因此，对最小化公式进行变换，得到：

$$\begin{cases} x_d^+ = \max\{0, K_q\} \\ x_d^- = \max\{0, -K_q\} \end{cases} \tag{3-58}$$

其中，$x_d^+ \geqslant 0$，$x_d^- \geqslant 0$，此时，目标式(3-56)转变为求解线性最小化问题，然后利用双向网络模型中的最小费用流求解出目标式的最小值。

最小费用流相位解缠算法的实现步骤如下：

通过相干性计算处理，得到复影像的相干系数图，也可以用其他质量图参数代替；根据相干性阈值筛选高质量相位建立网络流矩阵，同时在矩阵中求出残差点；将残差点标记为相应节点的流量值，计算得到 $x_d^+$、$x_d^-$；由 $x_d^+$、$x_d^-$ 可以计算得到 $K_{i,j,d}$；再计算相位梯度 $\Delta_{i,j}^x \phi_{i,j}$、$\Delta_{i,j}^y \phi_{i,j}$；根据 $\phi_{x,y} = \phi_{0,0} + \sum_{x=0}^{N-1} \phi_{x,0} + \sum_{y=0}^{M-1} \phi_{0,y}$，求出解缠后的相位值。

在软件中使用最小费用流算法对模拟数据进行处理和分析。利用 peaks 函数构建三维地形的曲面俯视图，加入期望为 0、方差为 0.4 的均匀噪声生成缠绕相位。相位图像大小为 256×256，具体仿真结果如图 3-12 所示。

由解缠后的相位图和相位差图可知，最小费用流相位解缠算法的解缠精度较高，没有出现未解缠成功的“孤岛”区域。由均方根误差图可知，最小费用流解缠算法的均方根误差在(−4,4)之间，误差在本章现有实现的算法中最小，表明其精度高于其他算法。虽然最小费用流算法的解缠精度高，但其易受噪声影响，一旦缠绕相位中噪声过大，其解缠结果就会大面积失真。

### 3.6.4 经典相位解缠算法对比分析

在软件中利用 peaks 函数构建三维地形的曲面俯视图，加入期望为 0、方差为 0.4 的均匀噪声生成缠绕相位，对模拟的缠绕相位进行解缠，并分析各类算法的优缺点和可行性，相位图像大小为 256×256，图中横向表示为距离向像素，纵向表示为方位向像素。通过以上各个试验的分析可以得出以下结论(图 3-13、表 3-1)。

(1) 枝切法解缠速度快，算法时间仅用于生成枝切线，没有其他干扰。当噪声过大时，由于相位被干扰，所以相应残数点受到影响，导致数量过大，生成枝切线的时间和总长度都会变长，解缠效率也会变低，在解缠过程中形成“孤岛”，从而降低解缠精度。枝切法的均方根误差在(−20，40)之间，解缠误差偏大。

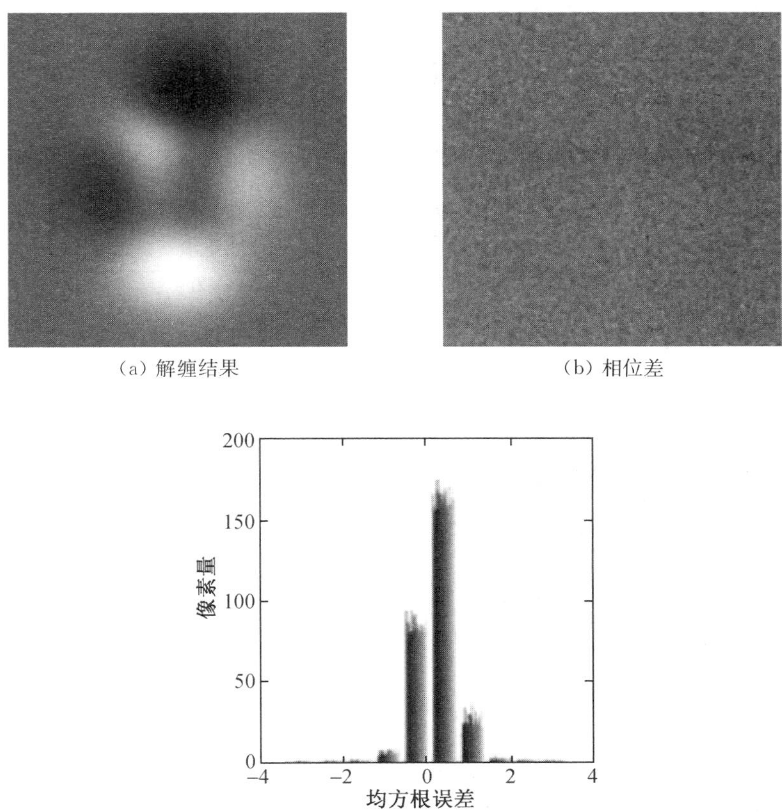


(a) 解缠结果　(b) 相位差

(c) 均方根误差

**图 3-12　最小费用流算法仿真试验图**

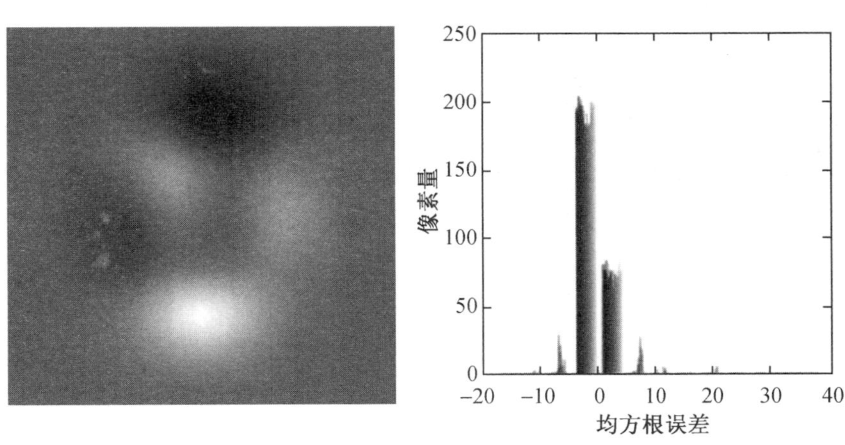


(a) 枝切法及其解缠后均方根误差

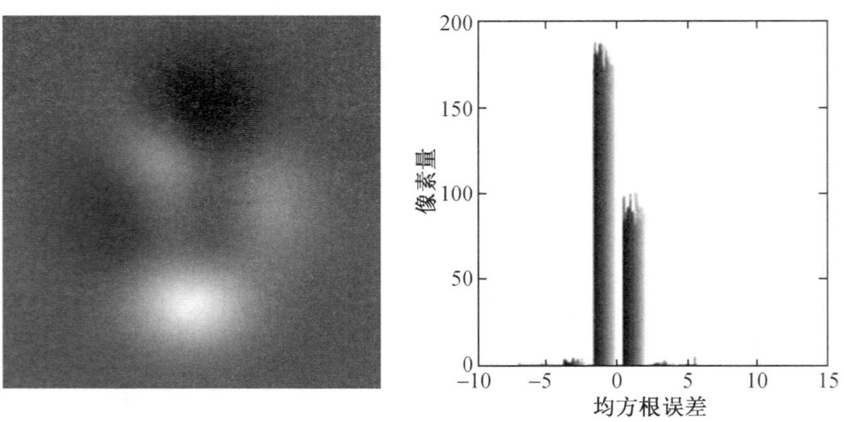


（b）质量图法及其解缠后均方根误差

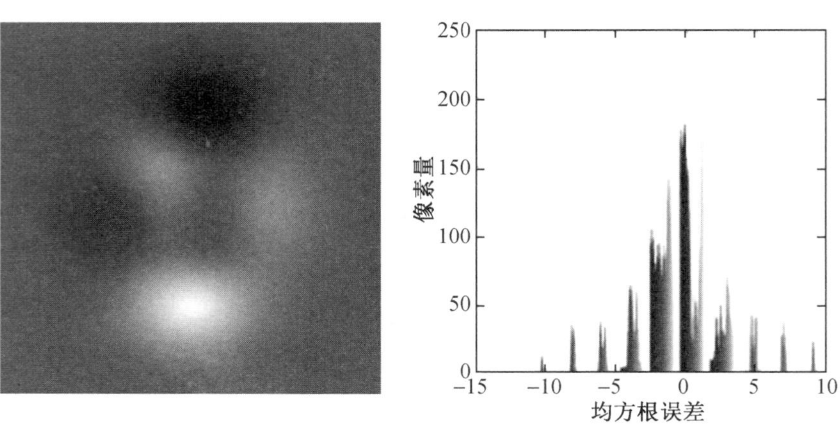


（c）最小不连续法及其解缠后均方根误差

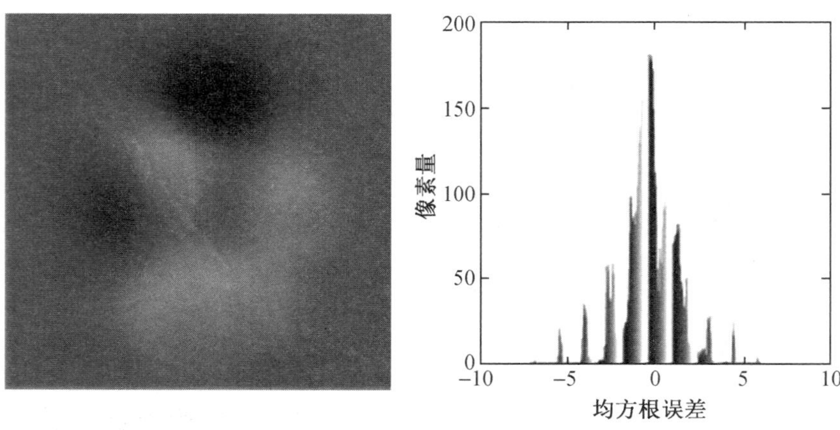


（d）最小二乘法及其解缠后均方根误差

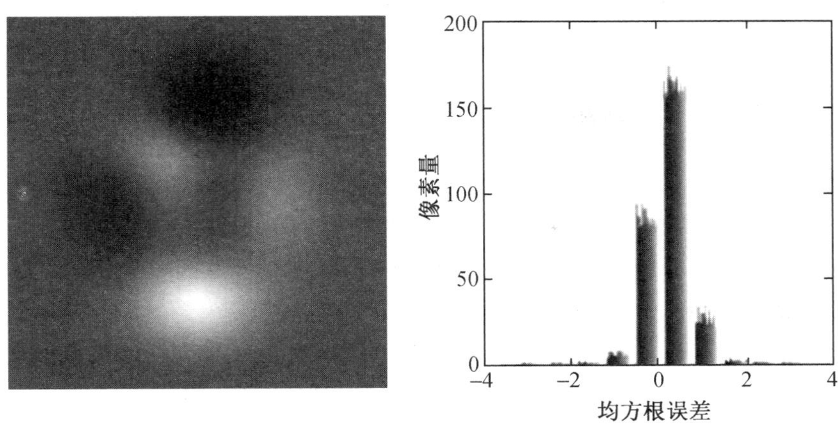


(e) 最小费用流法及其解缠后均方根误差

**图 3-13　常用解缠方法解缠效果对比图**

**表 3-1**　　**常用解缠方法解缠效果对比**

| 解缠方法 | MSE/rad | 不连续点数/个 | 算法实现时间/s |
| --- | --- | --- | --- |
| 枝切法 | 2.30 | 1 249 | 2.69 |
| 质量图法 | 1.63 | 899 | 6.08 |
| 最小不连续法 | 0.77 | 418 | 1.45 |
| 最小二乘法 | 1.60 | 867 | 1.62 |
| 最小费用流法 | 0.76 | 675 | 0.71 |

(2) 在相同大小噪声和同等参数条件下，改正后的质量图法的解缠精度要比 Goldstein 枝切法的精度高，只有中间靠左上方一处小范围的未解缠区域。质量图法的均方根误差在(−10,15)之间，较枝切法有所缩小。质量图法在解缠速度上比 Goldstein 枝切法要慢稍许，但在总体效率上要优于 Goldstein 枝切法。

(3) 最小不连续法虽然存在未解缠区域，但其按全局分布，也就是说，最小不连续法在继承枝切法精度的同时还具有全局性，其相位解缠精度是可靠的，但是在解缠速度上会比枝切法和质量图法慢。因此，改进最小不连续法在理论上是行得通的，并且在实际应用中也能够提升相位解缠算法的广度和深度，未改进的最小不连续法与枝切法具有相同的均方根误差范围(−15,10)，更多的误差集中于零点附近，表明最小不连续法的解缠精度比其他两种方法高。

(4) 基于 FFT 的不加权最小二乘相位解缠算法的解缠结果在全局内效果均匀且没有产生未解缠的“孤岛”区域。最小二乘相位解缠算法的均方根误差在(−10, 10)之间，其精度高于基于路径积分的相位解缠算法的精度，且其解缠速度快、用时短，适用于地形差距较小的干涉图，若地形差距较大，则会影响全局解缠效果。

(5) 最小费用流相位解缠算法的解缠精度较高，也没有出现未解缠成功的“孤岛”区域。由均方根误差图可知，最小费用流相位解缠算法的均方根误差在(−4，4)之间，误差在本章现有实现的算法中最小，表明其精度高于其他算法。虽然最小费用流算法的解缠精度高，但其易受噪声影响，一旦缠绕相位中噪声过大，其解缠结果就会大面积失真。

大量试验表明：一般对于给定的干涉图，先用目视的方法定性地查看干涉图的质量，如条纹、噪声的分布等。如果干涉图质量较好，则直接使用 Goldstin 枝切法，因为其速度快、效率高，对于高质量的干涉图能获得可靠的解缠结果。如果干涉图含有少量噪声，使用最小不连续法、最小费用流法和最小 L 范数法可以获得可靠的解缠结果。如果质量图较好，则可以选择使用质量引导法与其他方法融合，或以质量图为引导。不同方法评价质量图的参数也不同，所设定的阈值等都具有独立性，需要具体情况具体分析。如果干涉图的噪声分布比较分散而且较多，可以尝试使用预解共轭梯度法、不加权多级格网法和加权多级格网法，因为最小二乘法在有噪声的区域可以获得平滑解。可以肯定的是，含有噪声的区域是不能完全恢复真实相位的，这是因为从含有噪声的相位中只能得到非常有限的信息。

## 3.7 DEM 的生成

生成 DEM 数据是 InSAR 的最终目的，得到 DEM 数据才能够将技术转化为生产应用。常用的生成 DEM 的方法是根据 InSAR 成像原理构成函数求解地表高程相对变化值，进而求解地面点高程。其具体流程及原理如下：

$A_1(X_{s1}, Y_{s1}, Z_{s1})$、$A_2(X_{s2}, Y_{s2}, Z_{s2})$ 同时对地面点 $P(X, Y, Z)$ 成像，斜距为 $r_1$、$r_2$。基线为 $B$，基线与水平面的夹角(称为姿态角或指向角)为 $\alpha$，雷达波长为 $\lambda$。设两斜距 $r_1$ 和 $r_2$ 之差为 $\delta$，$A_1$ 的一个测回产生测量相位 $\varphi_1$，则有下式成立：

$$\varphi_1 = \left(\frac{2r_1}{\lambda}\right)2\pi,\text{即 }\varphi_1 = \left(\frac{4\pi}{\lambda}\right)r_1,\text{同理},\varphi_2 = \left(\frac{4\pi}{\lambda}\right)(r_1 + \delta) \tag{3-59}$$

两式相减得到干涉相位差值：

$$\varphi = \varphi_1 - \varphi_2 = \left(-\frac{4\pi}{\lambda}\right)\delta \tag{3-60}$$

$P$ 点高程 $Z$ 可表示为：

$$Z = Zs_1 - r_1\cos\theta \tag{3-61}$$

式中，侧视角 $\theta$ 可根据余弦公式得到：

$$\cos(\alpha - \theta + 90°) = \frac{B^2 - 2r_1\delta - \delta^2}{2r_1 B} \tag{3-62}$$

其平面坐标可根据以下公式计算：

$$\begin{cases} r_1^2\sin^2\theta = (X - Xs_1)^2 + (Y - Ys_1)^2 \\ \dot{X}s_1(X - Xs_1) + \dot{Y}s_1(Y - Ys_1) + \dot{Z}s_1(Z - Zs_1) = 0 \end{cases} \tag{3-63}$$

式中，$\dot{X}s_1$、$\dot{Y}s_1$、$\dot{Z}s_1$ 为 $A_1$ 轨道方向的速度。

在已知精确轨道参数和绝对相位差的前提下也可以直接求得地面点三维坐标。

$$\begin{cases} f_1=(Xs_1-X)^2+(Ys_1-Y)^2+(Zs_1-Z)^2-r_1^2=0 \\ f_2=(Xs_1-X)^2+(Ys_1-Y)^2+(Zs_1-Z)^2-\left(r_1+\dfrac{\lambda\delta}{4\pi}\right)^2=0 \\ f_2=\dot{X}s_1(X-Xs_1)+\dot{Y}s_1(Y-Ys_1)+\dot{Z}s_1(Z-Zs_1)=0 \end{cases} \tag{3-64}$$

## 3.8 地理编码

经过高程误差和形变量估计后，所有输出产品仍然表示在 SAR 主图像参考斜距/多普勒坐标系中。由于 SAR 斜视成像的影响，SAR 图像与场景实际分布相比存在较大的几何形变，如透视收缩、叠掩和阴影。这些几何畸变限制了对 InSAR 生成结果的理解，因此必须对形变产品进行地理编码。

地理编码的关键步骤是地理定位，这个过程用以确定地表像素点在预先选定的参考笛卡尔坐标系下的坐标。当像素点相对参考椭球的高度已知时，就可以进行地理定位。通过求解式(3-65)所示的非线性方程组，可以得到像元在参考笛卡尔坐标系下对应的坐标值 $(x_e, y_e, z_e)$。

$$\begin{cases} r=|s(t)-P| \\ v(t)[s(t)-P]=0 \\ \dfrac{x_e^2+y_e^2}{(a+h)^2}+\dfrac{z_e}{(b+h)^2}=1 \end{cases} \tag{3-65}$$

式中，$P$ 为待求像素位置。式(3-65)第三个方程表示目标相对参考椭球的高度为 $h$。为得到特定投影的地图坐标，需要进一步进行坐标转换，将坐标投影到地图坐标系中(如 WGS84 椭球坐标系)。

# 第4章 SBAS技术基本原理及数据处理

## 4.1 SBAS技术基本原理

小基线集(Small Baseline Subsets,SBAS)技术以基线为研究对象,遵循影像集合内SAR影像的时间基线和空间基线距小,集合间SAR影像的时间基线和空间基线距大的原则,把所获得的所有SAR影像数据分成若干个小集合,再利用最小二乘方法或奇异值分解(Singular Value Decomposition, SVD)方法将多个小基线集联合起来求解方程组。这种方法能够减弱时空失相干对形变结果的影响,从而得到在时间和空间上更为连续的地表形变图。

本节主要对SBAS技术进行详细介绍,为后续SBAS技术的改进奠定理论基础。本节主要介绍了SBAS技术的理论基础,并推导了相应公式的理论实现过程,解释了SBAS技术中各重点技术的含义,并且详细介绍了当今常用的技术手段,以及SBAS技术的数据处理步骤,同时给出了对应的流程图。

SBAS技术首先按照时空基线的相关信息将SAR影像分为多个集合并将这些干涉对形成差分干涉对。集合分配准则是:同一集合内SAR影像的基线距小,保证能有效去除时空失相干;不同集合间SAR影像的基线距大,以保证解算的精度。然后通过一定准则选取合适的相干目标点作为研究对象,并利用最小二乘法求解出各个小集合数据的地表形变序列。最后利用奇异值分解法将若干个小基线集进行联合,共同求解研究区域内的地表形变情况,综合获取以强相干点为基准的沉降形变速率随时间变化的序列。综上所述,利用SBAS技术求解地表形变信息的基本流程如下:

(1) 生成小基线集:SBAS技术将获取到的所有SAR影像按照空间基线和时间基线根据不同阈值进行划分,形成多组小基线集。这保证了在每个小基线集内,SAR数据的时空基线距小,有利于后续形变计算。

(2) 小基线集内形变信息计算:在每个小基线集内,使用最小二乘法进行形变计算。这可以最大效率地保证每个子集内的地表形变结果的精度。

(3) 在子集间进行奇异值分解处理:为了获得研究区域内所有时序的地表形变信息,整合所有小基线子集内的地表形变量,对各个小基线集之间解算好的数据进行奇异值分解处理。利用此方法,可以生成研究区域的完整时序。

(4) 生成差分干涉图:为了提高干涉对的相干性,减少相位噪声的影响,以及提取高相干度的像元,SBAS技术利用不同的小基线集生成多幅差分干涉图。

(5) 长时序的地表形变速率解算：应用奇异值分解法，求得长时序的地表形变速率，得到最小范数意义上的最小二乘解。

## 4.2 SBAS 技术关键步骤

SBAS 技术遵循集合内 SAR 影像时间和空间基线距小、集合间 SAR 影像时间和空间基线距大的原则，将所有获得的 SAR 影像分成若干个集合，再利用最小二乘法或奇异值分解法将多个小基线集联合起来求解。该方法能够有效地减弱时空失相干的影响，从而使得到的形变图在时间和空间上更为连续。

### 4.2.1 最小二乘法

1999 年，Usai 等研究学者提出一种利用多幅 SAR 影像计算地表形变时序的解算方法——最小二乘法(Yu et al., 2017; Yu et al., 2018)，其基本原理如下。

设有 $N+1$ 幅 SAR 影像，获取时间分别是 $t_1, t_2, \cdots, t_N$，随机(或按照一定的研究需求)选择其中一幅影像作为主影像，将剩下的其他影像与主影像进行图像配准。根据研究需要设置不同的阈值，用以控制时空基线，将所有 SAR 影像自由组合，进而成生成不同的干涉对，可以得到 $M$ 个干涉对：

$$\frac{N+1}{2} \leqslant M \leqslant \frac{N(N+1)}{2} \tag{4-1}$$

假定选用在 $t_A$ 时刻( $t_A$ 时刻早于 $t_B$ 时刻)获取的两幅 SAR 影像进行干涉处理，得到第 $j$ 幅差分干涉图。为了简化模型，在本节公式推导中不考虑失相干、高程误差和大气误差等因素的影响，并且认为差分干涉相位连续，不需要解缠，则图中相干像元点 $(x, r)$ 处的相位值为：

$$\delta\phi_j(x, r) = \phi(t_B, x, r) - \phi(t_A, x, r) \approx \frac{4\pi}{\lambda}[d(t_B, x, r) - d(t_A, x, r)] \tag{4-2}$$

式中，$\lambda$ 为波长；$d(t_B, x, r)$ 和 $d(t_A, x, r)$ 分别为在 $t_B$ 和 $t_A$ 时刻参考 $t_0$ 时刻的沿雷达视线向(Line Of Sight，LOS)的累计形变值。

在处理中默认 $d(t_0, x, r) \equiv 0$，所以 $d(t_i, x, r)(i=1, 2, \cdots, N)$ 就表示各个时刻的影像所求得的形变时序，并设对应的相位为 $\phi(t_i, x, r)$，则有

$$\phi(t_i, x, r) = \frac{4\pi}{\lambda} d(t_i, x, r), \quad i=1, 2, \cdots, N \tag{4-3}$$

此时整体解算时需要注意式(4-2)中的相位 $\phi(t_i, x, r)$ 中没有引入大气延迟相位误差、残余 DEM 相位误差和失相干噪声误差。

像元点地表形变量对应的未知相位值共有 $N$ 个，这 $N$ 个相位值可表示为：

$$\boldsymbol{\phi} = [\phi(t_1),\ \phi(t_2),\ \cdots,\ \phi(t_N)]^{\mathrm{T}} \tag{4-4}$$

差分干涉图经过相位解缠后组成 $M$ 个相位值，这 $M$ 个相位值用向量表示如下：

$$\boldsymbol{\delta\phi} = [\delta\phi_1,\ \delta\phi_2,\ \cdots,\ \delta\phi_M]^{\mathrm{T}} \tag{4-5}$$

主影像(IE)和辅影像(IS)两幅影像对应的时序分别为：

$$\begin{cases} \boldsymbol{IE} = [IE_1,\ \cdots,\ IE_M] \\ \boldsymbol{IS} = [IS_1,\ \cdots,\ IS_M] \end{cases} \tag{4-6}$$

将主、辅 SAR 影像按照影像获取的先后时间进行排序，如果满足 $IE_j > IS_j (j=1,\ 2,\ \cdots,\ M)$，则第 $j$ 幅差分干涉图对应的相位将构成下述观测方程：

$$\delta\phi_j = \phi(t_{IE_j}) - \phi(t_{IS_j}),\quad j = 1,\ 2,\ \cdots,\ M \tag{4-7}$$

式(4-7)所示的表达式一共有 $M$ 个方程，方程中共含 $N$ 个未知数，将式(4-7)转化为矩阵形式：

$$\mathbf{A}\boldsymbol{\phi} = \boldsymbol{\delta\phi} \tag{4-8}$$

式中，$\mathbf{A}$ 是一个 $M \times N$ 的矩阵，其每一行对应一个干涉对，即 $A(j,\ IM_j) = 1$，$A(j,\ IS_j) = -1$，其他元素均为 0。

假设 $\delta\phi_1 = \delta\phi_3 - \delta\phi_1$，$\delta\phi_2 = \delta\phi_4 - \delta\phi_0$，则：

$$\mathbf{A} = \begin{bmatrix} -1 & 0 & 1 & 0 & \cdots \\ 0 & 0 & 0 & 1 & \cdots \\ \vdots & \vdots & \vdots & \vdots & \vdots \\ \cdots & \cdots & \cdots & \cdots & \cdots \end{bmatrix} \tag{4-9}$$

由此可见，$\mathbf{A}$ 是一个近似关联矩阵，其元素值与组成的干涉对情况有关。如果所有的 SAR 影像都属于相同干涉对集合并且满足 $M \geqslant N$，则矩阵 $\mathbf{A}$ 的秩为 $N$。 此时，式(4-8)即变为适定 $M = N$ 或超定 $M > N$ 方程组，可得其在最小二乘意义上的解：

$$\boldsymbol{\phi} = \mathbf{A}^{+}\boldsymbol{\delta\phi} = [(\mathbf{A}^{\mathrm{T}}\mathbf{A})^{-1}\mathbf{A}^{\mathrm{T}}]\boldsymbol{\delta\phi} \tag{4-10}$$

其中，$(\cdot)^{+}$ 表示求解广义逆矩阵，$(\cdot)^{\mathrm{T}}$ 表示转置运算，$(\cdot)^{-1}$ 表示求逆运算。

### 4.2.2 奇异值分解法

在实际地表形变监测中，由于小基线条件的约束，SAR 影像集一般被分隔在彼此不连接的多个集合内，这将导致矩阵 $\mathbf{A}$ 退化为非满秩矩阵，进而使 $\mathbf{AA}^{\mathrm{T}}$ 退化为奇异矩阵，即当 $M < N$ 时，矩阵 $\mathbf{A}$ 出现秩亏，$\mathbf{A}^{\mathrm{T}}\mathbf{A}$ 转化为待求解的奇异矩阵。因为影像方程组中含有 $K$ 个不同的基线集，所以矩阵 $\mathbf{A}$ 的秩为 $N-K+1$。 要准确求解小基线集的值，需要通过奇异值分解法对系数矩阵 $\mathbf{A}$ 进行奇异值分解，求出系数矩阵 $\mathbf{A}$ 在最小范数意义上的解。对式(4-8)采用奇异值分解法进行求逆运算，得到系数矩阵 $\mathbf{A}$ 在最小范数约束下的最小

二乘解。矩阵 $\mathbf{A}$ 的奇异值分解可表示为：

$$\mathbf{A} = \mathbf{USV}^{\mathrm{T}} \tag{4-11}$$

式中，$\mathbf{U}$ 表示 $M \times N$ 的正交阵，它的 $1 \sim N$ 列是 $\mathbf{AA}^{\mathrm{T}}$ 的特征矢量；$\mathbf{S}$ 表示 $M \times N$ 的对角阵，对角线上的分量为 $\mathbf{AA}^{\mathrm{T}}$ 的奇异值；$\mathbf{V}$ 表示 $M \times N$ 的正交阵，$\mathbf{V}$ 的列是 $\mathbf{A}^{\mathrm{T}}\mathbf{A}$ 的特征矢量。一般求解过程中，由于 $M > N$，所以 $M \times N$ 的对角阵有 $M - N$ 个为 0 的奇异值。又由于矩阵 $\mathbf{A}$ 具有欠秩性，所以矩阵中有另外 $K - 1$ 个值为 0 的奇异值。因此，矩阵 $\mathbf{S}$ 仅有 $N - K + 1$ 个对角元素不为 0。根据式(4-11)，在最小范数制约下的解为：

$$\boldsymbol{\phi} = \mathbf{A}^{+}\boldsymbol{\delta\phi} = (\mathbf{VS}^{+}\mathbf{U}^{\mathrm{T}})\boldsymbol{\delta\phi} = \sum_{i=1}^{N-K+1} \frac{\delta\boldsymbol{\phi}^{\mathrm{T}}\boldsymbol{u}_i}{\delta_i}\boldsymbol{v}_i \tag{4-12}$$

式中，$\boldsymbol{u}_i$ 和 $\boldsymbol{v}_i$ 分别代表矩阵 $\mathbf{U}$ 和 $\mathbf{V}$ 的列矢量。

### 4.2.3　线性形变速率和高程误差的提取

式(4-12)的解在地表形变监测中实际上代表地表形变量在最小范数约束下的最小二乘解，它要求式(4-8)的解尽量趋近于零。但这种方法求出的解会导致获取的地表形变累积量不连续，进而导致方程估计出的解在地表形变上没有实际物理意义。如图 4-1 所示，试验有 $[t_0, t_2, t_3, t_5]$，$[t_1, t_4]$ 两个数据集合，灰色线代表实际地表形变量，浅灰色线代表在最小范数约束下求解出的地表形变量。从图 4-1 中可看出，按照纯数学方法求解出的地表形变量与真实地表形变量之间存在较大的差异。

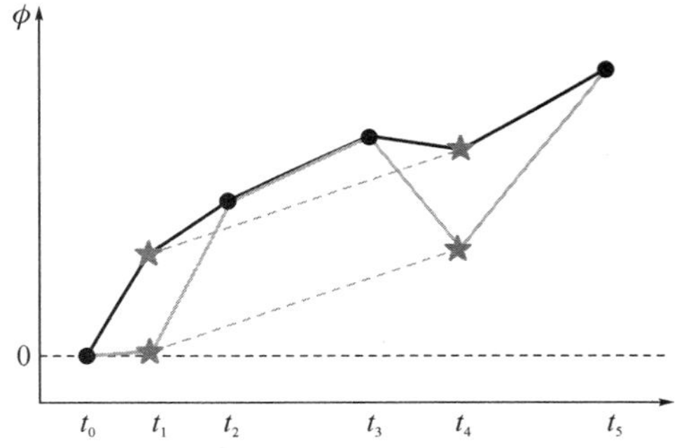

**图 4-1　最小范数约束下的地表形变量差异**

为了避免出现监测地表形变结果不连续的现象，将式(4-8)中的未知量用相邻监测时间间隔内影像像元的平均相位速率代表，以此方法将未知参数更新为：

$$\mathbf{V}^{\mathrm{T}} = \left[V_1 = \frac{\phi_1 - \phi_0}{t_1 - t_0}, \cdots, V_N = \frac{\phi_N - \phi_{N-1}}{t_N - t_{N-1}}\right] \tag{4-13}$$

则式(4-7)可替换为：

$$\sum_{k=IS_j+1}^{IE_j} (t_k - t_{k-1}) v_k = \delta\phi_j, \quad j = 1, 2, \cdots, M \tag{4-14}$$

转换为矩阵形式可表示为：

$$\boldsymbol{Bv} = \boldsymbol{\delta\phi} \tag{4-15}$$

式中，$\boldsymbol{B}$ 是一个 $M \times N$ 的矩阵，对第 $j$ 行，位于主、辅影像获取时间之间的列 $B(j, k) = t_k - t_{k-1}$，其他 $B(j, k) = 0$，可以根据影像获取和研究情况的不同，使用奇异值分解法或

最小二乘法求出 $N+1$ 幅影像构成 $N$ 个时间间隔的平均地表形变速率的相位值 $v_k(k=1,2,\cdots,N)$，再将获得的每段时间间隔的地表形变相乘累加即可得到各个时期影像相对于第一幅影像的累积地表线性形变相位。

由于在大地测量中高程变化需要考虑高程误差的情况，所以本节将引入 Berardino 等(2002)研究的约束条件，加上地表形变的先验条件，考虑高程误差 $\xi$ 引起的相位变化，形成新的附加约束条件的 SBAS 线性改正模型。

假定地表形变参数 $\boldsymbol{P}$ 和地表形变速率 $\boldsymbol{V}$ 满足如下约束条件：

$$\boldsymbol{V}=\boldsymbol{QP} \tag{4-16}$$

将式(4-16)代入式(4-15)，得：

$$\boldsymbol{BQP}=\boldsymbol{\delta\phi} \tag{4-17}$$

对于任意像元 $(x, r)$，引入形变且满足：

$$B(j,k)=\begin{cases} t_k-t_{k-1}, & IS_j+1\leqslant k\leqslant IE_j,\ \forall j=1,2,\cdots,M \\ 0, & 其他 \end{cases} \tag{4-18}$$

对矩阵 $\boldsymbol{B}$ 进行奇异值分解处理便可以得到在最小范数约束下的地表平均形变速率，用此方法可以避免形成较大的地表形变非连续性误差。在得到平均形变速率后，通过特定的运算就可以得到地表形变量。此外，由于实际中地表形变的变化具有时空特征，根据这种特征可以建立式(4-19)所示的数学模型，即：

$$d(t_i)=\bar{v}(t_i-t_0)+\frac{1}{2}\bar{a}(t_i-t_0)^2+\frac{1}{6}\Delta\bar{a}(t_i-t_0)^3 \tag{4-19}$$

式中，$t_i$ 表示数据录取时间；$\bar{v}$ 为形变的相位平均速率；$\bar{a}$ 为平均加速度；$\Delta\bar{a}$ 为平均加速度变化率。实际计算时需要求解这些待求参数。

其中，$\boldsymbol{P}$ 和 $\boldsymbol{Q}$ 可以表示为：

$$\begin{cases} \boldsymbol{P}=[\bar{v} \quad \bar{a} \quad \Delta\bar{a}] \\ \boldsymbol{Q}=\begin{bmatrix} 1 & \dfrac{t_1-t_0}{2} & \dfrac{(t_1-t_0)^2}{6} \\ 1 & \dfrac{t_2+t_1-2t_0}{2} & \dfrac{(t_2-t_0)^3-(t_1-t_0)^3}{6} \\ \vdots & \vdots & \vdots \\ 1 & \dfrac{t_N+t_{N-1}-2t_0}{2} & \dfrac{(t_N-t_0)^3-(t_{N-1}-t_0)^3}{6} \end{bmatrix} \end{cases} \tag{4-20}$$

将式(4-20)扩展到所有像元，由于减少了需要解算未知数的个数，可以直接利用最小二乘法获取形变参数 $\boldsymbol{P}$，从而再次提高地表形变估计精度。然而，在实际反演真实地表形变时，式(4-2)中还应包含大气延迟导致的大气相位误差分量、DEM 误差引入的高程相位误差分量和噪声相位分量，所以将式(4-2)拓展表示为：

$$\begin{aligned}\delta\phi_j(x,r)&=\phi(t_B,x,r)-\phi(t_A,x,r)\\&\approx\frac{4\pi}{\lambda}[d(t_B,x,r)-d(t_A,x,r)]+\frac{4\pi}{\lambda}\cdot\frac{B_{\perp j}\xi}{r_j\sin\theta_j}+\\&\quad[\phi_{atm}(t_B,x,r)-\phi_{atm}(t_A,x,r)]+\Delta\phi\end{aligned}\tag{4-21}$$

式中，$B_{\perp j}$ 为第 $j$ 个干涉对的影像间的垂直有效基线；$\theta_j$ 为第 $j$ 个干涉对中主星下视角；$r_j$ 为第 $j$ 个干涉对中主星斜距；$\xi$ 为高程误差；$\phi_{atm}$ 为第 $j$ 个干涉对中的大气误差相位分量；$\Delta\phi$ 为其他噪声相位；$\frac{4\pi}{\lambda}\cdot\frac{B_{\perp i}\xi}{r\sin\theta}$ 为差分干涉处理中 DEM 模型误差引起的相位，其数量关系与垂直基线 $B_{\perp}$ 成正比，与斜距 $r$ 成反比，且与卫星视角 $\theta$ 有关；$[\phi_{atm}(t_B,x,r)-\phi_{atm}(t_A,x,r)]$ 为像元 $(x,r)$ 在 $t_A$ 和 $t_B$ 两个时刻的大气延迟相位差。

将式(4-20)和式(4-21)两式联立，可得：

$$\begin{aligned}\delta\phi_j(x,r)&=\phi(t_B,x,r)-\phi(t_A,x,r)\\&\approx\frac{4\pi}{\lambda}\left[\bar{v}(t_B-t_A)+\frac{1}{2}\bar{a}(t_B-t_0)^2-(t_A-t_0)^2\right]+\\&\quad\frac{1}{6}\Delta\bar{a}[(t_B-t_0)^3-(t_A-t_0)^3]+\frac{4\pi}{\lambda}\cdot\frac{B_{\perp i}\xi}{r\sin\theta}+\\&\quad[\phi_{atm}(t_B,x,r)-\phi_{atm}(t_A,x,r)]+\Delta\phi\end{aligned}\tag{4-22}$$

假设 $\delta\phi_1=\phi_3-\phi_1$，$\delta\phi_2=\phi_4-\phi_0$，则式(4-22)可写成矩阵形式：

$$\boldsymbol{D}\boldsymbol{x}+\Delta\boldsymbol{\varphi}_{res}=\boldsymbol{\delta\phi}\tag{4-23}$$

$$\boldsymbol{D}=\begin{bmatrix}t_3-t_1 & \frac{1}{2}[(t_3-t_0)^2-(t_1-t_0)^2] & \frac{1}{6}[(t_3-t_0)^3-(t_1-t_0)^3] & \frac{B_{\perp i}}{r\sin\theta}\\ t_4-t_0 & \frac{1}{2}(t_4-t_0)^2 & \frac{1}{6}(t_4-t_0)^3 & \frac{B_{\perp i}}{r\sin\theta}\\ & & \cdots & \end{bmatrix}\tag{4-24}$$

$$\boldsymbol{x}=[\bar{v}\quad\bar{a}\quad\Delta\bar{a}\quad\Delta h]^{T}\tag{4-25}$$

最终可得：

$$\boldsymbol{x}=(\boldsymbol{D}^{T}\boldsymbol{D})^{-1}\boldsymbol{D}^{T}\boldsymbol{\delta\phi}\tag{4-26}$$

进行精确相位解缠后，地表线性形变和 DEM 误差相位可以重新构建 SBAS 线性模型方程：

$$\begin{cases}[\boldsymbol{B},\boldsymbol{C}]\boldsymbol{p}'=\boldsymbol{\delta\phi}\\ \boldsymbol{p}'=[v\quad\xi]^{T}\end{cases}\tag{4-27}$$

式中，$\boldsymbol{C}_{M\times1}$ 是与空间基线距相关的系数矩阵。

求解式(4-27)获取地表线性形变相位和 DEM 误差改正后，将这两个参数重新在干涉图中匹配，重新获取残余相位，残余相位中包含大气延迟相位、非线性形变相位和失相干噪声相位等。这些残余相位可根据其本身特性在时间域和空间域中波谱的不同特征，采用相应滤波器分离出非线性形变相位和大气相位。

### 4.2.4 地形反演的时间参数改正

由于获取的SAR影像数据为长时序数据，所以时间参数是影像数据处理精度的重要参数之一，在进行数据处理时，首先需要改正与时间相关的误差。数据处理时通常以第一时刻首次采样的雷达影像数据的轨道参数和首个方位的采样时刻及其轨道参数为准，在卫星方位坐标矢量和速度矢量上进行插值，以便于后续的地形相位改正。但GNSS数据传播和地面接收站的时间不同会导致卫星钟差（即实际卫星影像数据获取的时刻和卫星上的星钟记录时刻存在卫星钟差），造成影像在进行轨道参数改正时出现误差（即轨道数据存在偏差）（Hanssen，2001）。此外，InSAR采用的是卫星影像，所以在GNSS数据处理时出现的误差在SBAS数据处理中也会存在。这些误差都会导致在利用DEM模型反演地形干涉相位时出现与实际相位不符合的现象。为保证整体地表形变监测的精度，研究人员在处理数据时必须对上述误差进行改正。在此过程中利用DEM数据与SAR影像数据进行地表形变量反演，首先需要将参与反演的SAR影像与选出的主影像做影像粗配准，得到概略的方位向和距离向的偏移量 $\Delta y$、$\Delta x$，同时可以得到方位向和距离向的延时误差 $\Delta t_a$、$\Delta t_r$，如式（4-28）所示：

$$\Delta t_a = -\frac{\Delta y}{PRF}, \quad \Delta t_r = -\frac{\Delta x}{2Fs} \tag{4-28}$$

式中，$PRF$ 为脉冲重复频率；$Fs$ 为采样率。

### 4.2.5 地表形变反演

本节根据反演顺序详细介绍基于DEM数据利用SBAS技术监测地表形变量反演的步骤：InSAR影像目标点定位、计算遍历像素的入射角和遍历像素的幅度值。

1. InSAR影像目标点定位

InSAR影像目标点定位通常采用高程迭代的方式进行（张红，2009），结合高程线性内插原理，其主要流程如图4-2所示。

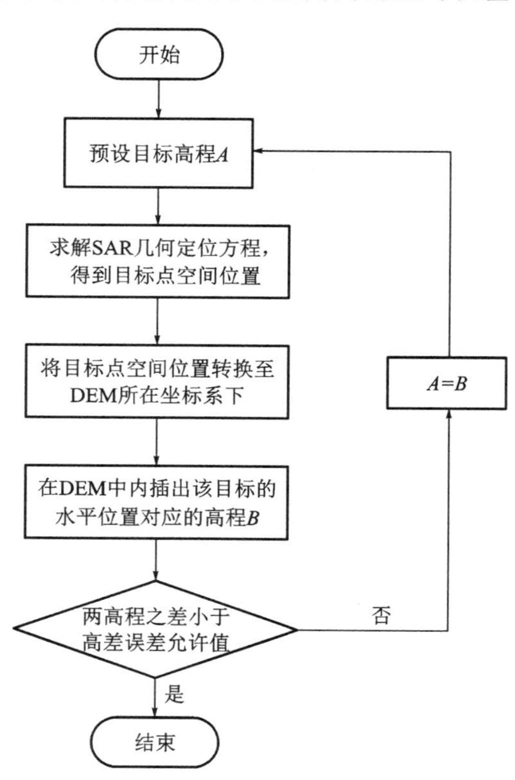


图4-2 InSAR影像目标点定位流程

2. 计算遍历像素的入射角

计算遍历像素的入射角需要获得该像素点所对应的方位时刻雷达天线相位中心所处的位置以及该像素点的三维坐标和该点在斜距方向上相邻像素的三维坐标，$P$ 与 $P_a$ 两点的相对位置如图 4-3 所示，当前点 $P$ 所对应方位时刻的 SAR 天线相位中心的位置由 $S(X_S, Y_S, Z_S)$ 表示，像素点 $P_a$ 表示与像素点 $P$ 在斜距上相邻的像素。

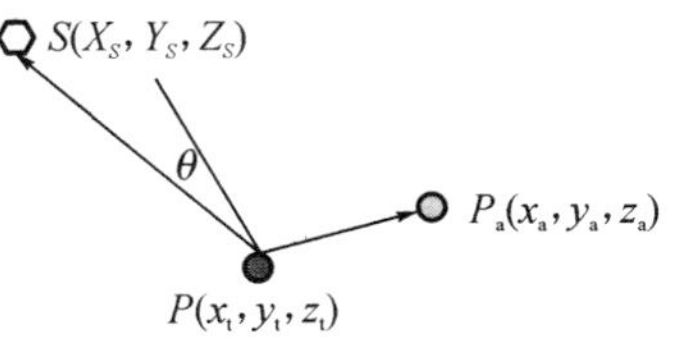


**图 4-3　三维位置和斜距方向相邻像素相对位置模型**

根据图 4-3 的模型，可以推算出像素点 $P$ 的入射角 $\theta$ 的计算式：

$$\theta = a\cos\frac{(S-P)(P_a-P)}{|S-P|\cdot|P_a-P|}-\frac{\pi}{2} \qquad (4\text{-}29)$$

3. 计算遍历像素的幅度值

得到每个像素的局部入射角信息后，可以使用式(4-30)近似得到 SAR 影像上每个像素的幅度值(Wessel et al., 2018)。

$$Amp = 1-\sin\theta \qquad (4\text{-}30)$$

### 4.2.6　干涉对的选取和剔除

因为 SAR 影像获取的时间不同，导致时间失相干，进而引起电磁波相位发生随机散射。SBAS 技术以强相干目标作为研究对象，强相干目标也称高相干点，它代表该点具有较稳定的散射特性并且不容易随时序变化而发生改变。在处理与时序有关的地表形变监测中，可以参考该点的相位稳定性、幅度离差和空间相关性等参数来识别高相干目标点。目前常用的高相干目标点识别方法主要有以下几种：相干系数阈值法、幅度离差阈值法、时空域联合信杂比法、信噪比法等(余景波，等，2013)。

1. 相干系数阈值法

如果两个电磁波的相位之间存在一定的关系，那么这两个相位就是相干的，按照相干性的强弱生成不同质量的干涉图。相干系数是表征像元信号相干性的重要指标，在 SBAS 技术中，用相干系数代表干涉图质量的好坏，相干系数越大，两幅影像相干性越强，即干涉相位图中噪声相位越少，干涉图质量越高。相干系数定义为：

$$\gamma = \frac{E(S_1 S_2^*)}{[E(|S_1|^2)E(|S_2|^2)]^{\frac{1}{2}}} \qquad (4\text{-}31)$$

式中，$S_1$、$S_2$ 分别表示主、辅影像。

在利用 SBAS 技术处理 SAR 影像时，为了拟合更加高效准确，假设影像空间窗口内的各个像元独立同分布并且具有遍历性，试验中采用集合平均来代替时间平均，在解算的同时引入影像之间的地形相位差异参数，对于用坐标形式表达的 $(m, n)$ 处的像元，其相干系数可以用下式进行估计：

$$\hat{\gamma} = \frac{\left|\sum_{m=0}^{M}\sum_{n=0}^{N} S_1(m,n)S_2^*(m,n)\exp[-\mathrm{j}\phi(m,n)]\right|}{\left\{\left[\sum_{m=0}^{M}\sum_{n=0}^{N}|S_1(m,n)|^2\right]\left[\sum_{m=0}^{M}\sum_{n=0}^{N}|S_2(m,n)|^2\right]\right\}^{\frac{1}{2}}} \qquad (4\text{-}32)$$

式中，$M$、$N$ 为估算窗口的高度和宽度；$\phi(m, n)$ 为地形相位项。

SBAS技术获取的影像为同一区域不同时序下的SAR影像，在进行数据处理时，需要按照一定要求选择一幅公共主图像，其余影像作为辅影像与主影像进行配对，然后进行干涉处理。影像获取时间间隔不同，导致时间基线不同，进而影响各干涉对之间的相干性。所以，当采用相干系数法时，研究人员常用平均相干系数作为指标来评价像元在整个影像时序上的相位散射稳定性。通常平均相干系数可以表示为：

$$\bar{\gamma} = \frac{1}{k}\sum_{i=1}^{k}\gamma_i \tag{4-33}$$

式中，$\gamma_i$ 为像元所在的第 $i$ 幅干涉图的相干系数；$k$ 为干涉影像对的数量。

相干性常用作表示主、辅SAR影像间相关程度的物理量，是InSAR测量中的重要指标和参数。一般基于空间矩形窗来估计相干系数(刘国祥，2012)，其表达式如下：

$$r_c(u, v) = \frac{\left|\sum_{i=-m}^{m}\sum_{j=-n}^{n} S_1(u+i, v+j)S_2^*(u+i, v+j)\right|}{\left\{\left[\sum_{i=-m}^{m}\sum_{j=-n}^{n}\left|S_1(u+i, v+j)\right|^2\right]\left[\sum_{i=-m}^{m}\sum_{j=-n}^{n}\left|S_2(u+i, v+j)\right|^2\right]\right\}^{\frac{1}{2}}} \tag{4-34}$$

在干涉影像中通常用 $(u, v)$ 表示像素位置，$(2m+1, 2n+1)$ 代表矩形窗口大小，$(\cdot)^*$ 表示对电磁波参数取共轭，$S_1$ 表示干涉主影像数据，$S_2$ 表示干涉辅影像数据。

若得到 $N$ 幅含有干涉条纹的干涉图，那么位于 $(u, v)$ 处像素的相干系数序列可表示为：

$$\gamma = [\gamma_1, \gamma_2, \cdots, \gamma_N] \tag{4-35}$$

此相干系数序列的最小值和均值可通过式(4-36)进行求解：

$$\begin{cases}\gamma_{\min} = \min\{\gamma_1, \gamma_2, \cdots, \gamma_N\} \\ \gamma_{\text{mean}} = \dfrac{1}{N}\sum_{i=1}^{N}\gamma_i\end{cases} \tag{4-36}$$

所有满足式(4-36)的像元将会被识别为相干目标。

$$\begin{cases}\gamma_{\min} \geqslant \gamma_a \\ \gamma_{\text{mean}} \geqslant \gamma_b\end{cases} \tag{4-37}$$

式中，$\gamma_a$ 和 $\gamma_b$ 分别表示在影像处理中研究人员通过经验设置的不同相干系数阈值。

相干系数阈值法能够保证相干目标筛选的可靠性，使得筛选出的相干目标只有一小部分的目标受到失相干的影响。此外，研究人员还希望相干目标的检测率尽可能地高(相干目标可以被有效地识别)。求解相干系数时选取的窗口尺寸越大，相干目标被成功探测到的概率就越大。但是窗口选取过大，将造成一定数量的相干目标由于被低相干的地物围绕而无法被成功探测。然而，估计窗口过小又将导致大量的相干目标无法被识别，因此，选择合理的窗口尺寸对相干目标的有效识别是至关重要的（易欢，2008）。同时，阈值大小随着相干系数估计窗口大小的变化而变化，高阈值会筛除部分有用的相干目标，低阈值则会将失相干目标错误识别为相干目标，因此，设置合适的阈值也是极其重要的。

2. 幅度离差阈值法

散射特性稳定的强相干点，其散射相位受噪声污染小，具有较好的稳定性。为量化定义强相干点，Colesanti 认为强相干点含有的干涉相位标准差应该小于 0.6 rad 的点目标（张勤，2005）。但实际获取的 SAR 影像的相位中还包含大气延迟等误差影响，所以通过公式直接估算像元的相位稳定性比较困难。一般情况下，研究者通常使用像元的振幅信息去估计获取相位的稳定程度。Ferretti 等（2001）的研究表明，在信杂比（Signal to Clutter Ratio，SCR）较大（即信息量与杂余信息量的比值较大）的情况下，像元振幅与像元相位的稳定程度比较相似。因此，试验中也可依据像元振幅的稳定程度来估计像元散射相位的稳定程度。在信杂比较大的目标上，可以用时序幅度信息来权衡其噪声相位大小，故可用目标的幅度稳定性来替代噪声相位，从而帮助研究者高效率识别相干目标。

为了使像元点坐标为 $(x,\ y)$ 的点存在强相干点的像元 $s(x,\ y)$ 不失去其一般性，试验时默认将强相干点的散射特性赋值为常实数（Rigo et al.，1999），并且要求影像分辨单元要高于强相干点的大小。由于每个像元相位内还存在背景杂波，所以用 $s(x,\ y)$ 来表示每个像元内包含的所有背景杂波和信号。由于同一影像获取的时间、路径等相同，所以像元所含的背景杂波也具有概率统计中独立同分布的特性，再根据中心极限定律，背景杂波近似服从复高斯分布，所以将 $s(x,\ y)$ 表示为：

$$s(x,\ y)=g+n \tag{4-38}$$

式中，$g$ 为目标散射强度（为正实数）；$n$ 为复高斯随机信号。

对于 SAR 复影像数据，相位的实部和虚部相互独立，并且实部 $R$ 和虚部 $I$ 都含高斯噪声，噪声的均值为 0，标准差为 $\delta_{\mathrm{n}}$，方差均为 $\delta_{\mathrm{n}}^2$。像元振幅 $A$ 满足 Rice 概率分布函数：

$$f_{\mathrm{A}}(a)=\frac{a}{\delta_{\mathrm{n}}^2}I_0\left(\frac{ag}{\delta_{\mathrm{n}}^2}\right)\mathrm{e}^{\frac{a^2+g^2}{-2\delta_{\mathrm{n}}^2}},\quad a>0 \tag{4-39}$$

式中，$I_0$ 表示贝塞尔函数。对于低信杂比（即 $g/\delta_{\mathrm{n}}$ 小）的散射体，其幅度值服从瑞利分布；对于高信杂比 $(g/\delta_{\mathrm{n}}>4)$ 的散射体，其幅度值近似服从高斯分布。当 $\delta_n \ll g$ 时，存在如下关系式：

$$\begin{cases}\sigma_{\mathrm{A}}\cong\sigma_{\mathrm{nR}}=\sigma_{\mathrm{nI}}\\ \sigma_{\mathrm{V}}\cong\dfrac{\sigma_{\mathrm{nI}}}{g}\cong\dfrac{\sigma_{\mathrm{A}}}{m_{\mathrm{A}}}=D_{\mathrm{A}}\end{cases} \tag{4-40}$$

式中，$\sigma_{\mathrm{A}}$ 为时序幅度的标准差；$\sigma_{\mathrm{nI}}$ 和 $\sigma_{\mathrm{nR}}$ 分别为噪声的虚部标准差和实部标准差；$\sigma_{\mathrm{V}}$ 为相位标准差；$m_{\mathrm{A}}$ 为时序幅度均值；$D_{\mathrm{A}}$ 为振幅离差指数。

由式(4-32)可知，当信杂比大于 8 dB 时，像元振幅离差在数值上大致与相位标准差相等。解算时可以通过选择各段的离差阈值来解析识别出散射相位相对稳定的像元。通常试验中设置的离差阈值为 0.25。由 Ferretti 的研究可知，$\sigma_V$ 和 $D_A$ 与噪声标准差 $\delta_n$ 之间存在一定的关系(图 4-4)。一般当 $\delta_n < 0.25$ 时，$\sigma_V$ 和 $D_A$ 两个参数的数值曲线大致相近。然而，当 $\delta_n$ 不断增大时，$\sigma_V$ 和 $D_A$ 这两条曲线也会不断远离。

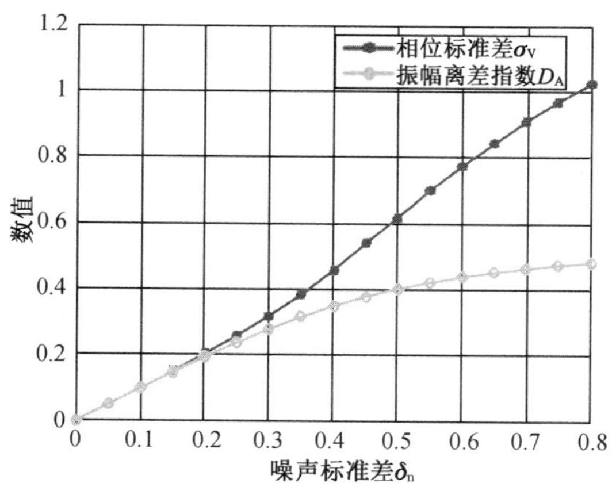


**图 4-4　$\sigma_V$ 和 $D_A$ 随 $\delta_n$ 的变化情况**

由以上分析可知，$D_A$ 可以用来作为高信杂比的散射体的相位噪声水平的衡量指标。因此，只要满足式(4-41)的像元点就会被算法自动识别为相干目标。

$$D_A \leqslant D_{th} \tag{4-41}$$

式中，$D_{th}$ 为处理中设置的幅度离差指数阈值；$D_A$ 为振幅离差指数，表示振幅标准差与期望值之比，由于在实际地表形变解算中不能算出其准确数值，所以研究人员采用 $D_A$ 的估计值：

$$\hat{D}_A = \frac{\sqrt{\frac{1}{M}\sum_{m=1}^{M} a_m^{\ 2} - \left(\frac{1}{M}\sum_{m=1}^{M} a_m\right)^2}}{\frac{1}{M}\sum_{m=1}^{M} a_m} \tag{4-42}$$

式中，$a_m$ 是 $m$ 时刻获取影像的振幅；$M$ 为所处理的影像总数。

式(4-42)表示的就是 $D_A$ 的最大似然估计量，$D_A$ 的精度与所处理的影像数量有关，影像数量越多，则 $D_A$ 的估计精度越高，当影像数量大于 20 幅时，式(4-42)可以保证 $D_A$ 具有较高的估计精度，所以影像数量越多，振幅离差法可以获得越准确的高相干点。但是，当影像数量较少时，式(4-42)的估计精度严重下降，常规使用的振幅离差法不能解算出精度较高的相位结果。为了证明这一理论，本节利用模拟数据建模来对其进行可视化，使用式(4-38)对强相干点的影像相位信号进行建模，并使用蒙特卡洛仿真方法获取不同的信杂比下相干点检测概率和伪测概率与影像数量的关系，如图 4-5 所示。

由图 4-5 可知，在小基线集下，若使用传统阈值 0.25，可以保证强相干点的检测概率($SCR > 8$ dB，$P_a > 0.8$)，但非强相干点的伪测概率偏高($SCR > 0$ dB，$P_f > 0.01$)。这说明，在小基线集下，使用传统阈值 0.25 时，在检测出强相干点的同时会引入大量的伪强相干点。此时需要适当降低阈值，将离差阈值设定为 0.15，这样可以将伪测概率降低至 $10^{-3}$ 量级。然而，降低阈值虽然可以抑制伪测概率，但同时也降低了强相干点的检测概率（$SCR<12$ dB，$P_a<0.5$）。本次试验表明，在小基线集下，使用阈值 0.15 时，大部分的强相干点没有被检测出，这会导致检测出的强相干点数量少且分布稀疏，造成后期的地表形变无法处理。

图 4-5 说明，在小基线集下，对于振幅离差法，无法选取合适的阈值，导致其难以获得满意的强相干点提取结果。

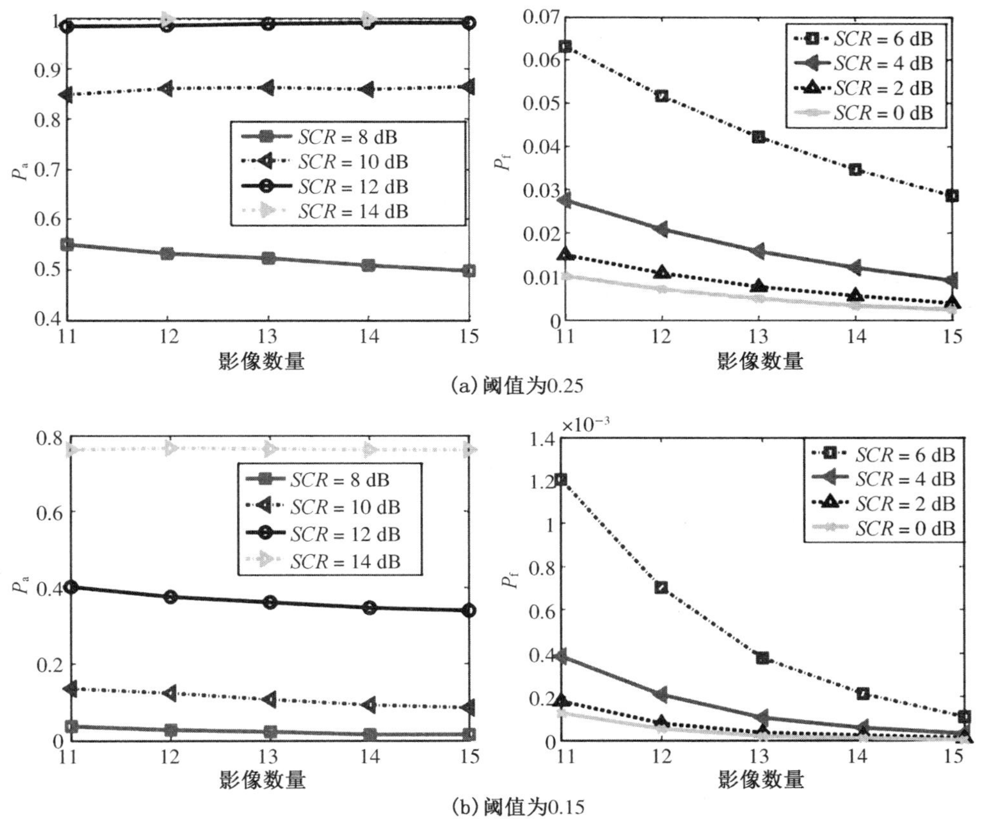


**图 4-5　不同阈值下，幅度离差法的检测概率和伪测概率**

3. 时空域联合信杂比法

采用式(4-38)对 SAR 影像信号进行建模，通过变量代换，可推导得到相干点相位的概率密度函数：

$$pdf(\phi)=\frac{\sqrt{SCR}\ |\cos\phi|}{\sqrt{\pi}}\mathrm{e}^{-SCR\sin^2\phi} \tag{4-43}$$

如图 4-6 所示，随着像元信杂比的增大，散射相位概率分布函数趋于冲激函数，其标准差越来越小。因此，像元的信杂比越大，其散射相位越稳定。

图 4-7 表明，像元的散射相位标准差是倍杂比的单调减函数。因此，只要估计出像元

的信杂比，并选择适当的阈值，便可提取相干性比较稳定的像元。在 SAR 影像的目标检测中，通常使用空域取窗的方法估计目标的信杂比，这种信杂比估计方法一般仅处理一幅 SAR 影像。试验时预定在估算窗口内，背景杂波强度服从设定的概率密度分布，可以根据窗口内背景杂波估计的振幅信息得到像元的信杂比。在 SBAS 技术中，需要处理多景 SAR 影像，因此必须充分利用影像自身所包含的信息。

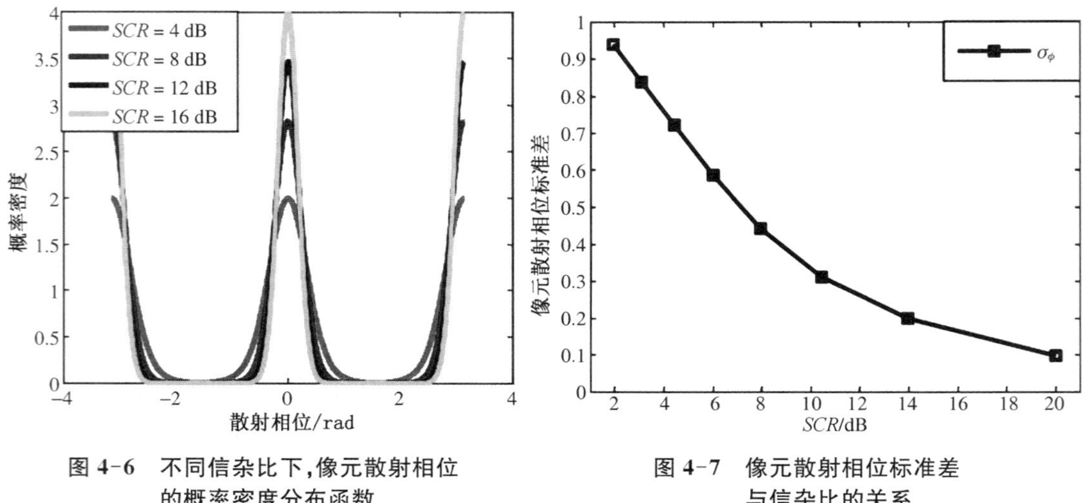


图 4-6 不同信杂比下，像元散射相位的概率密度分布函数

图 4-7 像元散射相位标准差与信杂比的关系

时空域信杂比法的处理步骤如下：

（1）为抑制相干斑噪声影响，试验时先使用合适的时域平均滤波器对影像序列进行滤波，滤波结果为平均幅度图 $\bar{S}$。

$$\bar{S} = \frac{1}{M}\sum_{i=1}^{M} S_i \tag{4-44}$$

式中，$M$ 为图像数目；$S_i$ 为 $i$ 时刻影像的振幅。

（2）选取杂波估计区域。为了避免像元散射特性的影响，本节采用空心窗估计杂波强度，即认为估计窗内杂波服从零均值的高斯分布，则杂波振幅服从瑞利分布，使用最大似然法估计像元的杂波强度：

$$\hat{I}_c = \frac{1}{k}\sum_{i=1}^{k} a_i^2, \quad a_i \in W_2 \tag{4-45}$$

式中，$W_2$ 为空心窗选取区域；$a_i$ 为空心窗内像元的振幅。

（3）假定测试像元的平均幅度为 $\hat{P}$，通常情况下像元能量可分为信号能量和杂波能量两部分，则像元的信杂比估计为：

$$SCR = \begin{cases} 10\lg\left(\dfrac{\hat{I}_c - \hat{P}}{\hat{P}}\right), & a^2 > \hat{P} \\ 0, & a^2 < \hat{P} \end{cases} \tag{4-46}$$

空域信杂比估计需要假设背景杂波服从一定的概率分布，而在实际情况中并不能保证上述假设绝对成立。因此，仅利用像元空域信息获得的像元信杂比不一定准确。针对上述问题，在空域估计像元信杂比后，本节再利用像元的时域信息估计其信杂比。事实上，根据式(4-38)，像元的信杂比为：

$$SCR=\frac{g^2}{2\sigma_n^2} \tag{4-47}$$

将式(4-47)与式(4-43)对比，可求得像元振幅离差与信杂比存在以下关系：

$$D_a\approx\frac{\sigma_n}{g}\approx\frac{1}{\sqrt{2SCR}} \tag{4-48}$$

因为振幅离差是根据像元时域信息得到的，所以，根据式(4-48)可获得像元在时域上的信杂比，其估计式为：

$$SCR=\frac{D_a^2}{2} \tag{4-49}$$

在得到像元时空域的信杂比估计后，需要将信杂比估计值与设定阈值比较，以此判断测试像元是否为强相干点(图 4-8)，其具体流程如下：

(1) 使用时域信杂比估计时，信杂比阈值设定为 8 dB，解算后以阈值为分割线，筛选出的强相干点像元的信杂比估计值大于阈值，即获取强相干点候选集 &1。

(2) 使用空域信杂比估计时，同样将信杂比阈值设定为 8 dB，得到强相干点候选集 &2。

(3) 对集合 &1、&2 取交集，得到最终的强相干点集。

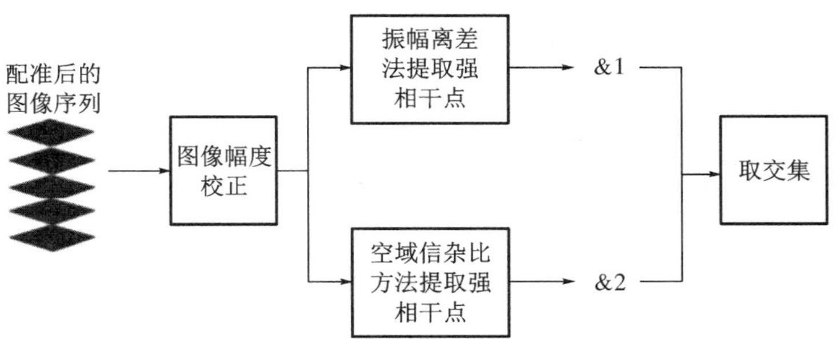


**图 4-8　时空域的强相干点提取方法**

4. 信噪比法

信噪比法与信杂比法类似，在此不过多赘述。信噪比法的原理是计算单个像元的平均信噪比指标，通过设置合适的信噪比阈值，可提取出相干目标。信噪比与相位误差的关系式如下：

$$\hat{\sigma}_\phi=\frac{1}{\sqrt{2SNR}} \tag{4-50}$$

式中，$\hat{\sigma}_\phi$ 为相位误差；$SNR$ 为信噪比。

由式(4-50)可知，$SNR$ 越大，$\hat{\sigma}_\phi$ 的取值就越小，目标的相位特性也就越稳定。对于 $SNR=2$ 的阈值而言，一般选择的相干目标的相位标准差 $\hat{\sigma}_\phi$ 小于 0.5 rad(约为 30°)。

SBAS 技术是通过逐像素运算来监测形变时序的。为了避免低相干像元点带来的相位误差，在差分干涉相位图中选取高相干目标点，然后对高相干目标点进行逐点计算。本节方法改进了单一的识别方法，采用幅度双阈值法识别高相干点，这种方法将目标幅值影响引入高相干点的识别中。在数据处理中，将幅度离差值小于 0.2 并且时序幅度最小值大于 0.08 的像素识别为高相干目标点。本节方法在进行高相干点识别处理前需要首先对获取的 SAR 时序影像进行幅度均衡处理，目的是保证将不同时间段获取的 SAR 影像的幅度值归一化到同一水平量级。

### 4.2.7 差分干涉相位生成

干涉对选取完成后，利用公开的 DEM 数据进行地形相位剔除以得到差分干涉相位。

### 4.2.8 高程误差估计

高程误差估计是基于高相干点建立方程来估计的，对选取的高相干点进行逐点计算得到各点的高程误差。对已获取差分图的相位构成分量可写为：

$$\begin{aligned}\delta\phi_j(x,r)&=\phi(t_B,x,r)-\phi(t_A,x,r)\\&\approx\phi_d(t_B,x,r)-\phi_d(t_A,x,r)+\frac{4\pi}{\lambda}\cdot\frac{B_{\perp,j}}{r_j\sin\theta_j}\Delta h(x,r)+\\&\quad[\phi_{atm,res}(t_B,x,r)-\phi_{atm,res}(t_A,x,r)]+n_{j,res}(x,r)\end{aligned}\tag{4-51}$$

式中，$j$ 为干涉对序号；$t_i$ 为数据录取时间；$\phi_d$ 为形变相位；$B_{\perp,j}$ 为第 $j$ 个干涉对的垂直有效基线；$r_j$ 和 $\theta_j$ 分别为第 $j$ 个干涉对中主图像的斜距和入射角；$\Delta h$ 为高程误差；$\phi_{atm,res}$ 为残余大气相位；$n_{j,res}$ 为残余噪声相位。假设本节研究区域的地表形变可分解为低频形变和高频形变，其中低频部分用低阶多项式表示：

$$\phi_{d,LP}(t_A,x,r)=\bar{v}(x,r)(t_A-t_0)+\frac{1}{2}\bar{a}(x,r)(t_A-t_0)^2+\frac{1}{6}\Delta\bar{a}(x,r)(t_A-t_0)^3\tag{4-52}$$

式中，$\phi_{d,LP}$ 为低频形变相位；$\bar{v}$ 为线性形变速率；$\bar{a}$ 为形变加速度；$\Delta\bar{a}$ 为形变加速度变化率。按照最小二乘原理进行解算，即可得到 4 个未知参数 $\bar{v}$、$\bar{a}$、$\Delta\bar{a}$ 和 $\Delta h$ 的数值。

### 4.2.9 大气延迟误差去除

利用最小二乘法对式(4-27)进行求解后，剩余的残差部分由残余大气延迟相位、高频形变相位和残余噪声相位组成，可以利用三者在空间和时间上的不同变化特征提取出高频形变相位：

$$\delta\phi_j(x, r)=[\phi_{\mathrm{d,HP}}(t_{\mathrm{B}}, x, r)-\phi_{\mathrm{d,HP}}(t_{\mathrm{A}}, x, r)]+[\phi_{\mathrm{atm,res}}(t_{\mathrm{B}}, x, r)-\phi_{\mathrm{atm,res}}(t_{\mathrm{A}}, x, r)]+n_{j,\mathrm{res}}(x, r) \tag{4-53}$$

式中，$\phi_{\mathrm{d,HP}}$ 为高频形变相位。

通常情况下，大气相位在传播路径数百米范围内具有空间自相关特性(李国元，等，2017)。因此，即使获取 SAR 影像的时间不同导致获取的影像传播路径历经的大气状态不同，但对于相同研究区域的 SAR 影像而言，相邻像素间的大气传播路径与大气误差具有高度的自相关性，所以可将其在空间域上当作低频量；在时间域上，由于大气状态具有高度的时变性，因此可将其近似为随机信号，可视为高频量；形变相位在时间域和空间域上同时拥有较高的相关性，可同时视为低频量；SBAS 数据处理中的相位噪声主要是由于主、辅 SAR 影像之间失相关引起，所以相位噪声在时空域都表现为随机特性，将其作为高频量。综合上述分析，为了从残差相位中提取出高频形变相位，可利用空间域低通滤波和时间域高通滤波来分别剔除残留的大气分量和噪声分量(Yu et al.，2017)。

1. 空间域低通滤波

试验一般利用均值滤波来实现空间域低通滤波处理，这种方法不但容易实现，而且与噪声分量和信号分量的散布特性无关。空间域低通滤波的基本思想是将待处理像元点作为窗口中心，用窗口内所含像元的平均值来代替此点的像素值，均值滤波原理如图 4-9 所示。

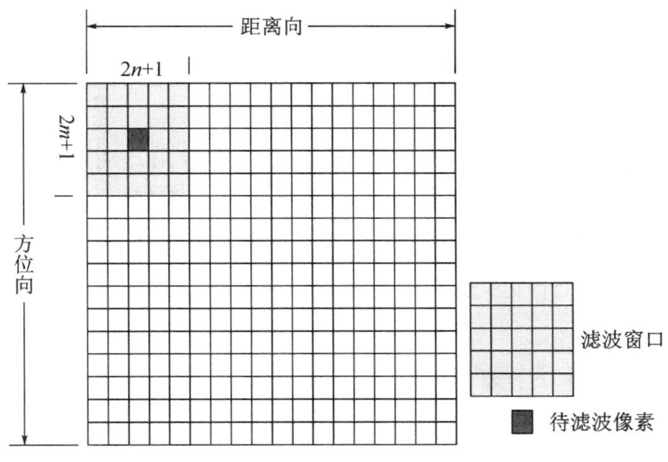


图 4-9　均值滤波示意图

处理时一般选取较小尺寸的滑动窗(如 5×5 或 5×7)对干涉图进行降噪处理，其基本表达式如下：

$$\hat{\phi}(x, y)=\frac{\sum_{i=-m}^{m}\sum_{j=-n}^{n}\phi(x+i, y+j)\cdot\phi(x+i, y+j)}{\sum_{i=-m}^{m}\sum_{i=-n}^{n}\phi(x+i, y+j)} \tag{4-54}$$

式中，$\phi(x, y)$ 表示窗口内滤波前的相位值；$\hat{\phi}(x, y)$ 表示对 $\phi(x, y)$ 滤波后的结果；处

理窗口大小为 $(2m+1)(2n+1)$（方位向×距离向）。

2. 时间域高通滤波

此处选择三角滤波法进行时间域高通滤波处理，首先将差分相位图中的残差值从干涉域转化为时序域，时域 SAR 影像的相位分量仅包括高频形变相位和大气延迟相位，如式(4-55)所示。

$$\phi(t_A, x, r) = \phi_{d,LP}(t_A, x, r) + \phi_{atm}(t_A, x, r) \tag{4-55}$$

三角滤波的原理如式(4-56)所示。

$$\phi_{atm}(t_k, x, r) = \phi(t_k, x, r) - \frac{\sum_{i=1}^{len} \phi(t_{index\_i}, x, t)\left(1 - \frac{t_{index\_i} - t_k}{t_{index\_len} - t_{index\_1}}\right)}{\sum_{i=1}^{len}\left(1 - \frac{t_{index\_i} - t_k}{t_{index\_len} - t_{index\_1}}\right)} \tag{4-56}$$

式中，$len$ 和 $index$ 分别表示窗口内所含 SAR 影像的总数及其对应的时序序列。

### 4.2.10 生成形变时序图

将提取的时序大气分量从残差相位中剔除，便可提取出高频形变分量，再将其与低频形变相位相加，便能得到整个监测时间段内观测区域的形变时序。

## 4.3 SBAS 技术用于形变监测的影响因素分析

很多研究成果通过与水准数据或 GPS 数据比较后得出，SBAS 技术的线性形变速率估计精度可达到毫米级，DEM 高程测量误差估计精度可达到米级（Ya et al., 2017）。常用克拉美罗界（Cramér-Rao Bound, CRLB）理论建模，推导出 SBAS 技术中线性形变速率和 DEM 高程测量误差估计。本节利用此模型来进行 SBAS 技术用于形变监测的影响因素分析。

CRLB 是用来定量描述参数估计性能的物理量，为任何无偏估计量的方差确定了一个下限，即反映理论上能达到的最佳估计。非理想条件下，通过干涉处理得到的第 $i$ 幅差分图中的信号为：

$$\phi_i(x, y) = \phi_{TA}(x, y) - \phi_{TB}(x, y) \approx \phi_{i(def)} + \phi_{i(top)} + \phi_{i(atm)} + \phi_{i(noi)} \tag{4-57}$$

式中，$\phi_{i(def)}$ 为沿雷达视线向的地表形变相位；$\phi_{i(top)}$ 为残余 DEM 高程测量误差相位；$\phi_{i(atm)}$ 为残余大气相位；$\phi_{i(noi)}$ 为噪声相位。

由 4.2 节可知，可将地表形变量分解为线性形变相位分量和非线性形变相位分量，并认为线性形变相位分量是随时间基线均匀变化的，故 $\phi_{d,i}$ 可表示为：

$$\phi_{d,i} = \frac{4\pi}{\lambda} T_i v + \phi_{nonlinear,i} \tag{4-58}$$

式中，$T_i$ 为时间基线；$v$ 为线性形变速率；$\phi_{\text{nonlinear},i}$ 为非线性形变相位分量。根据干涉相位和高程间的关系，$\phi_{i(\text{top})}$ 可表示为：

$$\phi_{i(\text{top})}=\frac{4\pi B_{\perp,i}}{\lambda R_i \sin\theta_i}h_{\text{error}} \tag{4-59}$$

式中，$B_{\perp,i}$ 为第 $i$ 个干涉对的垂直有效基线；$R_i$ 为第 $i$ 个干涉对的主星斜距；$\theta_i$ 为第 $i$ 个干涉对的主星下的视角；$h_{\text{error}}$ 为 DEM 模型高程测量误差。

进一步将式(4-58)中的非线性形变相位分量、残余大气相位和噪声相位等统称为残余相位，则式(4-58)可写为：

$$\phi_i=\frac{4\pi}{\lambda}T_i v+\frac{4\pi B_{\perp,i}}{\lambda R_i \sin\theta_i}h_{\text{error}}+\phi_{\text{res},j} \tag{4-60}$$

为了公式推导和解算方便，解算方程时一般认为残余相位分量 $\phi_{\text{res},j}$ 服从均值为 0、方差为 $\sigma_{\text{res}}^2$ 的高斯分布。用非线性形变相位分量方差 $\sigma_{\text{nonlinear}}^2$、噪声相位方差 $\sigma_{\text{noise}}^2$ 和残余大气相位方差 $\sigma_{\text{atm}}^2$ 构成残余相位的方差 $\sigma_{\text{res}}^2$，如式(4-61)所示。

$$\sigma_{\text{res}}^2=\sigma_{\text{nonlinear}}^2+\sigma_{\text{atm}}^2+\sigma_{\text{noise}}^2 \tag{4-61}$$

噪声相位分量方差 $\sigma_{\text{noise}}^2$ 可表示为：

$$\sigma_{\text{noise}}^2=\frac{1}{2}\cdot\frac{1-\gamma^2}{\gamma^2} \tag{4-62}$$

式中，$\gamma$ 为相干系数。

对于 $N$ 幅差分干涉影像，$i$ 的概率密度函数由式(4-63)表达：

$$f(\delta\phi;\ v,\ h_{\text{error}})=\left(\frac{1}{\sqrt{2\pi}\sigma_{\text{res}}}\right)^N \mathrm{e}^{-\frac{1}{2\sigma_{\text{res}}^2}\sum\limits_{i=1}^{N}\left(\delta\phi_i-\frac{4\pi}{\lambda}T_i v-\frac{4\pi B_{\perp,i}}{\lambda R_i \sin\theta_i}h_{\text{error}}\right)^2} \tag{4-63}$$

对式(4-63)左右两边同时取对数可得到以下品质函数，其表达式为：

$$g(v,\ h_{\text{error}})=\text{In} f=N\cdot\text{In}\left(\frac{1}{\sqrt{2\pi}\sigma_{\text{res}}}\right)-\frac{1}{2\sigma_{\text{res}}^2}\sum_{i=1}^{N}\left(\delta\phi_i-\frac{4\pi}{\lambda}T_i v-\frac{4\pi B_{\perp,i}}{\lambda R_i \sin\theta_i}h_{\text{error}}\right)^2 \tag{4-64}$$

通过对式(4-64)中的两个待估参数 $v$ 和 $h_{\text{error}}$ 求二阶偏导，可以得出 Fisher 矩阵 $\boldsymbol{J}$，其表达式为：

$$\boldsymbol{J}=\begin{bmatrix}J_{11} & J_{12}\\ J_{21} & J_{22}\end{bmatrix}=\begin{bmatrix}-E\dfrac{\partial \text{In} f}{\partial v^2} & -E\dfrac{\partial^2 \text{In} f}{\partial v \partial h_{\text{error}}}\\ -E\dfrac{\partial^2 \text{In} f}{\partial h_{\text{error}}\partial v} & -E\dfrac{\partial^2 \text{In} f}{\partial h_{\text{error}}^2}\end{bmatrix}$$

$$
=\begin{bmatrix}
\frac{16\pi^2}{\lambda^2\sigma_{\mathrm{res}}^2}\sum_{i=1}^{N}T_i^2 & \frac{16\pi^2}{\lambda^2\sigma_{\mathrm{res}}^2}\sum_{i=1}^{N}\frac{B_{\perp,i}T_i}{R_i\sin\theta_i} \\
\frac{16\pi^2}{\lambda^2\sigma_{\mathrm{res}}^2}\sum_{i=1}^{N}\frac{B_{\perp,i}T_i}{R_i\sin\theta_i} & \frac{16\pi^2}{\lambda^2\sigma_{\mathrm{res}}^2}\sum_{i=1}^{N}\left(\frac{B_{\perp,i}}{R_i\sin\theta_i}\right)^2
\end{bmatrix} \tag{4-65}
$$

通过一系列的数学运算，可得其逆矩阵的表达式为：

$$
\begin{cases}
\boldsymbol{J}^{-1}=\frac{1}{|\boldsymbol{J}|}\begin{bmatrix}
\frac{16\pi^2}{\lambda^2\sigma_{\mathrm{res}}^2}\sum_{i=1}^{N}\left(\frac{B_{\perp,i}}{R_i\sin\theta_i}\right)^2 & -\frac{16\pi^2}{\lambda^2\sigma_{\mathrm{res}}^2}\sum_{i=1}^{N}\frac{B_{\perp,i}T_i}{R_i\sin\theta_i} \\
-\frac{16\pi^2}{\lambda^2\sigma_{\mathrm{res}}^2}\sum_{i=1}^{N}\frac{B_{\perp,i}T_i}{R_i\sin\theta_i} & \frac{16\pi^2}{\lambda^2\sigma_{\mathrm{res}}^2}\sum_{i=1}^{N}T_i^2
\end{bmatrix} \\
|\boldsymbol{J}|=\dfrac{1}{\frac{16\pi^2}{\lambda^2\sigma_{\mathrm{res}}^2}\sum_{i=1}^{N}T_i^2\,\frac{16\pi^2}{\lambda^2\sigma_{\mathrm{res}}^2}\sum_{i=1}^{N}\left(\frac{B_{\perp,i}}{R_i\sin\theta_i}\right)^2-\left(\frac{16\pi^2}{\lambda^2\sigma_{\mathrm{res}}^2}\sum_{i=1}^{N}\frac{B_{\perp,i}T_i}{R_i\sin\theta_i}\right)^2}
\end{cases} \tag{4-66}
$$

由式(4-66)可得待估参数 $v$ 和 $h_{\mathrm{error}}$ 的方差，分别如式(4-67)和式(4-68)所示。

$$
\sigma_{\mathrm{v}}^2 \geqslant \frac{\dfrac{\lambda^2\sigma_{\mathrm{res}}^2}{16\pi^2}}{\sum_{i=1}^{N}T_i^2-\dfrac{\left(\sum_{i=1}^{N}\frac{B_{\perp,i}}{R_i\sin\theta_i}\right)^2}{\sum_{i=1}^{N}\left(\frac{B_{\perp,i}}{R_i\sin\theta_i}\right)^2}} \tag{4-67}
$$

$$
\sigma_{\mathrm{h}}^2 \geqslant \frac{\dfrac{\lambda^2\sigma_{\mathrm{res}}^2}{16\pi^2}}{\sum_{i=1}^{N}\left(\frac{B_{\perp,i}}{R_i\sin\theta_i}\right)^2-\dfrac{\left(\sum_{i=1}^{N}\frac{B_{\perp,i}}{R_i\sin\theta_i}\right)^2}{\sum_{i=1}^{N}T_i^2}} \tag{4-68}
$$

在实际求解影像参数时，将处理参数值代入式(4-67)和式(4-68)后，分母中第一项远大于第二项，所以第二项可忽略不计，最终式(4-67)和式(4-68)的近似表达式为：

$$
\sigma_{\mathrm{v}}^2 \geqslant \frac{\lambda^2\sigma_{\mathrm{res}}^2}{16\pi^2\sum_{i=1}^{N}T_i^2} \tag{4-69}
$$

$$
\sigma_{\mathrm{h}}^2 \geqslant \frac{\lambda^2\sigma_{\mathrm{res}}^2}{16\pi^2\sum_{i=1}^{N}\left(\frac{B_{\perp,i}}{R_i\sin\theta_i}\right)^2} \tag{4-70}
$$

从式(4-69)和式(4-70)可知，SBAS 技术用于地表形变监测时，如果干涉对数量相同，则获得地表的线性形变速率和地面 DEM 高程监测精度与残余大气相位成反比，即残余大气误差增大，地表监测精度会降低。从地表的线性形变速率和地面 DEM 高程监测精度两者中可明显看出残余大气误差对线性形变速率测量精度更加敏感，所以，在一般 SBAS 数据处理中必须抑制大气相位误差对地表监测结果解算精度的影响。如果解算过程中残余大气相位误差相同，当干涉对数量增加时，地表的线性形变速率和地面 DEM 高程监测精度也会提高。但影响地表的线性形变速率和地面 DEM 高程监测精度的主要因素还是与时序相干系数、时间基线、垂直有效基线和目标相位稳定性等有关。

## 4.4　SBAS 数据处理流程

SBAS 数据处理流程(图 4-10)如下：

(1) 选取 $N+1$ 幅 SAR 影像，根据相关的干涉对组成条件，构成 $M$ 幅干涉图。

(2) 借助公开的 DEM 数据库，将反演出的地形分量从步骤(1)生成的干涉图中剔除，从而获取 $M$ 幅差分干涉图。

(3) 根据相干目标识别准则，筛选出高相干点，并得到其解缠相位。

(4) 在高相干目标点上创建线性形变速率和高程监测精度估计的数学模型。

(5) 利用奇异值分解法解算出未知参数在最小范数意义下的最小二乘解。

(6) 分离出非线性形变分量和大气分量。

(7) 计算最终的形变结果。

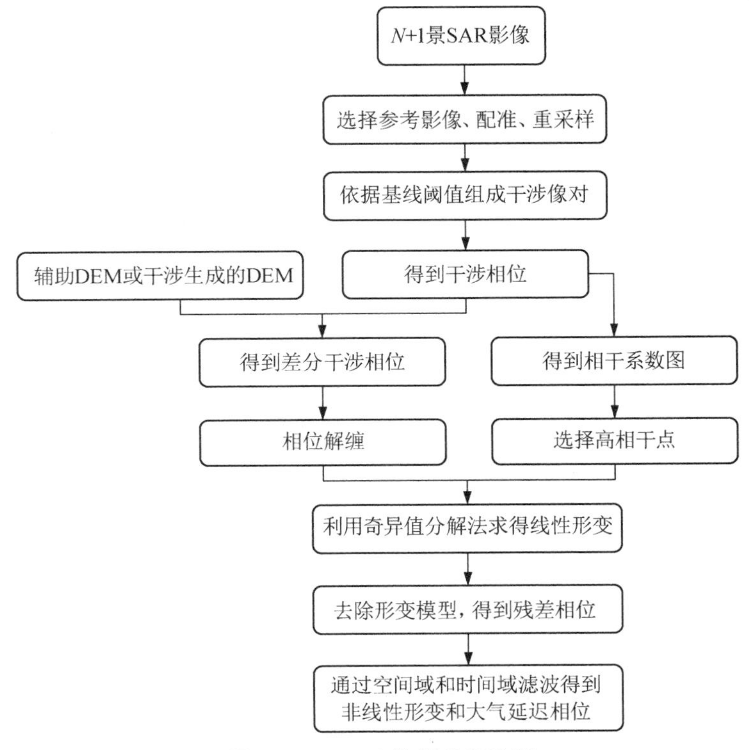


图 4-10　SBAS 数据处理流程

# 第5章　SBAS技术在矿山地表形变监测中的应用

## 5.1　试验区概况

丰城某煤矿隶属于江西煤炭集团，1958年建矿，1960年投产，归丰城矿务局管辖，坐落于赣江西岸，距省会南昌市约50 km，属鄱阳湖生态经济圈范畴。有赣粤高速、105国道、320国道三条国家级公路在矿区附近交叉而过，有专用铁路线直达矿区，距赣江水陆码头7 km。该煤矿是江南著名的主焦煤生产基地。该矿区煤田地处岗阜地区，岗丘、洼地交错起伏，土壤以水稻土、潮土和山地红壤、黄壤为主。矿区的气候属于亚热带季风气候，特点是雨热同期，夏季高温多雨、冬季低温少雨，热量丰富、降水充沛、日照充足、霜期短、气候资源丰富，有利于农作物和林木生长。上半年各月降水量逐月增加，下半年各月降水量呈递减趋势，年平均降水量为1 545.6～1 736.3 mm，降水主要集中在5月、6月。矿区地表周边的植被繁多，主要是一些农作物，如稻田、菜地、果树、棉花等，还有一些亚热带常绿阔叶林，主要是乔木树种，如杉树、湿地树等。

由于南方煤矿地表覆盖植被较多，且开采沉陷具有范围较小、形变速度快和形变梯度大的特点，故利用普通的水准测量要消耗大量的人力物力，得到的数据离散，不能很好地反映采空区的塌陷演变情况。因此，利用SBAS技术对该煤矿沉降区域进行形变监测具有重要意义。

## 5.2　试验数据

通过调研，覆盖研究区域的PALSAR影像总共有11景，2007—2009年的SAR影像有9景，2010年的SAR影像有2景。由于2008年6月16日、2008年12月17日获取研究区域的两景影像同其他景影像之间的空间基线过大，直接造成这两景SAR影像无法采用；2010年2月4日和2010年3月22日获取研究区域的两景影像同其他影像的时间跨度大，时间失相干严重。本试验最终使用2007年6月14日至2008年5月1日由ALOS卫星PALSAR传感器获取的L波段的7景覆盖丰城某煤矿地区的SAR影像以及由国际农业研究咨询顾问集团空间信息协会提供的精度为3″(分辨率为90 m)的无“空洞”的全球SRTM V4 DEM数据(下载地址：http://srtm.csi.cgiar.org/)，其标称绝对高程精度为±16 m，标称绝对平面精度为±20 m，试验影像覆盖区DEM数据如图5-1所示，各影像具体参数信息如表 5-1 所示。在采用 DEM 去除地形相位信息时，对 DEM 进行了 6 倍过采样处理。

对于 L 波段的 ALOS 卫星，可采用小于或等于 800 m 的基线作为小基线，空间失相干能得到很好的改善，相干性明显提高。同样地，本试验采用 L 波段的 PALSAR 影像，选取空间基线小于 800 m 的小基线干涉对，影像共生成了 11 个小基线干涉对，利用 SBAS 方法对其进行处理。各干涉对信息详见表 5-2。垂直基线集分布见图 5-2。

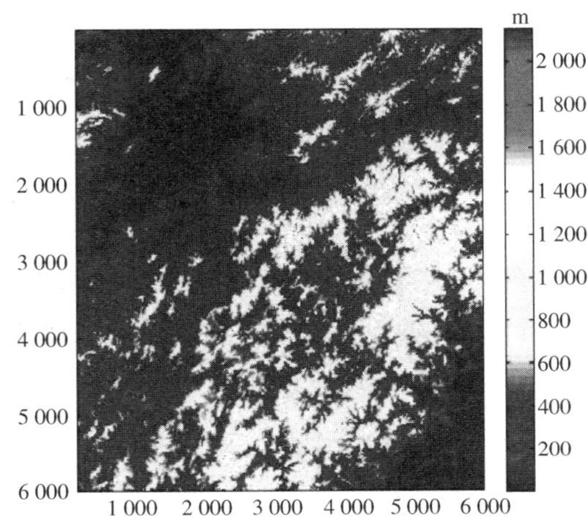


**图 5-1　影像覆盖地区 DEM 数据**

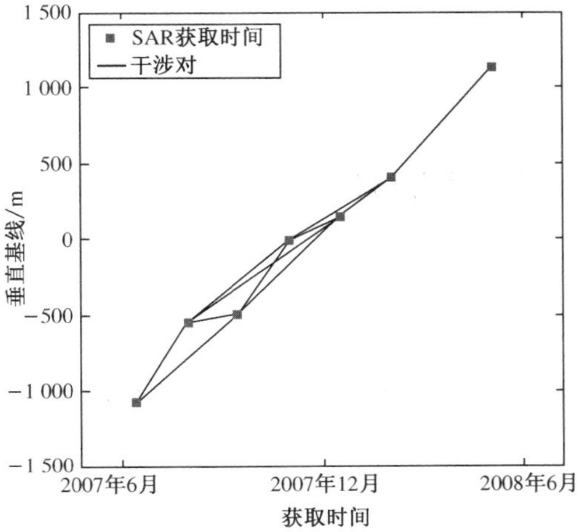

**图 5-2　垂直基线集分布图**

**表 5-1　SAR 数据一览表**

| 序号 | 获取时间 | 轨道号 | 观测模式 | 极化方式 |
|---|---|---|---|---|
| 1 | 2007-6-14 | 07389 | FBD | HH+HV |
| 2 | 2007-7-30 | 08060 | FBD | HH+HV |
| 3 | 2007-9-14 | 08731 | FBD | HH+HV |
| 4 | 2007-10-30 | 09402 | FBD | HH+HV |
| 5 | 2007-12-15 | 10073 | FBS | HH |
| 6 | 2008-1-30 | 10744 | FBS | HH |
| 7 | 2008-5-1 | 12086 | FBD | HH+HV |

注：在 FBD 模式下获取的影像在距离向要进行 2 倍的过采样来与 FBS 模式下获取的影像保持分辨率一致。

**表 5-2　小基线干涉对的信息**

| 编号 | 主影像时间 | 辅影像时间 | 垂直基线/m | 时间基线/d |
|---|---|---|---|---|
| 1 | 2007-6-14 | 2007-7-30 | 523.861 1 | 46 |
| 2 | | 2007-9-14 | 583.181 7 | 92 |
| 3 | 2007-7-30 | 2007-9-14 | 59.327 4 | 46 |
| 4 | | 2007-10-30 | 544.666 8 | 92 |
| 5 | | 2007-12-15 | 708.704 3 | 184 |

（续表）

| 编号 | 主影像时间 | 辅影像时间 | 垂直基线/m | 时间基线/d |
|---|---|---|---|---|
| 6 | 2007-9-14 | 2007-10-30 | 485.303 9 | 46 |
| 7 | | 2007-12-15 | 649.320 9 | 92 |
| 8 | 2007-10-30 | 2007-12-15 | 164.082 3 | 46 |
| 9 | | 2008-1-30 | 410.612 0 | 92 |
| 10 | 2007-12-15 | 2008-1-30 | 246.487 1 | 46 |
| 11 | 2007-1-30 | 2008-5-1 | 719.415 1 | 46 |

## 5.3 数据处理

在利用 SBAS 方法处理数据前，首先对所获取的 SAR 影像采用 D-InSAR 方法进行差分干涉预处理，然后通过建立 D-InSAR 时序分析模型，基于所选择的高相干点来逐点求解各时间段的沉降速率和累计形变量。SBAS 技术的数据处理流程如图 5-3 所示。

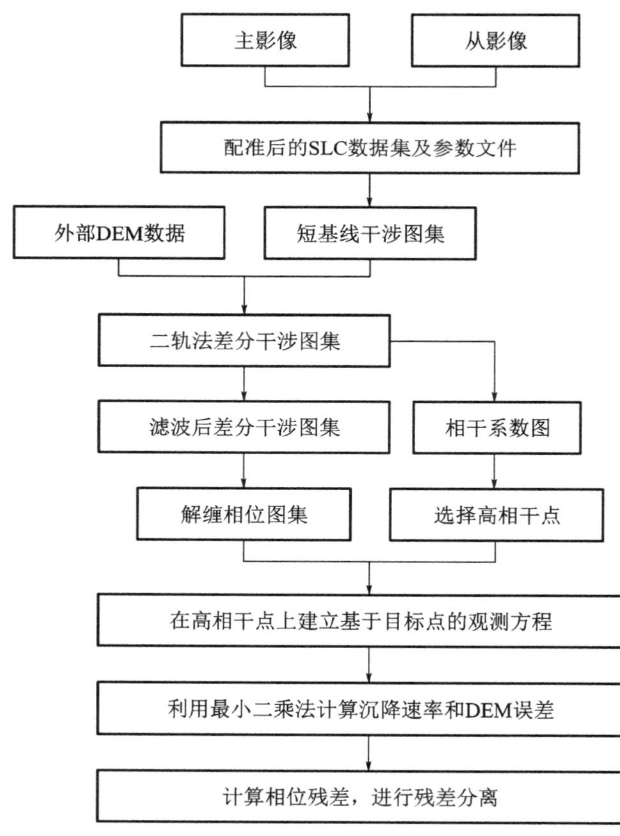


图 5-3　SBAS 技术的数据处理流程图

### 5.3.1 影像预处理

由于有现成的DEM数据，因此在进行D-InSAR时序分析前，本试验利用GAMMA软件对SAR影像进行二轨法差分干涉处理，生成小基线集干涉图序列。

GAMMA软件是用ANSI-C编写的，目前能够支持的系统有：Solaris操作系统UNIX工作站；LINUX系统的PC机（32位和64位处理器）；使用NT操作系统和Cygwin模拟技术的PC机；Windows系统和Vista系统。

GAMMA软件能够处理星载或机载SAR数据。软件能够支持不同的机构获取的数据。目前能够处理的雷达卫星包括：ERS-1/2、JERS、RADARSAT、SIR-C、ENVISAT ASAR、COSMO、ALOS PALSAR、TerraSAR-X等。GAMMA软件在处理过程中可以将中间和最终的结果生成SUN或BMP格式的图像文件方便用户显示查看。

GAMMA软件能够完成将SAR原始数据处理成DEM、地表形变图、土地利用分类图等数字产品的整个过程。该软件可以分成五个部分：①组件式的SAR处理器（Modular SAR Processor，MSP）；②干涉SAR处理器（Interferometric SAR Processor，ISP）；③差分干涉和地理编码模块（Differential Interferometry and Geocoding，DIFF & GEO）；④土地利用工具（Land Application Tools，LAT）；⑤干涉点目标分析模块（Interferometric Point Target Analysis，IPTA）。

除此之外，GEO软件包中还提供了图像的配准和地理编码功能。对于那些在不太稳定的机载遥感平台上获取的雷达数据，运动补偿软件包（MOCOM）中专门提供了一些高级的处理方法。每一个软件包都是组件式的，用户可以按照自己需要的方式来使用。

1. 主影像的选择

SBAS方法是对同名点进行时序分析，因此需要将干涉图配准到同一坐标系统。首先选择一幅主影像，将其他影像均配准到该主影像上，生成基于同一主影像的单视干涉图。本试验选取垂直基线小于800 m的干涉对数量最少且时间基线、垂直基线和多普勒质心频率基线绝对值之和最小的影像为主影像，选取的主影像为2007年10月30日获取的SAR影像。三基线的统计结果见表5-3。

**表5-3　　三基线统计表**

| 影像序号 | 时间基线总和/d | 垂直基线总和/m | 多普勒频率基线总和/Hz | 三基线数值之和 |
|---|---|---|---|---|
| 20070614 | 1 012 | 7 085.152 4 | 45.359 6 | 8 142.512 0 |
| 20070730 | 782 | 4 467.016 0 | 44.561 6 | 5 293.577 6 |
| 20070914 | 644 | 4 288.392 7 | 74.441 4 | 5 006.834 1 |
| 20071030 | 598 | 3 803.863 5 | 51.611 2 | 4 453.474 7 |
| 20071225 | 644 | 3 967.360 6 | 86.565 5 | 4 697.926 1 |
| 20080130 | 782 | 4 701.170 4 | 66.922 6 | 5 550.093 0 |
| 20080501 | 1 242 | 8 304.177 5 | 44.142 4 | 9 590.319 9 |

2. 差分干涉图的生成

借助 GAMMA 软件将 SLC 影像差分干涉生成干涉图，这一过程是 D-InSAR 时序分析的基础。具体操作过程如下：

(1) 对主影像进行裁剪，裁剪范围要包括研究区域，并且要有明显的地形起伏变化，这样有利于研究区域的 DEM 模拟以及 SAR 强度图与主影像强度图的配准。本试验裁剪的大小在距离向为 7 000 列像元，方位向为 17 500 行像元。

(2) 将其他影像与主影像进行配准，生成基于同一主影像的单视干涉图。

(3) 将小基线集干涉对再进行一次配准，生成方位向 5 视、距离向 2 视的多视小基线干涉图集(影像大小为 3 500 列像元×3 500 行像元)。

(4) 外部 DEM 干涉相位模拟，其具体流程如下：

第一步，DEM 数据的预处理。对于 SRTM V4 DEM 数据，下载下来的数据后缀为 .tiff，这种格式的 DEM 数据不能直接在 GAMMA 软件中处理，首先要将 .tiff 格式的原始数据利用 ENVI 软件转换为 .envi 格式的数据，并利用 GAMMA 软件中的 swap_bytes 命令将 .envi 格式的数据转换为 .hgt 格式的数据，然后再利用 GAMMA 软件对其空值区进行插值填充。

第二步，利用轨道数据，基于多普勒方程、斜距方程和椭球方程，使用插值后的 DEM 来模拟地图坐标系下的 SAR 强度图，如图 5-4 所示，并得到初始的投影变换查找表，如图 5-5 所示。

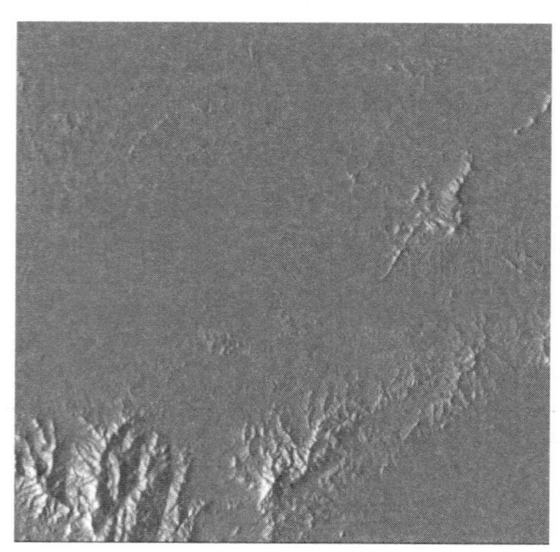

图 5-4　在地图坐标系下模拟 SAR 强度图

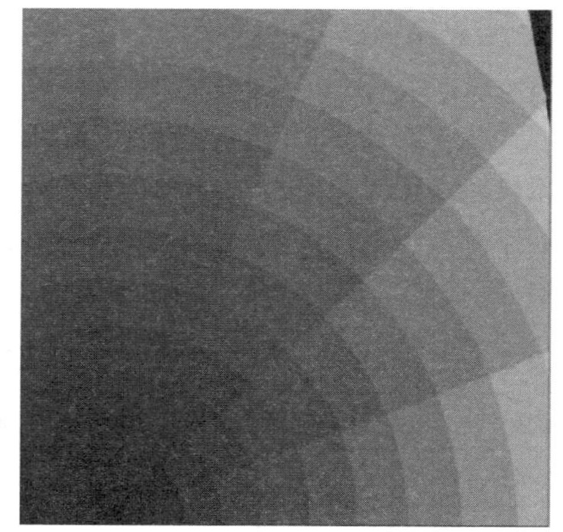

图 5-5　投影变换查找表

第三步，将模拟的 SAR 强度图从地图坐标系转换到 SAR 坐标系，实现基于初始投影变换查找表的向前编码，得到 SAR 坐标系下的模拟 SAR 强度图，如图 5-6 所示，然后将模拟的 SAR 强度图和 SAR 主影像强度图进行精确配准。

第四步，使用改进后的查找表对 DEM 数据进行向前编码，从地图坐标系转换到 SAR 坐标系，然后利用 SAR 坐标系下的 DEM 数据来模拟地形相位图，如图 5-7 所示。

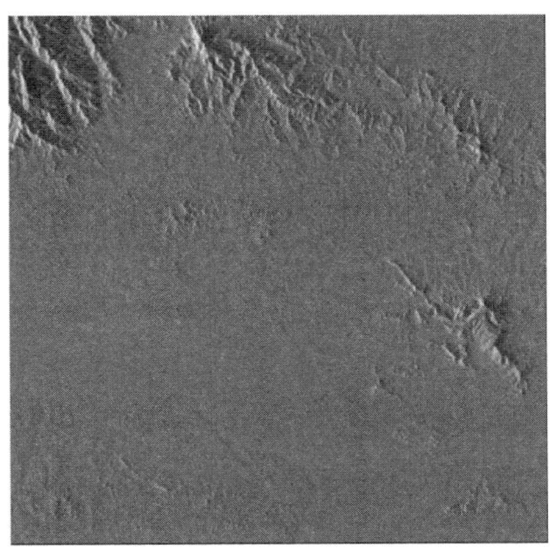

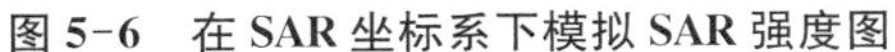

**图 5-6　在 SAR 坐标系下模拟 SAR 强度图**

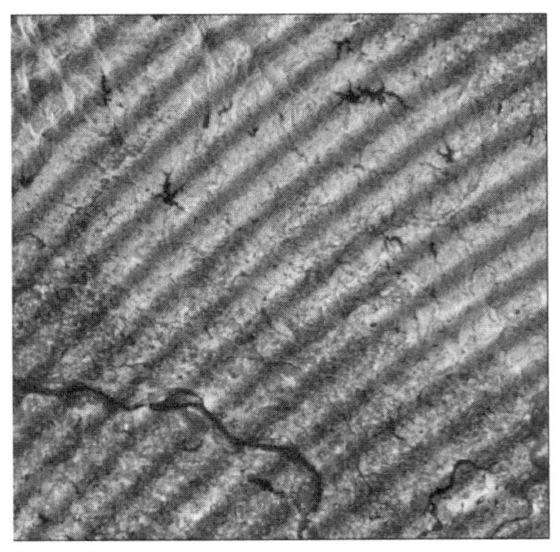

**图 5-7　模拟的地形相位图**

(5) 将小基线干涉图集去除模拟地形相位进行二轨法差分干涉，并利用 GAMMA 软件中的 Goldstein 自适应滤波方法对去除地形相位的干涉图进行滤波，得到滤波后的差分干涉图集，然后利用能达到全局最优的最小费用流法对差分干涉图进行解缠，得到雷达坐标系下的解缠差分干涉图集。

(6) 由于 PALSAR 雷达影像没有精确的轨道数据，因此，滤波后的差分干涉图中含有类似“平地效应”的干涉条纹(轨道误差相位)，本试验采用最小二乘拟合法从解缠后的差分干涉图中减去轨道误差相位，得到去除轨道误差后的解缠差分干涉图。去除轨道误差相位的最小二乘拟合法的原理如下：

从滤波后的差分干涉图可以发现，轨道误差相位呈明显的线性分布，在雷达坐标系下，这种线性分布符合式(5-1)所示的双线性模型：

$$\phi_{\text{orbit\_error}} = a_0 + a_1 x + a_2 y + a_3 xy \tag{5-1}$$

式中，$\phi_{\text{orbit\_error}}$ 为轨道误差相位；$x$ 为雷达坐标系下的距离向坐标，$y$ 为雷达坐标系下的方位向坐标($x$ 和 $y$ 为差分干涉图像元位置)；$a_0$、$a_1$、$a_2$ 和 $a_3$ 为模型的待定系数，可通过最小二乘法求得。

式(5-1)的矩阵形式为：

$$\boldsymbol{\phi} = \boldsymbol{MA} \tag{5-2}$$

其中，

$$\boldsymbol{\phi} = [\phi_1 \quad \phi_2 \quad \cdots \quad \phi_n] \tag{5-3}$$

$$\boldsymbol{A} = [a_0 \quad a_1 \quad a_2 \quad a_3] \tag{5-4}$$

$$\boldsymbol{M} = \begin{bmatrix} 1 & x_1 & y_1 & x_1 y_1 \\ 1 & x_2 & y_2 & x_2 y_2 \\ \vdots & \vdots & \vdots & \vdots \\ 1 & x_n & y_n & x_n y_n \end{bmatrix} \tag{5-5}$$

采用最小二乘法求解，得到：

$$\boldsymbol{A}=(\boldsymbol{M}'\boldsymbol{M})^{-1}\boldsymbol{M}'\boldsymbol{\phi} \tag{5-6}$$

最小二乘拟合法去除轨道误差相位的具体流程如下：

第一步：在经过滤波和相位解缠后的差分干涉图上均匀选取若干点，为了提高估计的精度，必须确保所筛选的点位于相对稳定区域，并且是高相干点。

第二步：对第一步中所选取的点，建立式(5-1)的模型，利用最小二乘原理计算模型中的待定系数 $a_0$、$a_1$、$a_2$ 和 $a_3$。

第三步：将计算得到的待定系数代入式(5-1)，求得整幅影像的轨道误差相位，从解缠后的差分干涉图中去除轨道误差相位，得到去除轨道误差后的解缠差分干涉图。

(7) 最后对去除轨道误差相位后的解缠差分干涉图进行地理编码，得到地理坐标系下的解缠差分干涉图集。

由于研究矿区范围比较小，为了能够清楚地反映研究区域的地表沉降情况且减少数据处理工作量，只利用小范围的影像图(550 列像元×400 行像元)进行后期的反演计算。地理坐标下的解缠相位图集见图 5-8。

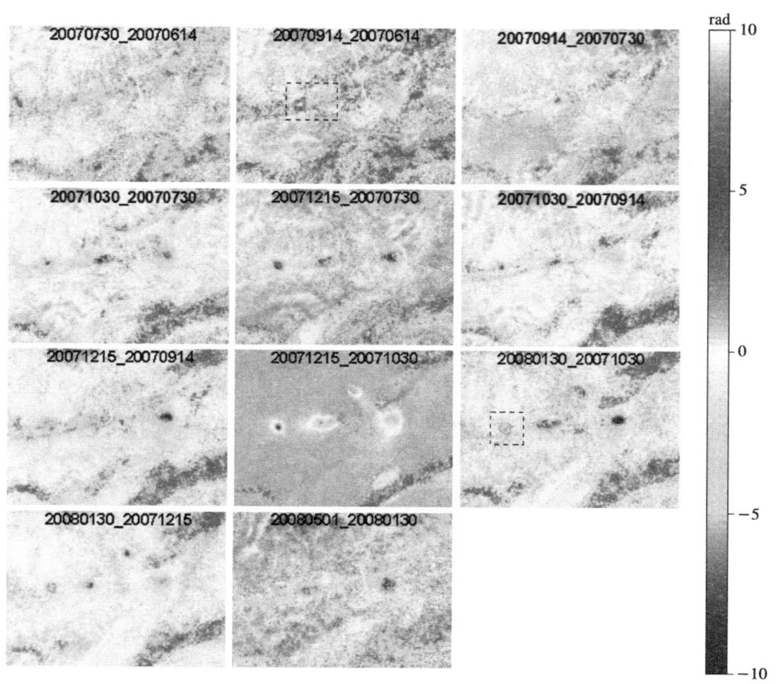


图 5-8　地理坐标系下的解缠相位图集

从图 5-8 中可以明显看到研究矿区地表的沉降区域，从干涉对 20070914_20070614 的解缠图中可以看出，在虚线区域内发生了解缠偏差，这是因为该干涉对的基线较大，同时，矿区在这个时间段处于夏季，地表的植被生长茂盛，从而导致该干涉对的相干性较差；干涉对 20080130_20071030 在虚线区域内出现明显的解缠偏差，该干涉对处在冬季，植物稀少，本不受时间失相干的影响，但由于 2007 年 12 月 15 日至 2008 年 1 月 30 日这段时间内，研究区域内出现了冰冻灾害，影响该时间段的雷达回波信号，导致干涉对整体相干性很差，造成干涉相位不连续，从而导致解缠结果存在一定误差。

### 5.3.2　高相干目标的选择

在利用 SBAS 时序分析模型解算形变速率和 DEM 误差之前，首先要进行高相干目标的筛选，即高相干点目标选择。选择高相干点能够使后期实际处理的数据量大大降低，从几比特降低到几百比特。目前，高相干目标的筛选方法主要有幅度阈值法和相干系数阈值法。试验证明，相干系数阈值法提取的高相干点密度大于幅度阈值法提取的高相干点密度。幅度阈值法是利用像元的强度稳定性代替相干性来估计相位稳定性，这往往需要较多的 SAR 影像(一般不少于 30 幅)，幅度的统计特性才能得到正确估计。在时序上分析区域内每个像元的强度来寻找稳定的高相干点，该方法涉及复杂的数学方法，而且需通过大量模拟试验来确定阈值。由于本试验数据量小，因此，采用算法较简单的相干系数阈值法来选取高相干点。对时序相干图取平均值，利用累积影像的平均相干系数进行阈值选取，即：

$$\gamma_{\text{mean}} = \frac{1}{M}\sum_{j=1}^{M}\gamma_j \geqslant \gamma^{\text{T}} \tag{5-7}$$

式中，$\gamma_j$ 为第 $j$ 幅差分干涉图对应的相干图的相干系数；$\lambda^{\text{T}}$ 为相干系数阈值。在确定相关系数阈值时，不仅要考虑像元数量，也要考虑像元质量。考虑到研究区域的实际相干情况，如果选择的阈值太大，会失去大面积覆盖的优点，经过多个相关系数阈值调试，本试验取 0.3 作为阈值，选取平均相干值大于或等于 0.3 的点作为高相干目标。研究区域平均相干图如图 5-9 所示。

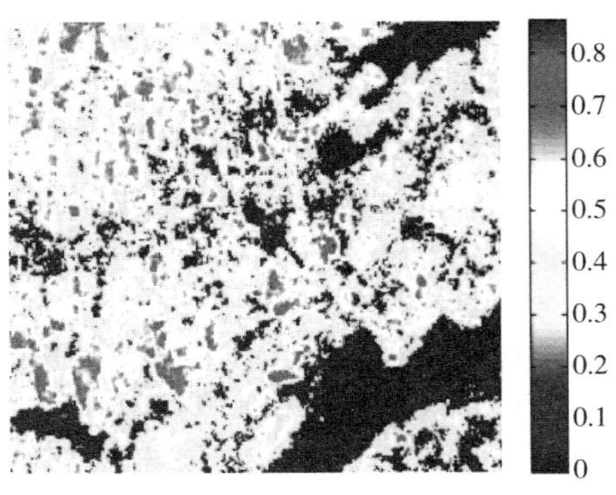


**图 5-9　研究区域平均相干图**

### 5.3.3　生成时序沉降图

在选取的高相干目标上，建立线性形变速率与 DEM 误差的线性模型并构建方程组，本试验采用最小二乘法解方程组，估计研究区域地表的线性平均形变速率，如图 5-10 所示。从图中可以看出，矿区的沉降区域从 2007 年 6 月至 2008 年 5 月的形变速率绝大部分小于 1.2 mm/d，小范围的局部形变速率最大值达到了 1.6 mm/d。

图 5-11 为整个区域的 DEM 误差分布图。从图中可以看出，试验数据高程误差绝大部分在－10～10 m，小范围的局部误差最大值达到了 20 m，这说明大部分研究区域的高程误差与 SRTM－3 DEM 的相对精度比较吻合。

利用 MATLAB 进行编程处理得到时序沉降图，具体过程如下：

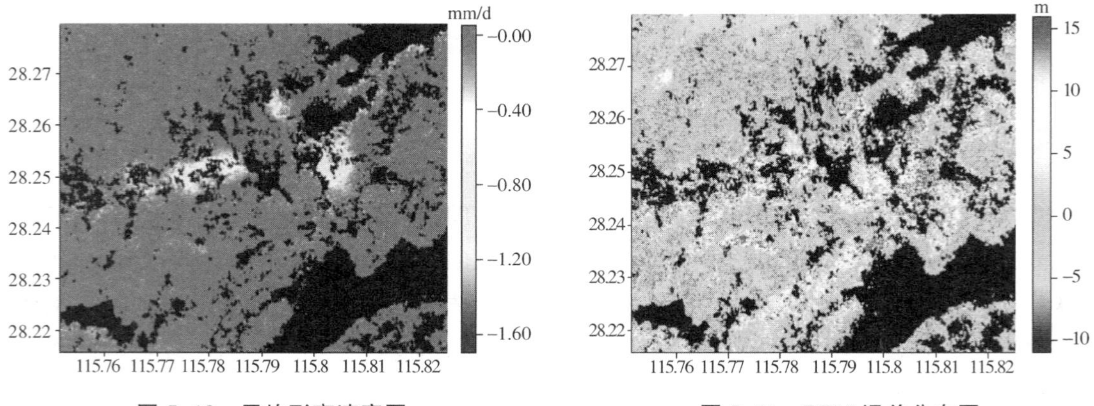


图 5-10　平均形变速率图　　图 5-11　DEM 误差分布图

第一步，利用 For 循环结构程序，将最小二乘法解出的平均形变速率乘以相应的时间间隔，然后将每次的结果进行累加，就能分别得到 6 个时间段的累计沉降量。

第二步，再利用 For 循环结构程序，利用 figure 和 imagesc 命令将每个时间段累计沉降量绘制成 MATLAB 软件下的累计沉降图。

第三步，利用 fprintf 命令将 MATLAB 软件下的累计沉降图转换成 Surfer 绘图软件能够识别的 ASCII 码的格网文件。ASCII 码的格网文件格式：第一行第一列是 DSAA；第二行是 $x$ 方向和 $y$ 方向的格网点个数；第三行是 $x$ 方向格网点的最小值和最大值；第四行是 $y$ 方向格网点的最小值和最大值；第五行是 $z$ 方向格网点的最小值和最大值；从第六行开始就是每个格网点所对应的 $z$ 值。

在 MATLAB 软件中实现的部分代码如下：

```
fprintf(fid2,'DSAA\n');
fprintf(fid2,'%g\t', x 方向的格网点个数);
fprintf(fid2,'%g', y 方向的格网点个数);fprintf(fid2,'\n');
fprintf(fid2,'%10.6f\t', x 方向格网点的最小值);
fprintf(fid2,'%10.6f', x 方向格网点的最大值);fprintf(fid2,'\n');
fprintf(fid2,'%10.6f\t', y 方向格网点的最小值);
fprintf(fid2,'%10.6f', y 方向格网点的最大值);fprintf(fid2,'\n');
fprintf(fid2,'%8.5f\t',min(z(:)));fprintf(fid2,'%8.5f',max(z(:)));fprintf(fid2,'\n');
```

其中，fid2 是在 MATLAB 软件中所建立的 ASCII 码的格网文件名。

最终利用 Surfer 绘图软件绘制矿区地表 6 个时间段的累计沉降图，如图 5-12 所示，各沉降图都是以 2007 年 6 月 14 日的这幅影像为参考的。

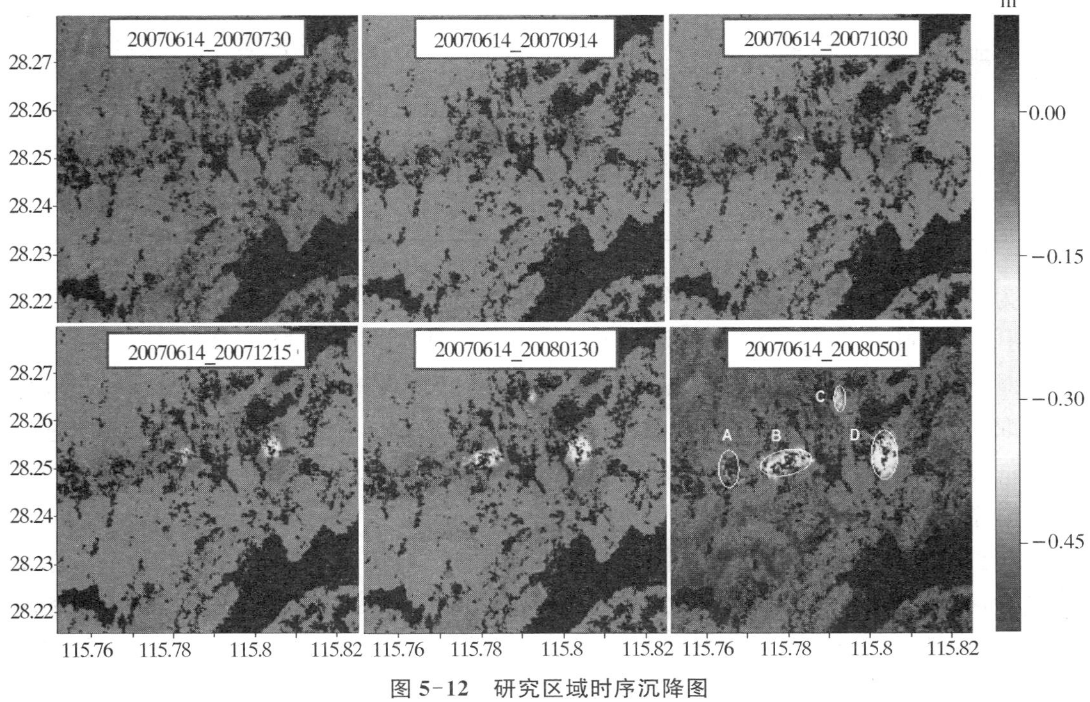


图 5-12　研究区域时序沉降图

## 5.4　结果分析与讨论

从图 5-12 中可以看出，矿区在这段时间内地表的沉降量和沉降面积都在不断增加，形成了 A、B、C 和 D 四个沉降漏斗。其中，沉降漏斗 A 和 C 在这段时间内的累计沉降量和沉降面积比较小，可能处在开采初期，沉降比较缓慢；沉降漏斗 B 和 D 在这段时间内的累计沉降量比较大，正处于某煤矿 612 和 625 工作面的开采活跃期，沉降加速。

为了分析沉降区域面积以及沉降漏斗的演变状况，对不同时间段的累计沉降面积进行统计分析，统计结果见表 5-4。从表中可以清楚地看出，随着时间的推移，研究区域的沉降面积的整体趋势在逐渐扩大。由于 2008 年 1 月 30 日的 SAR 影像受到冰灾的影响，与这景影像组合的差分干涉图的整体相干性很差，导致干涉对的解缠结果发生了一定的偏差，因此，2008 年 1 月 30 日的沉降面积表现出一定的不平滑性。

**表 5-4**　　累计沉降面积　　（单位：$m^2$）

| 日期 | 沉降量 >0.1 m | 沉降量 >0.2 m | 沉降量 >0.3 m | 沉降量 >0.4 m | 沉降量 >0.5 m |
|---|---|---|---|---|---|
| 2007-7-30 | 591.058 8 | 0 | 0 | 0 | 0 |
| 2007-9-14 | 1 418.500 0 | 0 | 0 | 0 | 0 |
| 2007-10-30 | 104 970 | 0 | 0 | 0 | 0 |

（续表）

| 日期 | 沉降量 >0.1 m | 沉降量 >0.2 m | 沉降量 >0.3 m | 沉降量 >0.4 m | 沉降量 >0.5 m |
|---|---|---|---|---|---|
| 2007-12-15 | 219 050 | 9 693.400 0 | 0 | 0 | 0 |
| 2008-1-30 | 408 890 | 7 565.600 0 | 7 683.800 0 | 0 | 0 |
| 2008-5-1 | 762 580 | 190 680 | 59 106 | 12 058 | 470.847 0 |

为了更进一步分析沉降漏斗的发育情况，选取沉降漏斗 A、B、C 和 D 对其进行剖面分析，利用 MATLAB 软件绘制时序沉降变化剖面图。具体的实现过程如下：

对于沉降漏斗 A、C 和 D，首先提取漏斗的最大沉降位置（行号 $i_{max}$ 和列号 $j_{max}$），然后提取 $i_{max}$ 行的 6 个时间段的所有像元的沉降量，利用 plot 命令绘制漏斗的距离向时序沉降剖面图；提取 $j_{max}$ 列的 6 个时间段的所有像元的沉降量，利用 plot 命令绘制漏斗的方位向时序沉降剖面图。

对于沉降漏斗 B，首先沿着工作面走向和倾向的观测线 $T'T$ 和 $LL'$ 提取若干个像元的位置，然后提取 6 个时间段的像元的沉降量，利用 plot 命令绘制漏斗在工作面走向和倾向的时序沉降剖面图。按照上述过程，首先对沉降漏斗 B 沿着 $T'T$ 方向和 $LL'$ 方向作剖线（图 5-13），并绘制时序沉降变化剖面图，如图 5-14 所示。

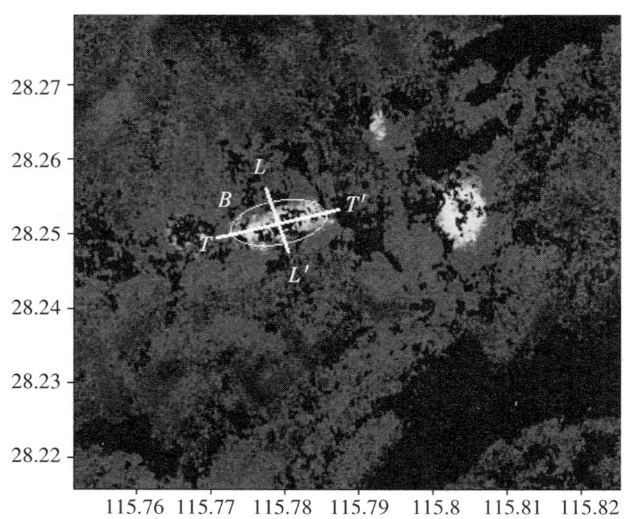


**图 5-13　沉降漏斗 B 沿工作面走向和倾向的观测线 $T'T$ 和 $LL'$**

从图 5-13 中可以看出，沉降漏斗 B 沿着 $T'T$ 方向的沉降面积越来越大，因此可以推断该区域是沿着 $T'T$ 方向开采的，随着时间的增加，其沉降量也在逐渐增加。沉降漏斗 B 对应的 612 工作面在走向上从 2007 年 6 月 14 日至 2008 年 5 月 1 日这段时间内的最大沉降量达到 0.35 m，在倾向上的最大沉降量达到 0.29 m，最大沉降速率为 1 mm/d。

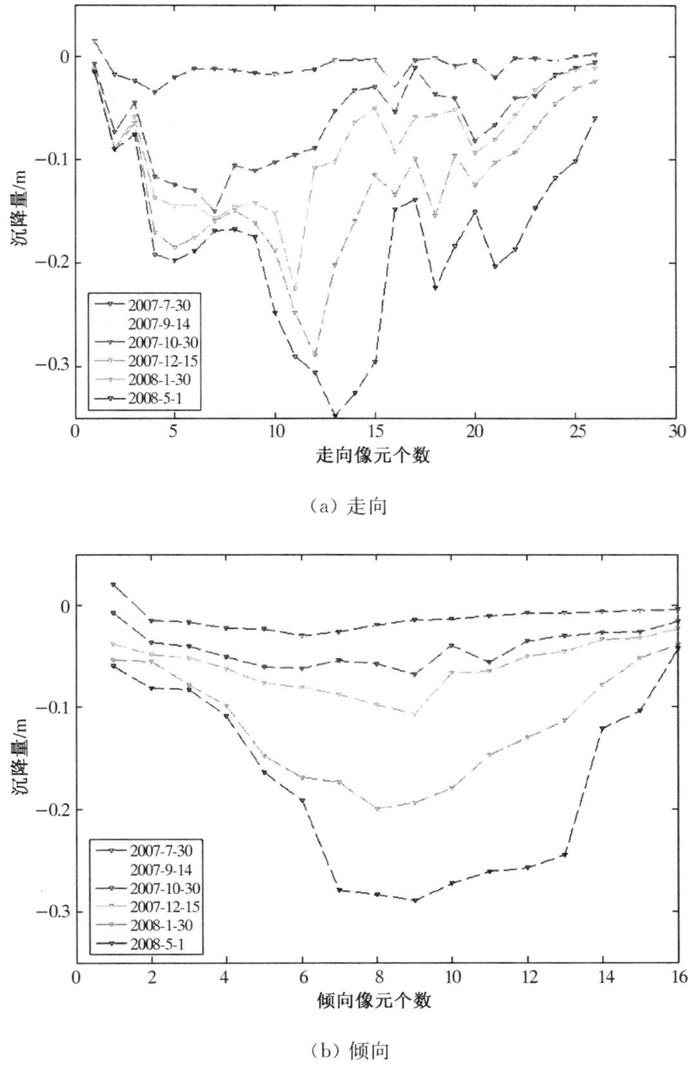


**图 5-14　沉降漏斗 B 在工作面走向和倾向的时序沉降剖面图**

对于沉降漏斗 D,按照上述实现过程,绘制了其中心剖面在距离向和方位向上沉降量时序变化的剖面图,如图 5-15 所示。从图中可以清楚地看到,随着时间的增加,沉降量也在逐渐增加,因此可以推断该区域的开采工作面在这段时间内进行煤矿开采活动。从图中也可以看出,沉降漏斗 D 对应的 625 工作面在距离向上从 2007 年 6 月 14 日至 2008 年 5 月 1 日这段时间内的最大沉降量达到 0.5 m,在方位向上的最大沉降量将近达到 0.5 m,最大沉降速率为 1.5 mm/d。

同样对沉降漏斗 A 和 C 进行剖面分析,结果分别如图 5-16 和图 5-17 所示。从图中可以看出,沉降漏斗 A 和 C 同样随着时间的增加,不断发生着沉降。但从图 5-16 和图 5-17 中可以发现,沉降在空间上表现出一定的不连续性,这可能是由于该区域靠近水域且农作物比较多造成了相干性较差。

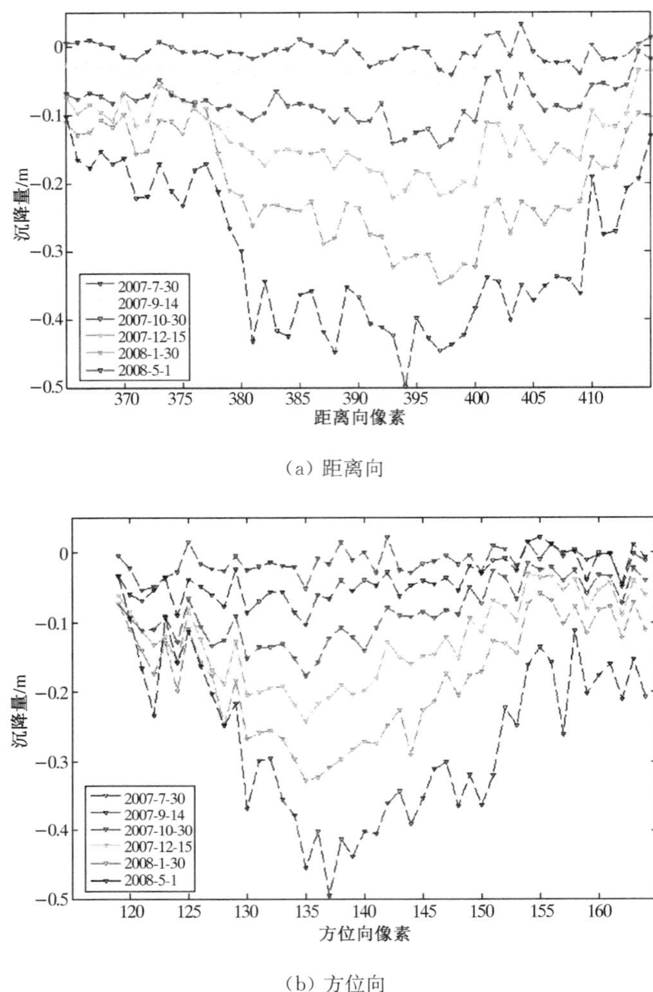


(a) 距离向

(b) 方位向

**图 5-15　沉降漏斗 D 在距离向和方位向的时序沉降剖面图**

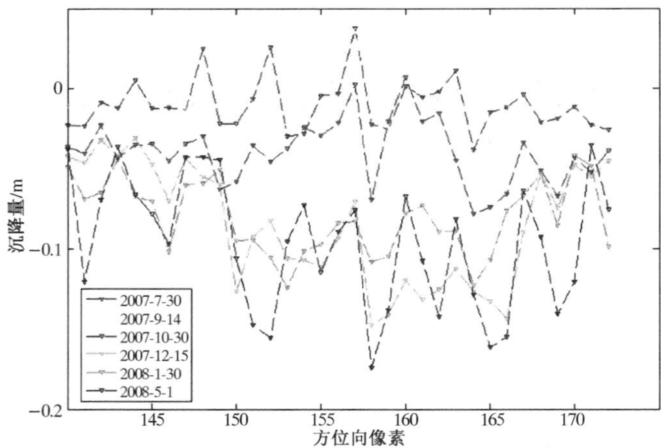


**图 5-16　沉降漏斗 A 在方位向的时序沉降剖面图**

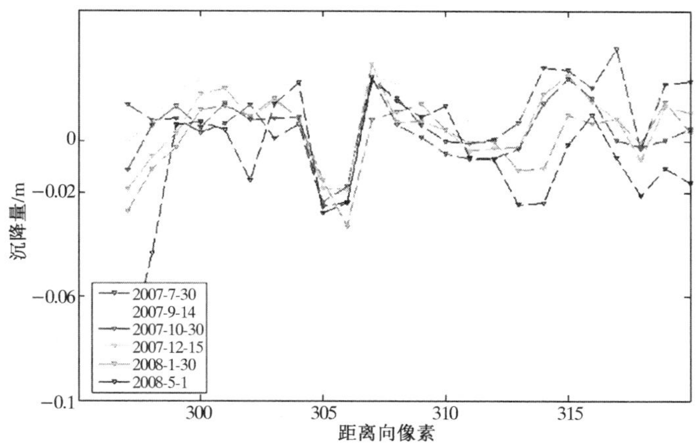


**图 5-17　沉降漏斗 C 在距离向的时序沉降剖面图**

## 5.5　误差分析

为了验证评估试验结果精度，收集到煤矿对应沉降漏斗 B 区域(612 工作面)的水准监测结果——沿着 612 工作面走向布有 26 个点、沿着倾向布有 16 个点，沉降漏斗 D 区域(625 工作面)的水准监测结果——沿着 625 工作面走向布有 20 个点、沿着倾向布有 15 个点，将 SBAS 技术反演的结果同水准监测点在 2007—2008 年期间监测的沉降数据进行对比。由于 D-InSAR 技术观测到的形变不是地表真实三维形变，而是北、东和垂直方向这三个方向上的形变在视线上的投影，因此，SBAS 技术反演的形变量是 SAR 传感器到地面目标点连线方向即视线向的形变量，其转换公式为：

$$\begin{aligned} d_{\mathrm{LOS}} &= \sin\theta \cdot \cos\left(\alpha_{\mathrm{h}} - \frac{3\pi}{2}\right) \cdot d_n + \sin\theta \cdot \sin\left(\alpha_{\mathrm{h}} - \frac{3\pi}{2}\right) \cdot d_e + \\ &\quad \cos\theta \cdot d_u + d'_{\mathrm{LOS}} \\ &= [u_x \quad u_y \quad u_z] \cdot [d_n \quad d_e \quad d_u]^{\mathrm{T}} + d'_{\mathrm{LOS}} \end{aligned} \tag{5-8}$$

式中，$d_{\mathrm{LOS}}$ 为视线向的形变量；$\theta$ 为雷达视角；$\alpha_{\mathrm{h}}$ 为卫星飞行方向与北方向的夹角，其值可以从 SAR 头文件中读取；$\alpha_{\mathrm{h}} - \frac{3\pi}{2}$ 为方位向，即距离向与北方向的夹角；$[u_x \quad u_y \quad u_z]$ 为投影系数，即视线向单位矢量；$[d_n \quad d_e \quad d_u]^{\mathrm{T}}$ 为北、东和垂直方向上的形变量；$d'_{\mathrm{LOS}}$ 为视线向形变量残差。

在不考虑视线向其他形变量残差的情况下，本试验中已知升轨 $\alpha_{\mathrm{h}}$ 约为 315°，$\theta$ 取平均值 38.735 0°，由式(5-8)得：

$$d_{\mathrm{LOS}} = [0.442\,5 \quad 0.442\,5 \quad -0.780\,0] \cdot [d_n \quad d_e \quad d_u] \tag{5-9}$$

可见，北、东和垂直方向的形变对视线向形变的贡献是不一样的，垂直方向占的比重最大。由于煤矿区塌陷主要表现为垂直形变，因此可假设水平方向形变量为零，从而利用式(5-9)将视线上的形变量投影到垂直方向，得到矿区地表垂直形变量的转换公式：

$$d_u = \frac{d_{\mathrm{LOS}}}{\cos\theta} \tag{5-10}$$

按照上述过程转换后，沉降漏斗 B 区域 SBAS 反演值与水准观测值的对比如表 5-5、图 5-18 所示。

表 5-5　　SBAS 反演值与水准观测值的对比

| 走向 | | | | 倾向 | | | |
|---|---|---|---|---|---|---|---|
| 编号 | SBAS 反演值/mm | 水准观测值/mm | 差值/mm | 编号 | SBAS 反演值/mm | 水准观测值/mm | 差值/mm |
| 1 | 15.2 | 35.4 | −20.2 | 1 | 58.7 | 70.5 | −11.8 |
| 2 | 90.3 | 80.3 | 10 | 2 | 80.4 | 90.5 | −10.1 |
| 3 | 75.5 | 90.5 | −15 | 3 | 82.2 | 85.4 | −3.2 |
| 4 | 192.1 | 180.5 | 11.6 | 4 | 109.3 | 98.5 | 10.8 |
| 5 | 197.8 | 190.7 | 7.1 | 5 | 163.3 | 145.5 | 17.8 |
| 6 | 188.9 | 175.4 | 13.5 | 6 | 191.4 | 178.9 | 12.5 |
| 7 | 178.9 | 174.3 | 4.6 | 7 | 279.0 | 269.0 | 10 |
| 8 | 169.0 | 178.6 | −9.6 | 8 | 283.7 | 293.5 | −9.8 |
| 9 | 167.6 | 180.4 | −12.8 | 9 | 288.9 | 295.3 | −6.4 |
| 10 | 174.7 | 190.6 | −15.9 | 10 | 282.2 | 290.4 | −8.2 |
| 11 | 248.8 | 250.5 | −1.7 | 11 | 260.4 | 256.2 | 4.2 |
| 12 | 290.5 | 298.7 | −8.2 | 12 | 256.8 | 240.3 | 16.5 |
| 13 | 305.9 | 315.7 | −9.8 | 13 | 244.0 | 235.6 | 8.4 |
| 14 | 348.5 | 328.6 | 19.9 | 14 | 120.5 | 136.3 | −15.8 |
| 15 | 326.3 | 320.5 | 5.8 | 15 | 104.6 | 128.9 | −24.3 |
| 16 | 296.0 | 298.7 | −2.7 | 16 | 41.9 | 62.5 | −20.6 |
| 17 | 139.2 | 159.4 | −20.2 | | | | |
| 18 | 224.4 | 200.5 | 23.9 | | | | |
| 19 | 184.1 | 190.4 | −6.3 | | | | |
| 20 | 150.4 | 170.6 | −20.2 | | | | |
| 21 | 203.7 | 190.7 | 13 | | | | |
| 22 | 186.5 | 170.6 | 15.9 | | | | |
| 23 | 146.9 | 140.8 | 6.1 | | | | |
| 24 | 117.4 | 120.9 | −3.5 | | | | |
| 25 | 101.1 | 100.6 | 0.5 | | | | |
| 26 | 59.1 | 80.6 | −21.5 | | | | |

通过表 5-5 可以看出，SBAS 反演值与水准观测值的差值最大绝对值为 24.3 mm，且差值的标准差为 6.3 mm。

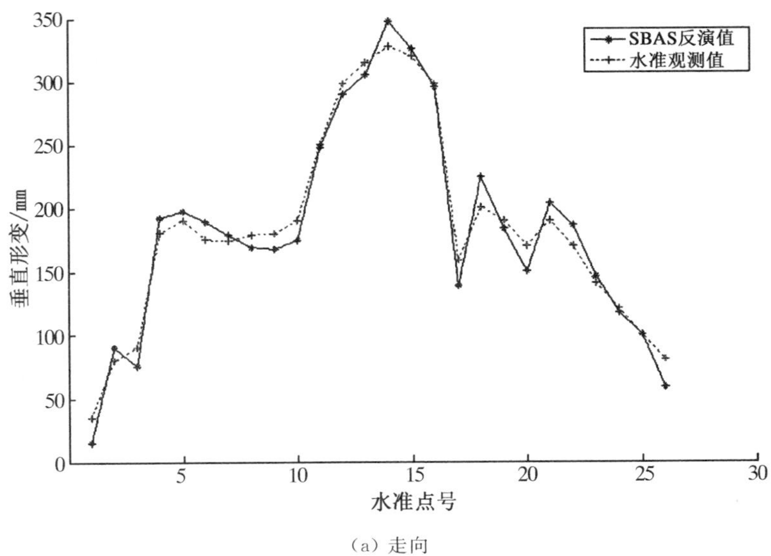


(a) 走向

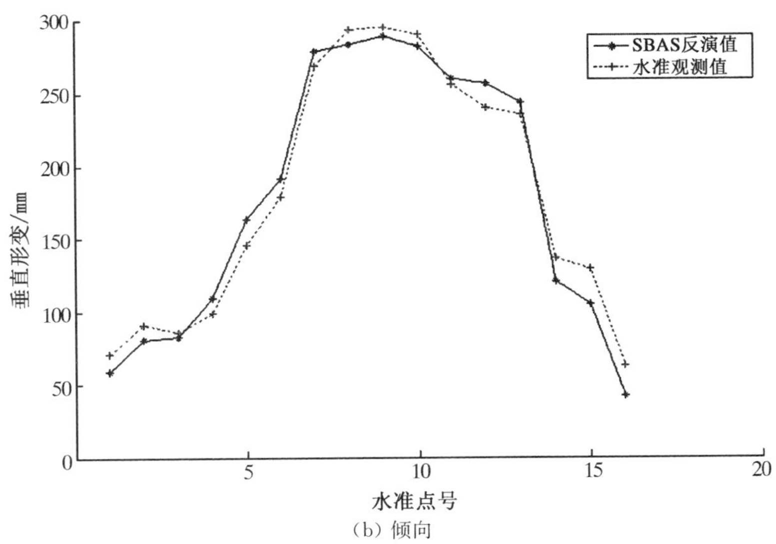


(b) 倾向

**图 5-18　沉降漏斗 B 区域 SBAS 反演值与水准观测值的对比**

同理，沉降漏斗 D 区域 SBAS 反演值与 625 工作面实测水准数据的对比如表 5-6 所示。在该段时间内，SBAS 反演值与实测水准数据的对比如图 5-19 所示。通过表 5-6 可以看出，SBAS 反演值与实测水准数据的差值最大绝对值为 32.5 mm，且差值的标准差为 8.4 mm。

表 5-6　　SBAS 反演值与水准观测值的对比

| 走向 | | | | 倾向 | | | |
|---|---|---|---|---|---|---|---|
| 编号 | SBAS 反演值 /mm | 水准观测值 /mm | 差值 /mm | 编号 | SBAS 反演值 /mm | 水准观测值 /mm | 差值 /mm |
| 1 | 101.9 | 123.4 | −21.5 | 1 | 34.4 | 65.4 | −31 |
| 2 | 177.2 | 189.5 | −12.3 | 2 | 165.9 | 145.6 | 20.3 |
| 3 | 192.7 | 200.8 | −8.1 | 3 | 157.9 | 165.2 | −7.3 |
| 4 | 218.8 | 207.6 | 11.2 | 4 | 202.7 | 212.4 | −9.7 |
| 5 | 232.5 | 225.6 | 6.9 | 5 | 367.6 | 350.3 | 17.3 |
| 6 | 251.1 | 245.5 | 5.6 | 6 | 355.0 | 375.1 | −20.1 |
| 7 | 298.2 | 310.3 | −12.1 | 7 | 402.4 | 395.8 | 6.6 |
| 8 | 343.6 | 360.8 | −17.2 | 8 | 440.0 | 450.3 | −10.3 |
| 9 | 363.3 | 390.2 | −26.9 | 9 | 359.8 | 389.2 | −29.4 |
| 10 | 418.7 | 400.8 | 17.9 | 10 | 353.0 | 360.2 | 7.2 |
| 11 | 397.8 | 410.4 | −12.6 | 11 | 364.2 | 340.3 | 23.9 |
| 12 | 411.9 | 430.5 | −18.6 | 12 | 319.8 | 300.4 | 19.4 |
| 13 | 498.7 | 500.5 | −1.8 | 13 | 261.1 | 270.3 | −9.2 |
| 14 | 446.3 | 478.8 | −32.5 | 14 | 175.9 | 200.1 | −24.2 |
| 15 | 383.9 | 360.8 | 23.1 | 15 | 107.4 | 129.5 | −22.1 |
| 16 | 345.2 | 320.6 | 24.6 | | | | |
| 17 | 343.0 | 310.4 | 32.6 | | | | |
| 18 | 337.3 | 312.3 | 25 | | | | |
| 19 | 189.9 | 200.5 | −10.6 | | | | |
| 20 | 131.2 | 150.3 | −19.1 | | | | |

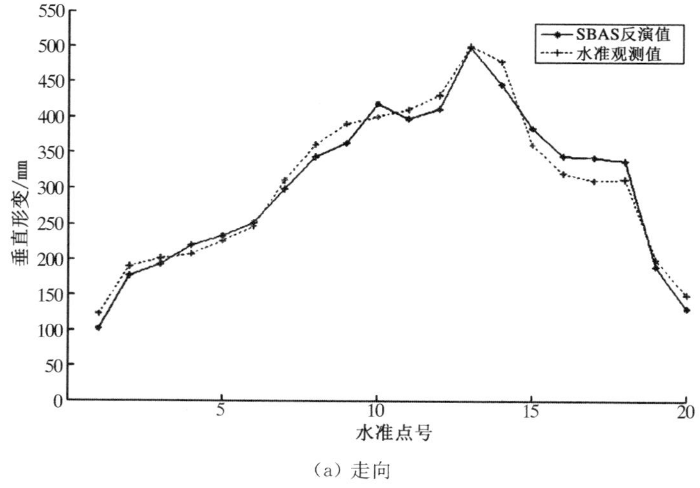

(a) 走向

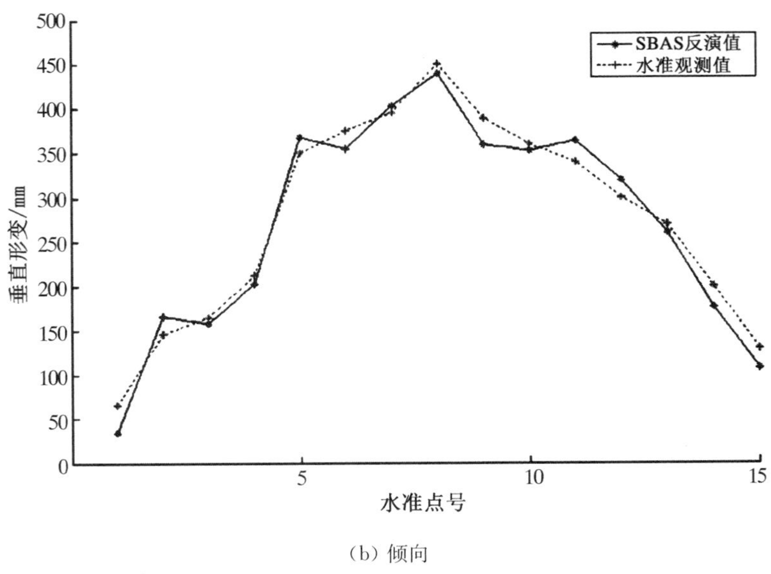


(b) 倾向

**图 5-19　沉降漏斗 D 区域 SBAS 反演值与水准观测值的对比**

综上所述，由于常规水准测量精度比 D-InSAR 监测精度高，因此两者之间存在 6.3 mm 和 8.4 mm 的标准差是合理的，说明 D-InSAR 监测结果基本是准确的。从图 5-18、图 5-19 中也可以看出，水准监测数据与 D-InSAR 监测的沉降结果是一致的，两者监测数据对比存在一定误差主要有以下原因(尹宏杰，等，2011)

(1) 成像分辨率的制约：本试验对 PALSAR 影像采用距离向和方位向的多视之比为 2∶5，致使最终干涉图的分辨率为 15 m，造成在小范围内沉降值太小的点不能反映在差分干涉图上，这就使得地面沉降图不能体现出这些点的沉降结果。

(2) 时间上和空间上不一致：D-InSAR 的观测时间和水准监测时间段不完全一致。D-InSAR 观测的是一个“面”上的形变信息，得到的是一个像元上的沉降量，而水准监测的是一个“点”上的形变量。因此，D-InSAR 的观测结果与水准监测结果不能完全对应，存在一定误差。

(3) PALSAR 数据的质量和数量：PALSAR 数据的轨道误差比较大；数据量小在一定程度上限制了精度的提高。

(4) 大气效应的影响。

(5) 在二轨法 D-InSAR 数据处理中，引入外部 DEM 误差、干涉对相干性不好及有关参数设置不当可能对数据处理结果质量造成了影响。

如果以水准实测数据为理论值，对表 5-6 中共 42 个 SBAS 反演值与常规水准观测值进行统计分析，统计结果详见表 5-7。从表中可以看出，在这段时间里 SBAS 反演值和水准观测值的平均值分别为 181.573 8 mm 和 183.138 1 mm，两者的平均值之差为 −1.564 3 mm。标准差均值分别为 13.223 8 mm 和 12.487 0 mm，两者的标准差均值之差为 0.736 8 mm。因此，SBAS 技术对沉降漏斗 B 区域(612 工作面)的监测精度可达 2.301 1 mm。

表 5-7　　沉降漏斗 B 区域的 SBAS 反演值与水准观测值的统计特征

| 项目 | SBAS 反演值 | 水准观测值 |
|---|---|---|
| 样本数 $n$ | 42 | 42 |
| 均值 $\tilde{d}$/mm | 181.573 8 | 183.138 1 |
| 标准差 $\sigma$/mm | 85.700 0 | 80.925 0 |
| 标准差均值 $\tilde{\sigma}$/mm | 13.223 8 | 12.487 0 |

均值 $\tilde{d}$ 的计算公式如下：

$$\tilde{d}=\frac{\sum_{i=1}^{n} d_i}{n} \tag{5-11}$$

标准差 $\sigma$ 的计算公式如下：

$$\sigma=\sqrt{\sum_{i=1}^{n}(d_i-\tilde{d})^2} \tag{5-12}$$

式中，$n$ 为样本的个数；$d_i$ 为每个样本对应的垂直位移值；$\tilde{d}$ 为所有样本的垂直位移平均值。

标准差均值 $\tilde{\sigma}$ 计算公式如下：

$$\tilde{\sigma}=\frac{\sigma}{\sqrt{n}} \tag{5-13}$$

式中，$n$ 为样本的个数；$\sigma$ 为标准差。

同样，对表 5-7 中共 35 个 SBAS 反演值与常规水准观测值进行统计分析，统计结果详见表 5-8。从表中可以看出，在这段时间里 SBAS 反演值和水准高程监测值的平均值分别为 290.008 6 mm 和 293.705 7 mm，两者的平均值之差为−3.697 1 mm。标准差均值分别为 19.501 5 mm 和 18.938 2 mm，两者的标准差均值之差为 0.561 7 mm。因此，SBAS 技术对沉降漏斗 D 区域(625 工作面)的监测精度可达 4.258 8 mm。

表 5-8　　沉降漏斗 D 区域的 SBAS 反演值与水准观测值的统计特征

| 项目 | SBAS 反演值 | 水准观测值 |
|---|---|---|
| 样本数 $n$ | 35 | 35 |
| 均值 $\tilde{d}$/mm | 290.008 6 | 293.705 7 |
| 标准差 $\sigma$/mm | 115.372 6 | 112.049 1 |
| 标准差均值 $\tilde{\sigma}$/mm | 19.501 5 | 18.939 8 |

# 第6章　SBAS 技术在城市地表形变监测中的应用

## 6.1　研究区域概况及数据获取

### 6.1.1　研究区域概况

南昌市(115°27′E—116°35′ E, 28°10′ N—29°11′ N)是江西省省会,也是经济、政治、科教和交通中心;地处江西省中北部,位于赣江、抚河下游,邻近鄱阳湖西南岸;下辖西湖区、东湖区、青山湖区、湾里区、青云谱区、新建区、南昌县、安义县、进贤县,共6个市辖区和3个县,其中,包含三个国家级开发区(经济技术开发区、小蓝经济技术开发区、高新技术产业开发区)和若干功能新区(综合保税区、红谷滩新区等);南北长约112 km,东西宽约108 km。2018年,全市总面积7 149.61 $km^2$,总人口为554.55万人。研究区域地理位置如图6-1所示。

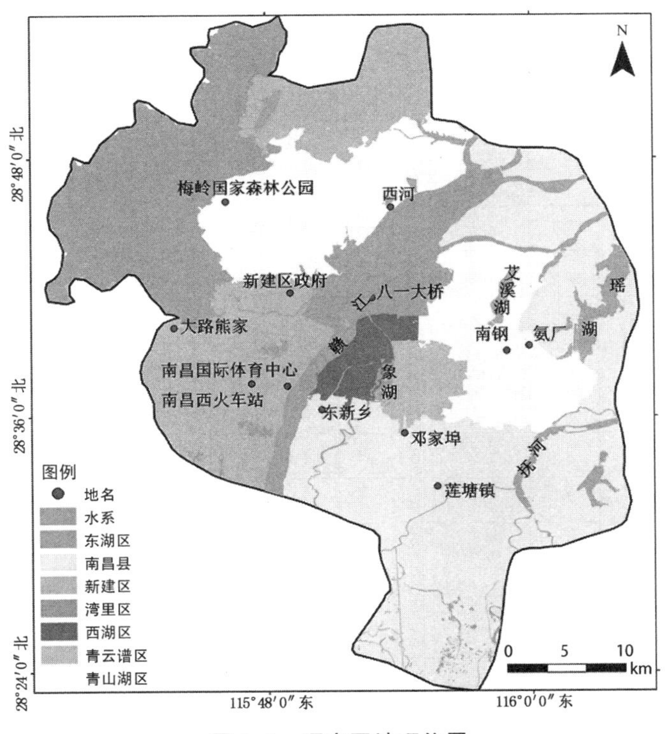


图 6-1　研究区地理位置

### 6.1.2 Sentinel-1A 卫星数据

2014 年 4 月，欧洲航天局发射了 Sentinel-1A 卫星，该卫星可提供重访周期为 12 天的覆盖全球的开放数据，其覆盖范围大、多极化、重访周期短、空前的成图能力等特点可以满足大区域多时相 InSAR 处理和应用分析（Yague et al., 2016；吴文豪，等，2016）。本研究获取了南昌市 2016 年 1 月至 2018 年 12 月间 57 景 Level-1 级 Sentinel-1A 影像，SAR 影像数据的相关参数和成像时间见表 6-1 和表 6-2。选取南昌市主城区为研究对象，对 SAR 影像裁剪所得的研究区域数据范围为 14 220 行×2 844 列，覆盖面积为 12 km×12 km，影像中心经度为 115.95°，纬度为 28.65°。

表 6-1　Sentinel-1A 数据成像基本参数

| 极化方式 | VV 和 VH |
|---|---|
| 观测模式 | 干涉宽幅(IW) |
| 获取时间 | 10:18(北京时间) |
| 入射角/(°) | 39.1～39.3 |
| 升降轨 | 升轨 |
| 距离向分辨率/m | 2.33 |
| 方位向分辨率/m | 13.96 |

表 6-2　研究区域 Sentinel-1A 成像时间表

| 序号 | 成像时间 | 序号 | 成像时间 | 序号 | 成像时间 | 序号 | 成像时间 |
|---|---|---|---|---|---|---|---|
| 1 | 2016-1-7 | 16 | 2016-9-27 | 31 | 2017-8-5 | 46 | 2018-5-8 |
| 2 | 2016-1-31 | 17 | 2016-10-9 | 32 | 2017-9-10 | 47 | 2018-6-1 |
| 3 | 2016-2-12 | 18 | 2016-11-14 | 33 | 2017-10-4 | 48 | 2018-6-13 |
| 4 | 2016-2-24 | 19 | 2016-12-8 | 34 | 2017-10-16 | 49 | 2018-7-19 |
| 5 | 2016-3-7 | 20 | 2017-1-13 | 35 | 2017-11-9 | 50 | 2018-8-12 |
| 6 | 2016-3-19 | 21 | 2017-2-6 | 36 | 2017-11-11 | 51 | 2018-8-24 |
| 7 | 2016-4-12 | 22 | 2017-3-2 | 37 | 2017-12-15 | 52 | 2018-9-5 |
| 8 | 2016-4-24 | 23 | 2017-3-14 | 38 | 2017-12-27 | 53 | 2018-10-11 |
| 9 | 2016-5-18 | 24 | 2017-4-19 | 39 | 2018-1-8 | 54 | 2018-11-4 |
| 10 | 2016-5-30 | 25 | 2017-5-1 | 40 | 2018-1-20 | 55 | 2018-11-28 |
| 11 | 2016-6-11 | 26 | 2017-5-13 | 41 | 2018-2-13 | 56 | 2018-12-10 |
| 12 | 2016-7-5 | 27 | 2017-6-6 | 42 | 2018-2-25 | 57 | 2018-12-22 |
| 13 | 2016-7-17 | 28 | 2017-6-30 | 43 | 2018-3-9 | | |
| 14 | 2016-8-22 | 29 | 2017-7-12 | 44 | 2018-4-14 | | |
| 15 | 2016-9-15 | 30 | 2017-7-24 | 45 | 2018-4-26 | | |

### 6.1.3　地理高程数据

2003 年，SRTM 系统开始公开发布其经过数据处理后制成的 DEM。目前最新的版本为 V4.1 版本，分为 30 m 分辨率的 SRTM1 和 90 m 分辨率的 SRTM3。本研究选择的外部 DEM 是 30 m 分辨率的 SRTM DEM。

## 6.2　InSAR 数据处理

### 6.2.1　数据预处理

1. SAR 影像主影像选取

InSAR 技术需要处理大量 SAR 影像，主影像选取是影响形变场提取精度的因素之一。影响 SAR 主影像选取的因素主要包括垂直空间基线的大小、时间基线的长短、多普勒质心频率基线的大小，因此，为了达到较好的干涉效果，保证干涉的质量，需要考虑以上三个因素。在选取公共主影像时一般采用的方法有综合相关系数法和三基线和最小法。本研究选用的是三基线和最小法。

三基线和最小法是基于空间基线、时间基线和多普勒质心频率基线对干涉相干的重要性提出的，在单幅干涉图中，这三个参数越小，相干性就越好（Hansse，2001；祁晓明，2009）。本研究的 SAR 影像时间基线、空间基线和多普勒质心频率基线如表 6-3 所示。根据三基线和最小法选取公共主影像，经计算，各 SAR 影像的基线和见图 6-2。根据图 6-2，本研究的最优公共主影像为 2017 年 8 月 5 日的 SAR 影像，其基线和为 16 295。

表 6-3　　SAR 影像基线表

| 序号 | 成像时间 | 时间基线/d | 空间基线/m | 多普勒质心频率基线/Hz | 序号 | 成像时间 | 时间基线/d | 空间基线/m | 多普勒质心频率基线/Hz |
|---|---|---|---|---|---|---|---|---|---|
| 1 | 2016-1-7 | −79.741 | 576 | −5.385 | 12 | 2016-7-5 | 3.270 | 396 | −1.500 |
| 2 | 2016-1-31 | −34.696 | 552 | −3.186 | 13 | 2016-7-17 | −13.688 | 384 | −18.105 |
| 3 | 2016-2-12 | −36.095 | 540 | 3.994 | 14 | 2016-8-22 | 49.163 | 348 | 8.383 |
| 4 | 2016-2-24 | −15.212 | 528 | −10.341 | 15 | 2016-9-15 | −43.306 | 324 | 1.635 |
| 5 | 2016-3-7 | 1.654 | 516 | −11.547 | 16 | 2016-9-27 | 23.434 | 312 | 34.538 |
| 6 | 2016-3-19 | 23.836 | 504 | −19.004 | 17 | 2016-10-9 | 57.515 | 300 | 32.568 |
| 7 | 2016-4-12 | 77.152 | 480 | −35.193 | 18 | 2016-11-14 | −53.897 | 264 | 25.410 |
| 8 | 2016-4-24 | −5.559 | 468 | −37.637 | 19 | 2016-12-8 | 29.059 | 240 | 11.063 |
| 9 | 2016-5-18 | −45.332 | 444 | −55.832 | 20 | 2017-1-13 | −36.363 | 204 | 15.743 |
| 10 | 2016-5-30 | 32.200 | 432 | −23.431 | 21 | 2017-2-6 | −18.244 | 180 | 8.463 |
| 11 | 2016-6-11 | 41.282 | 420 | −10.712 | 22 | 2017-3-2 | −75.661 | 156 | 21.725 |

（续表）

| 序号 | 成像时间 | 时间基线 /d | 空间基线 /m | 多普勒质心频率基线 /Hz | 序号 | 成像时间 | 时间基线 /d | 空间基线 /m | 多普勒质心频率基线 /Hz |
|---|---|---|---|---|---|---|---|---|---|
| 23 | 2017-3-14 | 7.502 | 144 | 21.608 | 41 | 2018-2-13 | 26.076 | 192 | −11.269 |
| 24 | 2017-4-19 | 91.553 | 108 | −6.493 | 42 | 2018-2-25 | 6.972 | 204 | −12.347 |
| 25 | 2017-5-1 | 36.477 | 96 | −27.960 | 43 | 2018-3-9 | 37.861 | 216 | −1.851 |
| 26 | 2017-5-13 | 49.805 | 84 | −34.882 | 44 | 2018-4-14 | −16.114 | 252 | 1.568 |
| 27 | 2017-6-6 | 33.213 | 60 | −10.198 | 45 | 2018-4-26 | 7.901 | 264 | −2.406 |
| 28 | 2017-6-30 | 19.415 | 36 | −13.281 | 46 | 2018-5-8 | −8.587 | 276 | 3.207 |
| 29 | 2017-7-12 | −28.888 | 24 | −8.667 | 47 | 2018-6-1 | 43.604 | 300 | 20.030 |
| 30 | 2017-7-24 | −45.873 | 12 | −24.519 | 48 | 2018-6-13 | 19.232 | 312 | 15.393 |
| 31 | 2017-8-5 | 0 | 0 | 0 | 49 | 2018-7-19 | −45.437 | 348 | 4.396 |
| 32 | 2017-9-10 | −10.466 | 36 | −1.210 | 50 | 2018-8-12 | 59.029 | 372 | −1.897 |
| 33 | 2017-10-4 | 42.388 | 60 | −4.121 | 51 | 2018-8-24 | 22.631 | 384 | −6.229 |
| 34 | 2017-10-16 | 1.208 | 72 | 10.117 | 52 | 2018-9-5 | −90.576 | 396 | −0.863 |
| 35 | 2017-11-9 | 14.251 | 96 | −11.857 | 53 | 2018-10-11 | 10.496 | 432 | −8.106 |
| 36 | 2017-11-21 | −2.432 | 108 | 28.564 | 54 | 2018-11-4 | 39.615 | 456 | −1.651 |
| 37 | 2017-12-15 | 89.630 | 132 | 6.308 | 55 | 2018-11-28 | 40.127 | 480 | 12.650 |
| 38 | 2017-12-27 | 72.706 | 144 | −47.401 | 56 | 2018-12-10 | 45.298 | 492 | −1.104 |
| 39 | 2018-1-8 | 3.167 | 156 | −39.037 | 57 | 2018-12-22 | 87.394 | 504 | 4.465 |
| 40 | 2018-1-20 | −2.011 | 168 | −9.871 | | | | | |

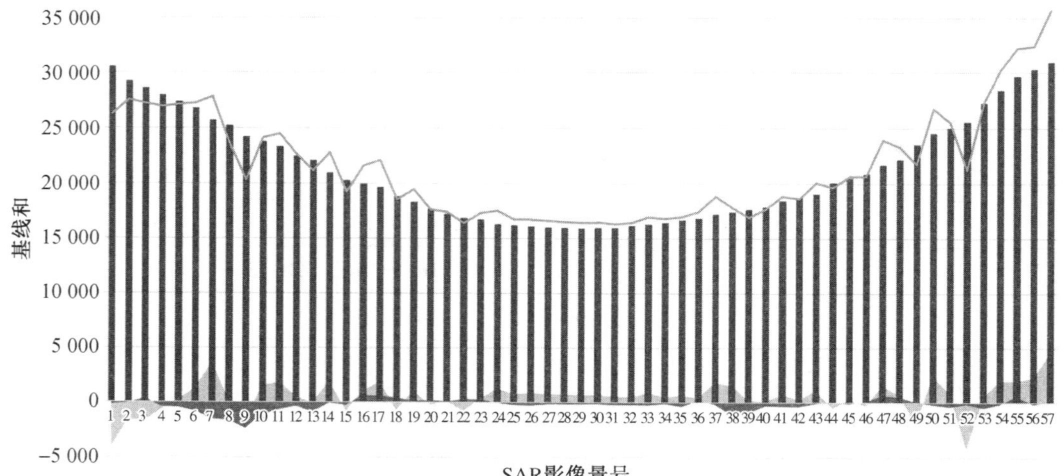


图 6-2　SAR 影像三基线和

（注：图中的三基线仅以数值参与计算）

2. SAR 影像配准研究

1）消除方位向干涉条纹跳跃

基于 GAMMA 软件平台，将南昌市 Sentinel－1A 数据输入软件中生成 TOPS 模式的 SLC 数据。因研究区域 2017 年 3 月前后的影像数据图幅不一致，故先以 burst 为基础单元对影像数据进行裁剪得出研究区域。在轨道信息和外部 DEM 的基础上，基于三基线和最小法选取 2017 年 8 月 5 日的 SAR 影像作为主影像，利用强度互相关方法迭代进行配准，直至方位向偏移值小于 0.000 5 像素。因 TOPS 数据方位向易发生多普勒中心不一致（周玉营，等，2016），导致差分干涉图出现方位向相位跳跃，如图 6-3（a）中矩形框所示。本研究结合频移滤波和 ESD 方法迭代直至消除方位向干涉条纹跳跃［图 6-3（b）］。

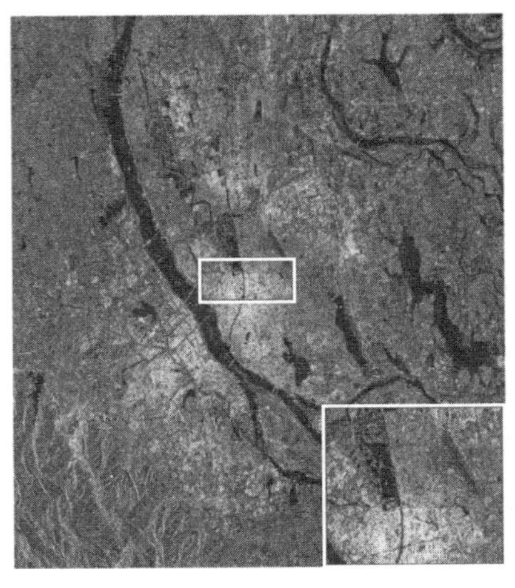

（a）方位向干涉条纹未消除

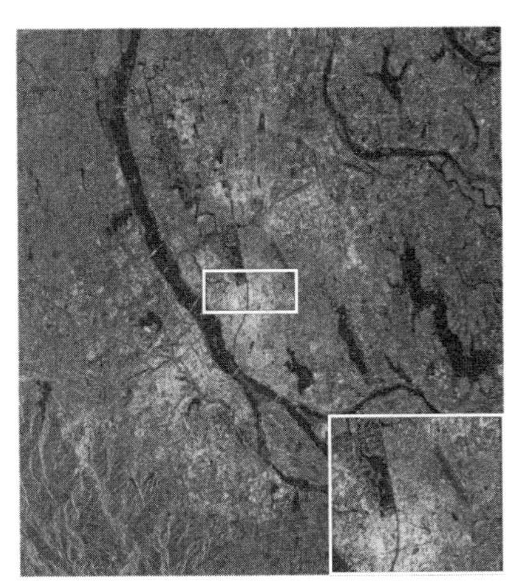

（b）方位向干涉条纹已消除

**图 6-3　Sentinel－1A 影像的方位向干涉条纹图**

2）借助辅助影像的 SAR 影像配准

本研究选取 2017 年 8 月 5 日的 SAR 影像作为公共主影像，将 56 景辅助影像配准到主影像上，主、辅影像中对应地面同一位置的像素所得到的干涉相位具有较高信噪比。其基本原理是：首先确定主、辅影像间匹配位置在方位向和距离向的偏移量，然后对辅助影像中高于相干性阈值的像素插值重采样，迭代至偏移量校正值小于固定阈值，从而完成主、辅影像的配准。因选取的 SAR 影像时间跨度较大，南昌市西北部低山丘陵起伏，水网密布，气候湿润，植被茂盛，导致 SAR 影像相干性较差。长时序 SAR 影像间相干性较低，导致无法获得高精度的配准结果，影响后续数据处理及干涉图质量。因此，本研究引入与待配准影像都具有较高相干性的辅助影像，通过 SAR 影像传递配准方法，以提高待配准影像重采样时的方位向相干性，从而提高长时间间隔、低相干 SAR 影像间的配准精度，并采用一致性检验指标，定性和定量地分析传递配准法的配准精度。图 6-4 所示为本研究 SAR 影像配准精度。

### 6.2.2　SBAS 数据处理及影像极化对比

为了研究同一波长下不同极化方式获取地表信息的差异，筛选出影像的最优极化方

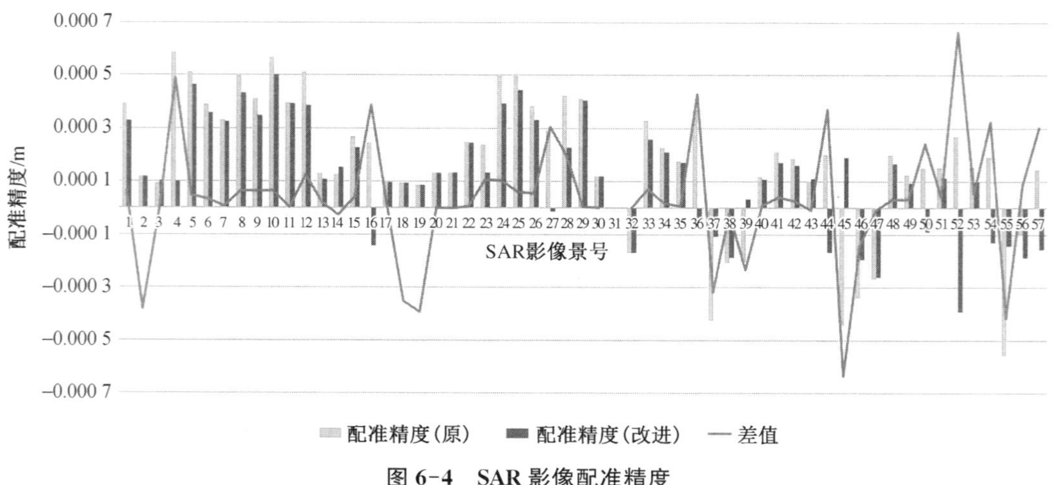


图 6-4 SAR 影像配准精度

式，本研究收集了南昌市的 C 波段 Sentinel-1A 双极化(VV 和 VH)卫星数据进行研究，从干涉图、相干性图、相位解缠图、平均形变速率图等方面进行对比，选出最优极化影像，提高地表形变信息的精度。本研究采用的 SBAS 数据处理流程如下。

1. 计算 SAR 影像数据的时间基线和空间基线

选择一定的时间基线和空间基线(简称时空基线)阈值组成干涉对，要求干涉对内空间基线较小，干涉对间空间基线较大。由于本研究获取的 SAR 影像数据时间跨度较大，Sentinel-1A 卫星的轨道偏差较小，因此选取的空间基线阈值为±200 m，时间基线阈值为 100 d，生成了 260 个干涉对，图 6-5 为 SBAS-InSAR 时空基线图。

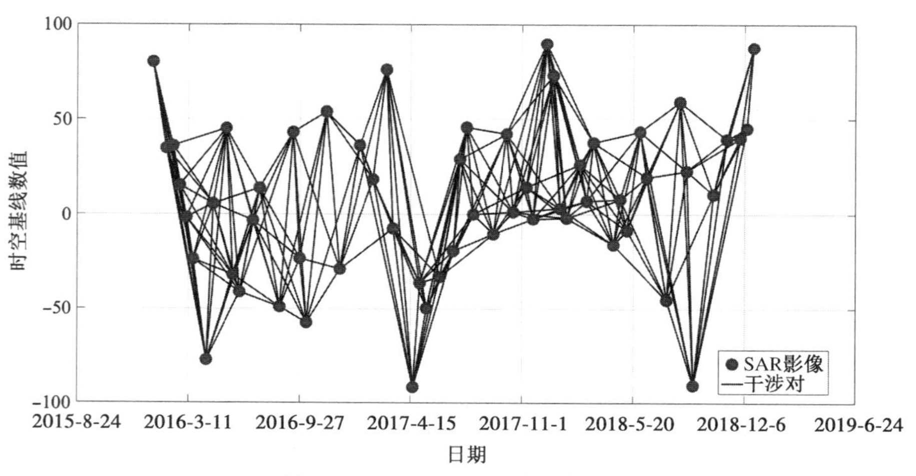


图 6-5 SBAS-InSAR 时空基线图

2. 滤波及相干性计算

干涉图中依然包含大量的噪声(图 6-6)。噪声会造成相位的不连续和不一致，影响后续解缠的效率和结果。因此，对干涉图进行 Goldstein 滤波(图 6-7)，降低噪声，提高信噪比，减少残差的出现。同时，估算干涉图的相干性，以过滤低相干区域，从而提高结果精度。

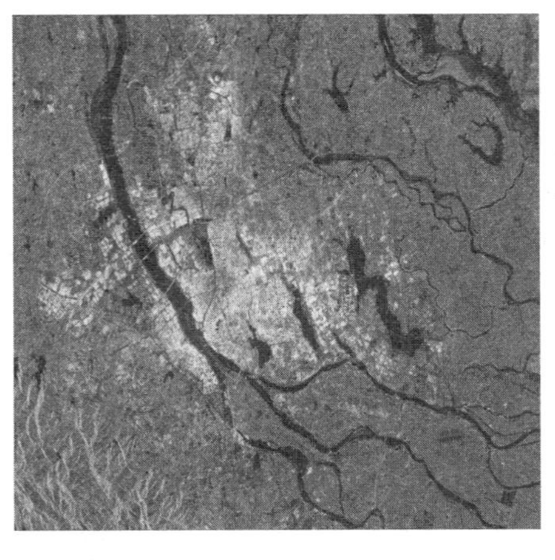

(a) VH

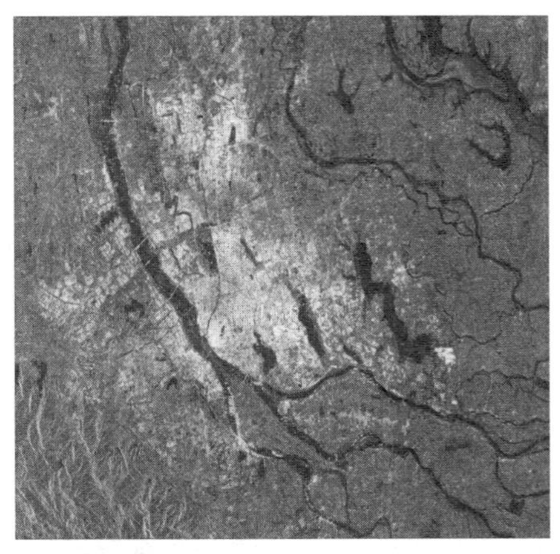

(b) VV

图 6-6　干涉相位图

根据图 6-7，对比分析滤波后 VH 和 VV 两组相干图。颜色越趋于黄色，相干性越高；颜色越接近蓝色、紫色，相干性越低。从空间分布上看，VV 极化影像的相干性分布范围更广，而且高相干点更多。经统计相干系数发现，VV 极化影像干涉对的像元个数（相干值大于 0.6）均多于 VH 极化影像干涉对的像元个数，最少相差 57 454 个像元，最多相差 805 549 个像元。可以看出，VV 极化影像的处理结果较 VH 极化好。

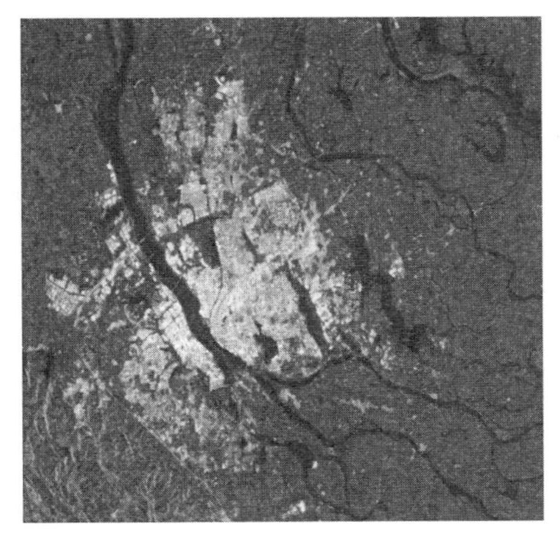

(a) VH

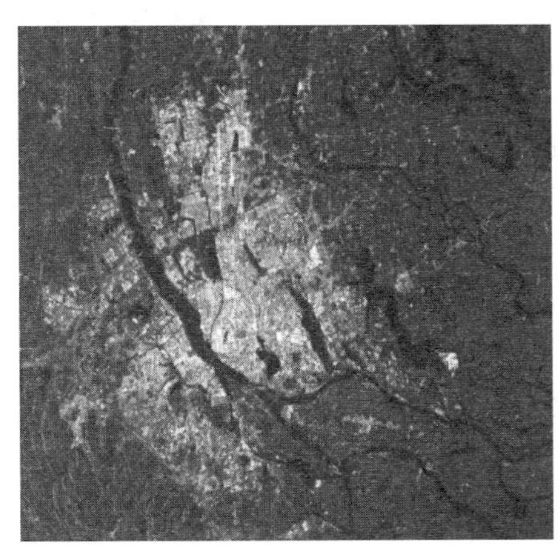

(b) VV

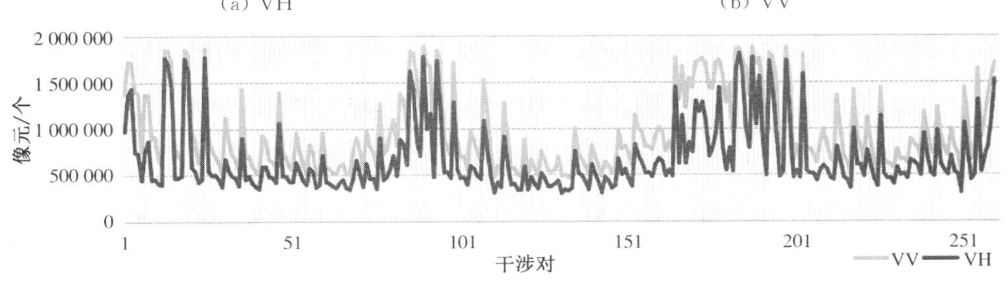


(c) 相干值大于 0.6 的像元个数统计图

图 6-7　滤波后的相干图

3. 相位解缠和残余相位剔除

经过 Goldstein 自适应滤波后，采用最小成本流算法对干涉图执行相位解缠，通过再次干涉、滤波和相位解缠来优化基线。然后，剔除解缠干涉图中的残余相位、大气延迟相位和趋势相位。剔除残余相位后的解缠图如图 6-8 所示，图中黑色代表没有解缠结果的地方。对比 VH 和 VV 极化的相位解缠图，因为 VH 极化的相干性较低，导致解缠结果不连续，甚至有较多地方无法进行解缠。相反，VV 极化因相干性较高，相位解缠结果连续性较好。

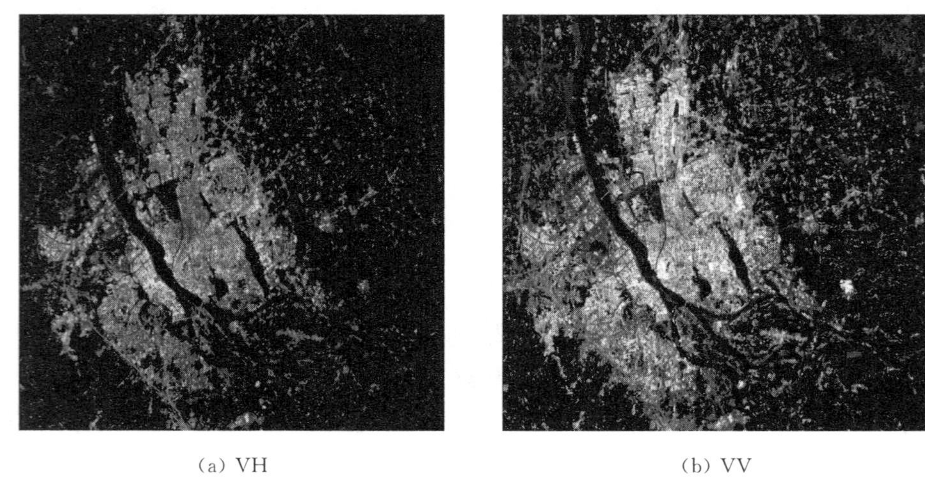

(a) VH　　(b) VV

**图 6-8　剔除残余相位的相位解缠图**

4. 形变速率提取及地理编码

通过分析、评价解缠干涉对的质量，最终选用了 178 个干涉对。利用奇异值分解法估计形变速率，再经过地理编码，获取了研究区域视线向的形变速率，结果如图 6-9 所示。

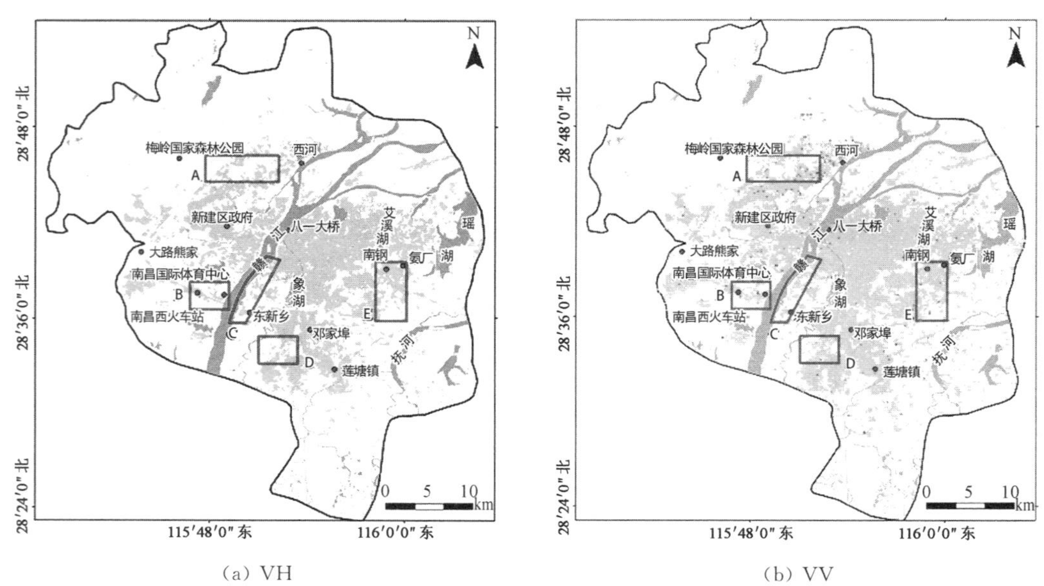


(a) VH　　(b) VV

**图 6-9　南昌市主城区地表形变速率图**

对比 VH 和 VV 极化的形变速率图(图 6-9),目视解译可见,VH 极化能监测到的面积较少。通过统计发现,VH 极化能监测到的面积为 261.974 $km^2$,VV 极化能监测到的面积为 317.183 $km^2$,相差 55.109 $km^2$。因此,VV 极化的监测效果更好,能得到更详细的地表形变信息。本研究后续结果分析均选用 VV 极化的形变速率图。

## 6.3 时序 InSAR 技术在南昌市主城区地面沉降监测中的应用

### 6.3.1 PS-InSAR 数据处理

1. 公共主影像的选取

在 PS-InSAR 处理过程中,仍选择 2017 年 8 月 5 日的 SAR 影像作为公共主影像。图 6-10 为 PS-InSAR 的时空基线图。

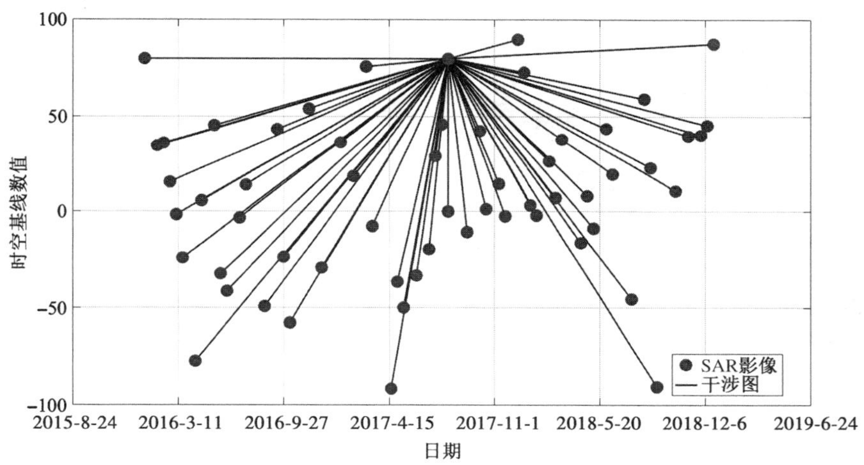


图 6-10　PS-InSAR 时空基线图

2. PS 点的选取

一般 PS 点的选取需要考虑两个方面的因素:一是选取的 PS 点尽量可信,即选取的 PS 点只有小部分会受失相干的影响;二是提取 PS 点的方法能有效识别出尽可能多的 PS 点(武松超,2015)。基于 PS 点反射稳定的特征,可根据干涉图的相干性、振幅的强弱、相位等方面的特性提取 PS 点。目前常用的方法有振幅离散指数阈值法(稳定的后向散射度)、相位相干系数阈值法(单个 SLC 的光谱属性)和相位离散阈值法。本研究主要结合前两种方法。

1) 振幅离散指数阈值法

Ferretti 等的研究表明,在高信噪比的像元上,噪声水平可以通过振幅的稳定特征,即幅度离散指数来等价衡量(Ferretti et al., 2001)。在振幅离散指数阈值法中,后向散射特征由振幅信息体现,而相位信息体现像元的稳定性。根据雷达成像的基本原理和永久散射体的基本特性,可以将干涉相位的信噪比作为判断依据,即通过设定合适的阈值,将高于信噪比阈值的目标点认为是 PS 点。振幅离散指数阈值法提取的 PS 点稳定性好、幅度值高。本研究基于振幅离散指数阈值法，设定的阈值为 1.5，共选取了 238 537 个 PS 点，其分布如图 6-11 所示。

2）相位相干系数阈值法

相位相干系数阈值法是基于 PS 点生成相应的点时序干涉图，根据局部窗口及其周边一定范围内的邻近像素信息，计算像素点的相干系数，大于一定相干系数阈值的点即为 PS 点。作为一种测度，相干系数能够直接反映出影像之间的相干性指标。合适的相干系数阈值提取的 PS 点能较好地过滤不稳定的面状目标（如水体、植被覆盖区域地表等），提高选点的效率和准确性。基于相位相干系数阈值法，本研究设定的阈值为 0.35，选取了 502 337 个 PS 点，其分布如图 6-12 所示。

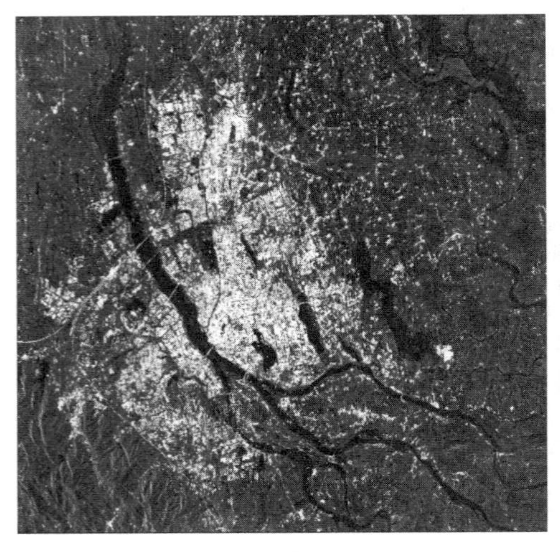

**图 6-11　振幅离散指数阈值法选取的 PS 点分布图**

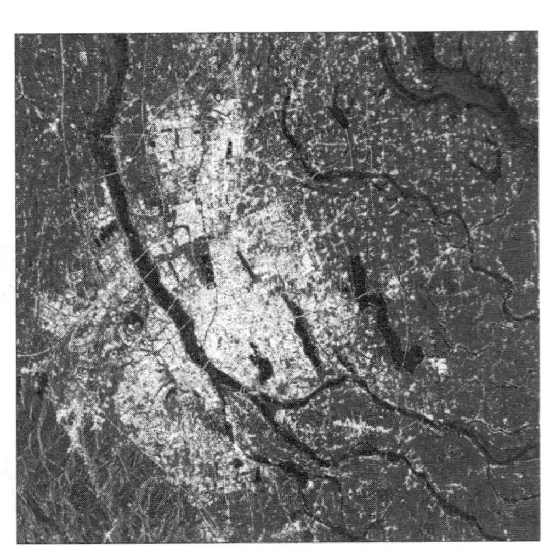

**图 6-12　相位相干系数阈值法选取的 PS 点分布图**

基于时间域像素强度稳定性和目标点的光谱特征信息分别选取了 238 537 个和 502 337 个 PS 点，合并重复 PS 点，最终提取了 622 521 个 PS 点，选点密度高达 1 500 个/km$^2$，图 6-13 是 PS 监测点分布图。由图 6-13 可知，PS 点主要分布在房屋、桥梁、公路和车站等建筑物处，湖泊、河流（赣江、抚河等）等水域无 PS 点分布。

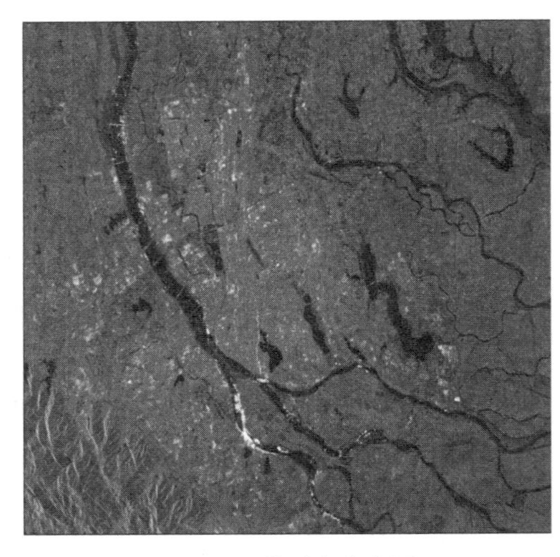

**图 6-13　PS 监测点分布图**

3. PS 点的差分干涉处理

对 PS 点进行差分干涉处理，具体过程如下：首先将预处理后的 DEM 数据模拟 SAR 影像（图 6-14），将其与 2017 年 8 月 5 日的 SAR 主影像进行精配准，再用精配准的 SAR 影像模拟干涉相位，最后分别与其他 56 景 SAR 辅助影像进行差分干涉处理。PS-

InSAR 的差分干涉图如图 6-15 所示。

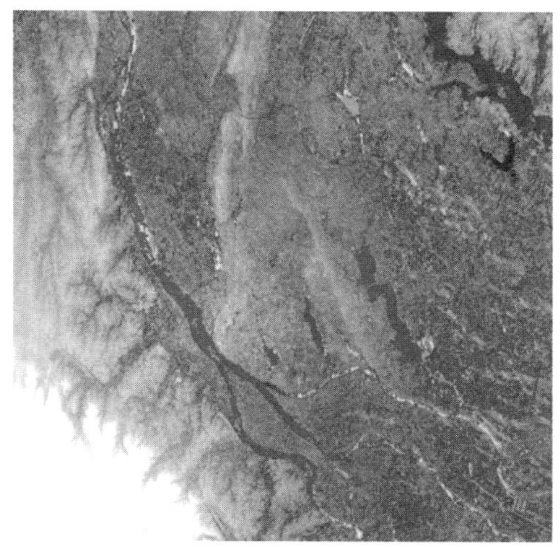

图 6-14　SAR 模拟影像

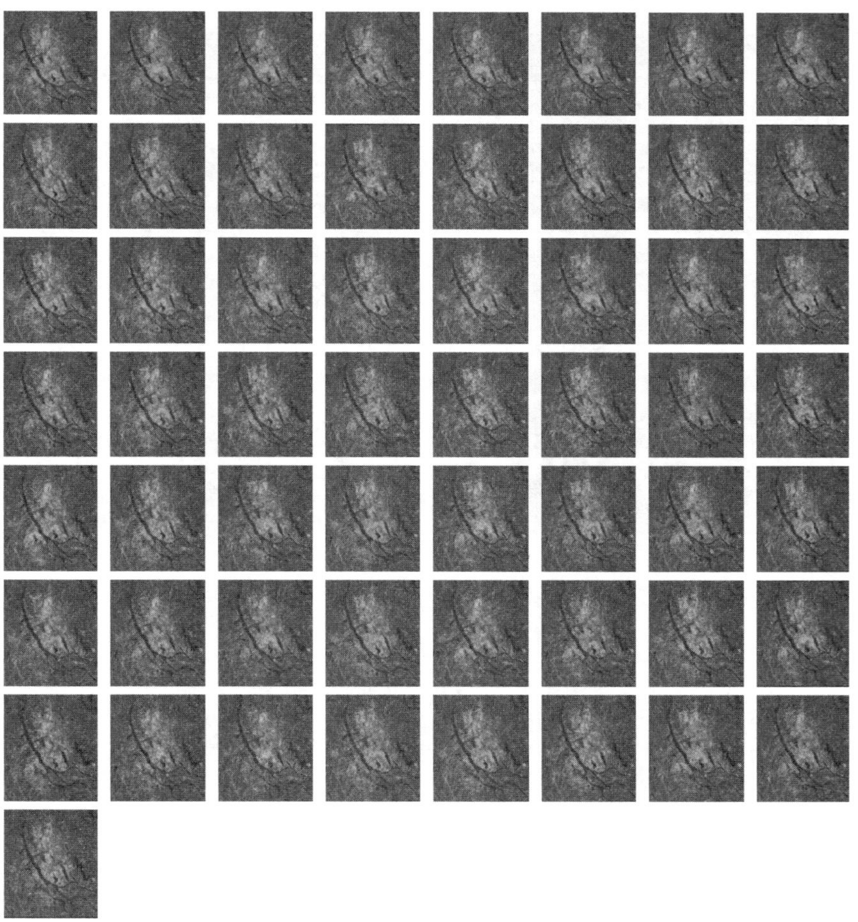

图 6-15　PS-InSAR 差分干涉图

4. PS-InSAR 监测结果

确定 PS 点和生成点的差分干涉图后，通过设定 sigma 阈值剔除失相干严重的像元，并对稳定的像元集分别用分块解缠法和最小费用流算法解缠。PS-InSAR 相位解缠图如图 6-16 所示。

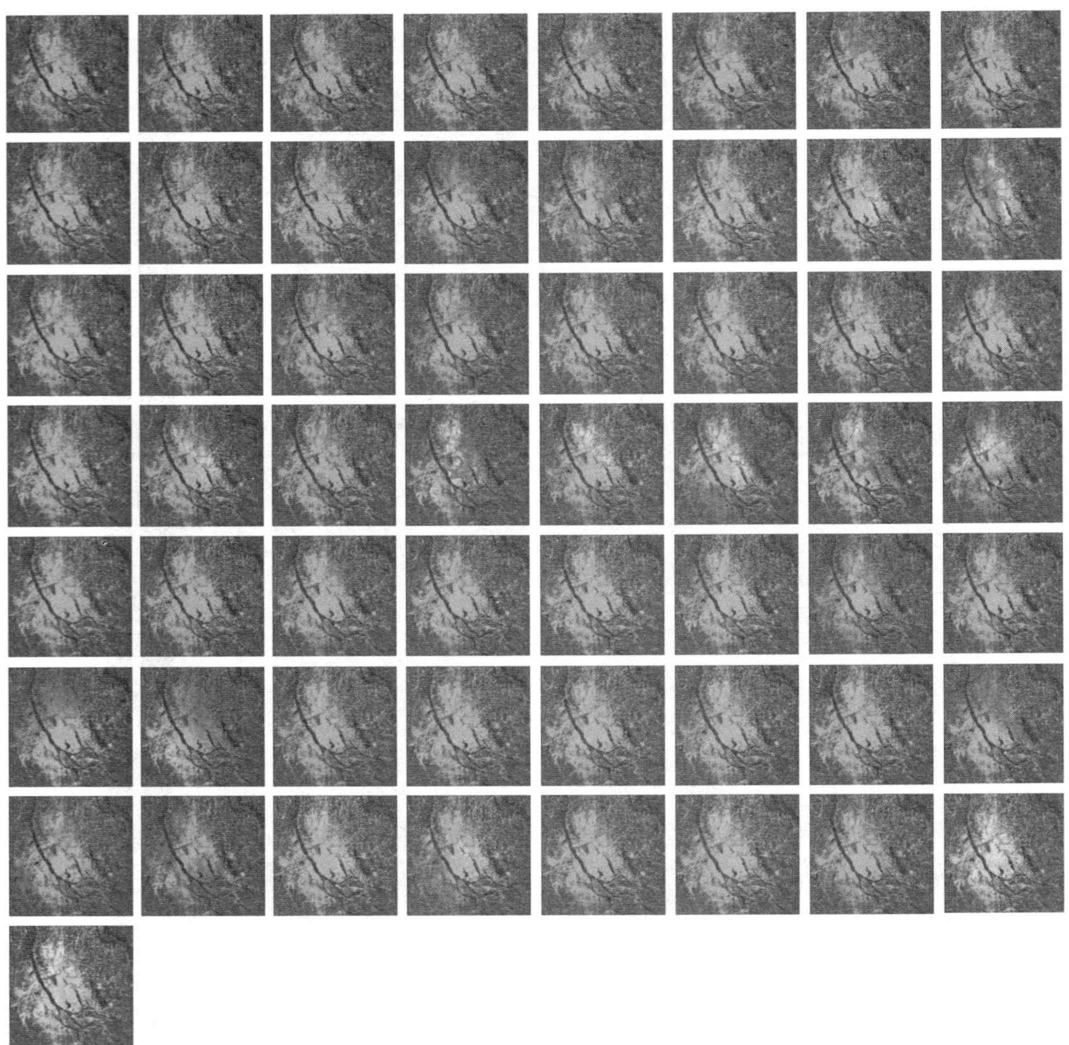

图 6-16　PS-InSAR 相位解缠图

利用稳定的 PS 点分离各个相位成分，为去除大气相位影响，进行空间滤波和时间滤波，分离出的大气相位如图 6-17 所示，这在一定程度上克服了传统 D-InSAR 的大气和时空失相干等问题，得到每个 PS 点的非线性形变结果。最后，将非线性形变量和线性形变量相叠加，得到南昌市 PS 点地表形变结果。

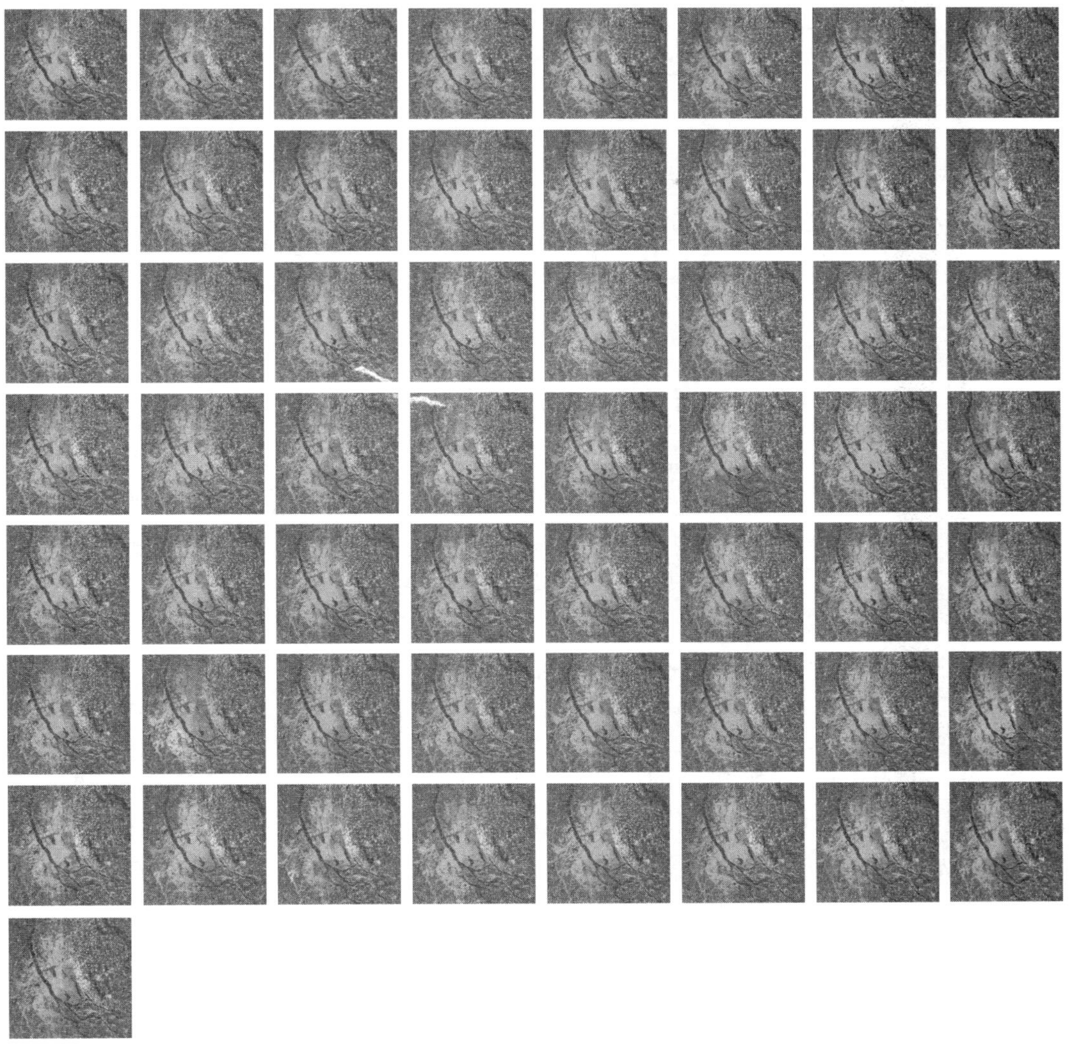

图 6-17　PS-InSAR 大气相位图

## 6.3.2　监测结果及精度验证

本研究结合 SBAS-InSAR 和 PS-InSAR 两种时序处理方法，得到的南昌市主城区视线向的形变速率如图 6-18 所示。由于缺乏南昌市主城区同期的实测水准数据，本研究对 SBAS-InSAR 和 PS-InSAR 两种监测结果进行对比验证。利用 ArcGIS 分别对两种 InSAR 值进行克里金插值，获取空间连续形变结果，提取同名点对应的 SBAS-InSAR 形变值与 PS-InSAR 形变值进行 Pearson 相关分析，相关系数为 0.866，表明这两种时序监测结果具有较强的一致性，也说明试验结果可靠性较高。

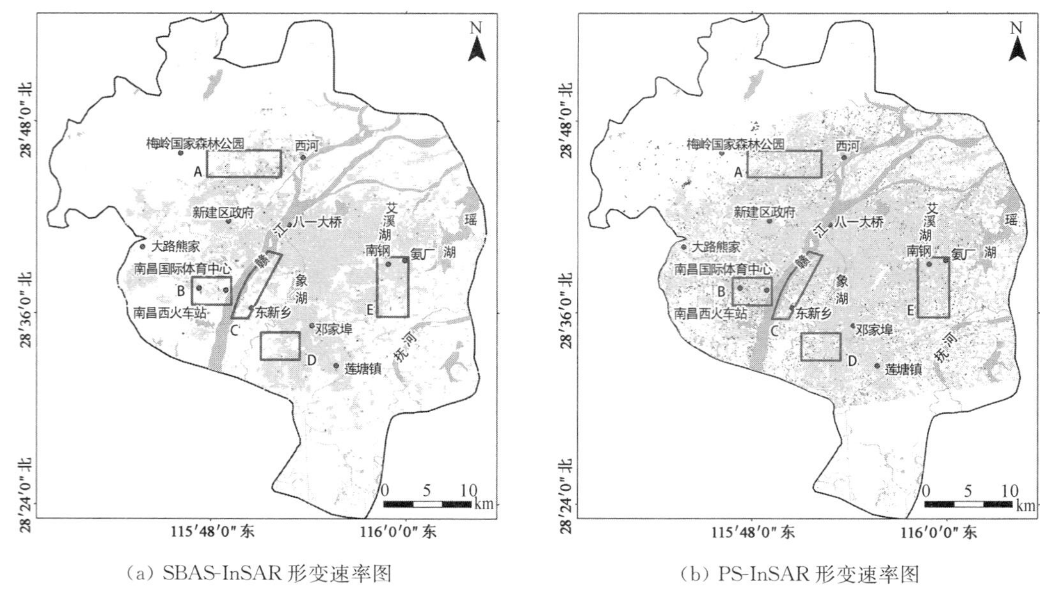


(a) SBAS-InSAR 形变速率图　　(b) PS-InSAR 形变速率图

**图 6-18　南昌市主城区地表形变速率图**

### 6.3.3　地面沉降不均匀分布的空间特征

从沉降趋势上看，由图 6-18 可知，2016 年 1 月—2018 年 12 月期间，SBAS-InSAR 和 PS-InSAR 两种时序方法监测到的南昌市主城区形变趋势基本一致，西北抬升，东南下沉，形变范围集中在−3～3 mm/年，根据中国地质调查局地质调查技术标准《地面沉降干涉雷达数据处理技术规程》(DD 2014—11)，这属于低程度地面沉降，因此南昌市主城区地表沉降整体较稳定。

从最大沉降量来看，SBAS-InSAR 和 PS-InSAR 技术监测到南昌市主城区的最大沉降速率分别为−23.689 mm/年和−26.080 mm/年，分布在南昌西火车站和南昌国际体育中心。

从空间分布上看，两种监测结果的形变区域的空间分布具有较高一致性，可概括为一个抬升区和四个沉降区，分别为梅岭国家森林公园东北边缘抬升区 A、南昌西火车站—南昌国际体育中心沉降区 B、赣江东岸东新乡—八一大桥段沉降区 C、邓家埠沉降区 D 和南钢地下水降落漏斗沉降区 E。

从沉降面积上看(表 6-4)，SBAS-InSAR 监测的面积为 317.183 $km^2$，PS-InSAR 监测的面积为 575.647 $km^2$，相差 258.464 $km^2$。分析原因主要有以下两点：①PS-InSAR 技术中通过振幅离散指数阈值法和相位相干系数阈值法选取的 PS 点，在 SBAS-InSAR 中没有对应的值。②在数据处理过程中，SBAS-InSAR 虽然对大气相位、趋势面等做了剔除，但噪声仍比较大，造成一定的形变信号缺失。

因 PS-InSAR 能监测的面积范围较大，以下分析均选择 PS-InSAR 的监测结果。大部分研究区域处于稳定状态，形变范围为−3～3 mm/年，面积为 418.714 $km^2$，占 PS-

InSAR 监测面积的 72.74%。形变大于 3 mm/年的抬升面积有 31.443 km²。沉降量在 −6～−3 mm/年和−9～−6 mm/年的面积分别有 92.981 km² 和 18.671 km²，有轻微沉降，但面积所占比例不大，分别为 16.15%和 3.24%。沉降量小于−9 mm/年的面积为 13.837 km²，占 2.4%，其中沉降较严重(沉降量小于−15 mm/年)的面积仅有 2.826 km²。表 6-5 为各区县的形变统计表，从表中可以看出，青山湖区、湾里区、东湖区、西湖区、青云谱区−3～3 mm/年的形变量所占百分比较大，近 80%；南昌县、新建区−3～3 mm/年的形变量占比分别约为 60%和 29%，−6～−3 mm/年的形变量占比约为 29%，该沉降量主要分布在东新乡以南的区域。

**表 6-4**　　沉降面积统计表

| 沉降量/(mm·年$^{-1}$) | <−15 | −15～−12 | −12−9 | −9～−6 | −6～−3 | −3～3 | 3～6 | >6 |
|---|---|---|---|---|---|---|---|---|
| PS-InSAR 沉降面积/km² | 2.827 | 3.543 | 7.472 | 18.671 | 92.981 | 418.714 | 25.870 | 5.573 |
| SBAS-InSAR 沉降面积/km² | 0.056 | 0.170 | 0.978 | 6.527 | 46.935 | 260.576 | 1.846 | 0.096 |

**表 6-5**　　南昌市各区县沉降情况统计表

| 沉降量/(mm·年$^{-1}$) | 青山湖区 | 湾里区 | 东湖区 | 西湖区 | 青云谱区 | 南昌县 | 新建区 |
|---|---|---|---|---|---|---|---|
| <−15 | 0.292 | 0.718 | 0.278 | 0.202 | 0.107 | 0.539 | 1.563 |
| −15～−12 | 0.259 | 0.924 | 0.348 | 0.575 | 0.116 | 0.747 | 3.730 |
| −12～−9 | 0.657 | 1.279 | 0.611 | 1.086 | 0.430 | 1.640 | 8.182 |
| −9～−6 | 1.186 | 3.144 | 0.990 | 3.291 | 1.356 | 4.893 | 18.584 |
| −6～−3 | 4.577 | 12.662 | 3.679 | 12.822 | 7.209 | 29.838 | 28.538 |
| −3～3 | 80.928 | 79.041 | 88.517 | 80.787 | 90.121 | 59.855 | 29.075 |
| 3～6 | 10.814 | 1.403 | 4.804 | 0.881 | 0.537 | 1.632 | 8.287 |
| >6 | 1.288 | 0.829 | 0.772 | 0.356 | 0.122 | 0.857 | 2.040 |

# 第7章 SBAS技术在地质灾害早期识别中的应用

## 7.1 研究区域概况

1. 地理位置

巩留县，隶属于新疆维吾尔自治区伊犁哈萨克自治州，位居伊犁河谷中部，中心位置约为东经 81°34′—83°35′，北纬 42°54′—43°38′，全县总面积为 4 528 $km^2$。

2. 数据参数

根据监测需求，选用该区域从 2015 年 11 月至 2020 年 4 月共 6 期升轨 L 波段 ALOS－2 数据，采用 SBAS 技术分析处理巩留县地质灾害分布情况，数据参数如表 7-1 所示。

表 7-1　　ALOS－2 参数

| 编号 | 拍摄时间 | 幅宽/km | 成像模式 | 极化方式 | 入射角/(°) | 拍摄模式 |
|---|---|---|---|---|---|---|
| 1 | 2015-11-14 | 70 | strip 模式 | HH | 40.5 | 升轨 |
| 2 | 2016-11-12 | 70 | strip 模式 | HH | 40.5 | 升轨 |
| 3 | 2017-10-28 | 70 | strip 模式 | HH | 40.5 | 升轨 |
| 4 | 2018-4-28 | 70 | strip 模式 | HH | 40.5 | 升轨 |
| 5 | 2019-4-27 | 70 | strip 模式 | HH | 40.5 | 升轨 |
| 6 | 2020-4-25 | 70 | strip 模式 | HH | 40.5 | 升轨 |

## 7.2 数据处理与分析

本研究采用 SBAS 技术获取巩留县地表形变速率，根据地表形变速率反演研究区域的地质灾害情况。

1. 1 号形变区分析

1 号形变区地理位置为库尔德宁塔斯布拉克沟口西滑坡。图 7-1 为区域形变速率图、Google Earth 影像图和形变区累计形变量折线图，地图显示为人类活动频繁区。形变速率最大值为 10 mm/年。地表形变中心的经纬度：东经 82.626 015°，北纬 43.287 720°（WGS84）。

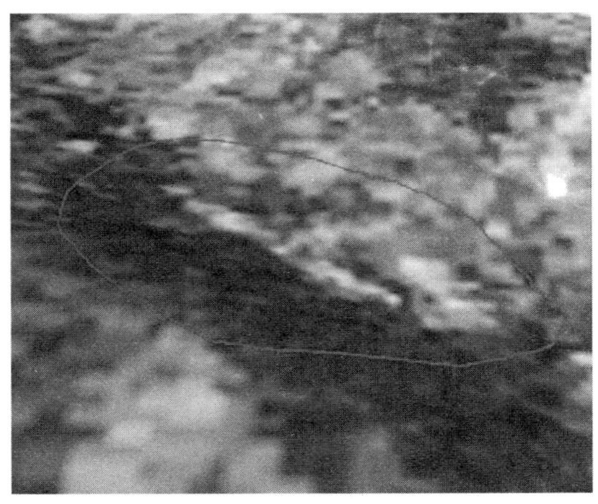

(a) 区域形变速率图

(b) Google Earth 影像图

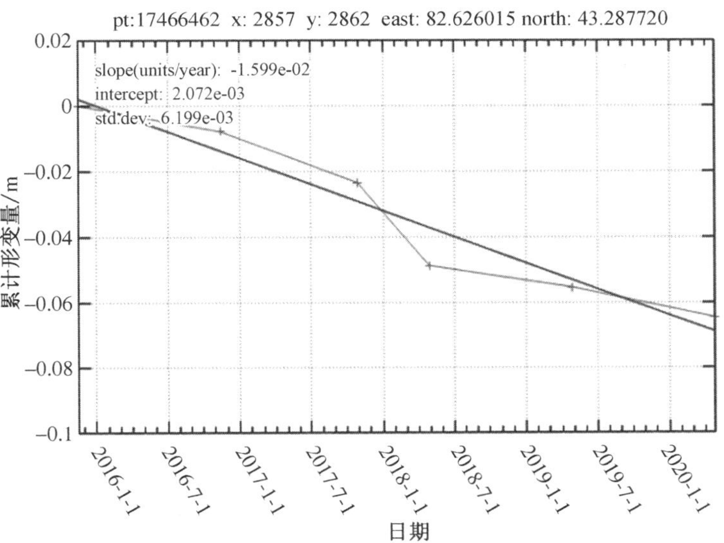


(c) 形变区累计形变量折线图

**图 7-1　1 号形变区分析图**

2. 2 号形变区分析

2 号形变区地理位置为吉尔格郎乡恰西奥巴滑坡。图 7-2 为区域形变速率图、Google Earth 影像图和形变区累计形变量折线图，地图显示为人类活动频繁区。形变速率最大值为 15 mm/年。地表形变中心的经纬度：东经 82.602 867°，北纬 43.178 188°（WGS84）。

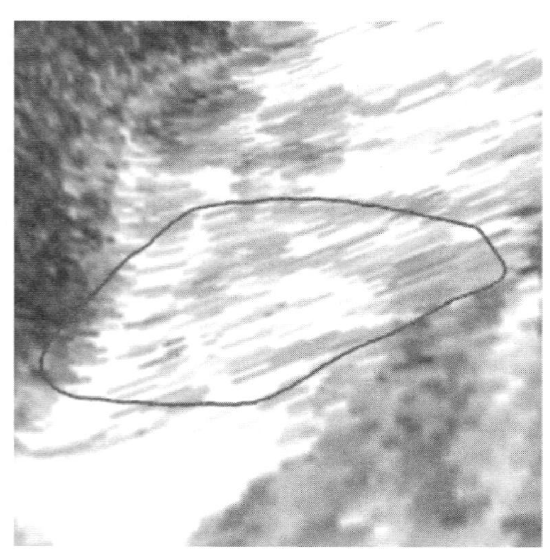

（a）区域形变速率图

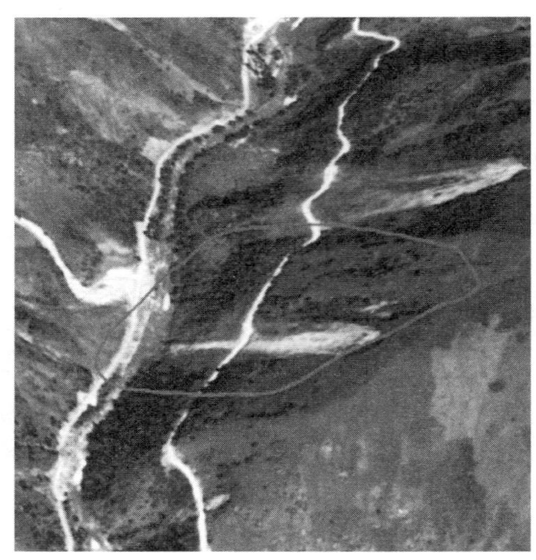

（b）Google Earth 影像图

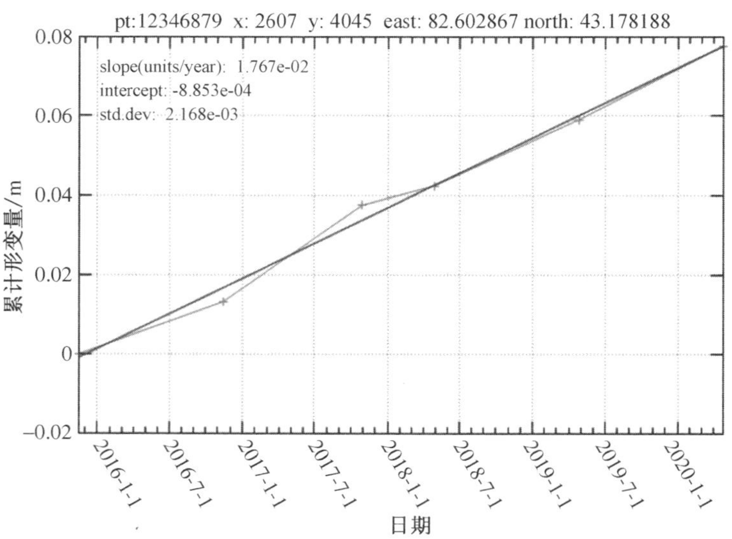


（c）形变区累计形变量折线图

**图 7-2　2 号形变区分析图**

3. 3 号形变区分析

图 7-3 为区域形变速率图、Google Earth 影像图和形变区累计形变量折线图，地图显示为人类活动频繁区。形变速率最大值为 47 mm/年。地表形变中心的经纬度：东经 82.675 423°，北纬 43.102 951°（WGS84）。

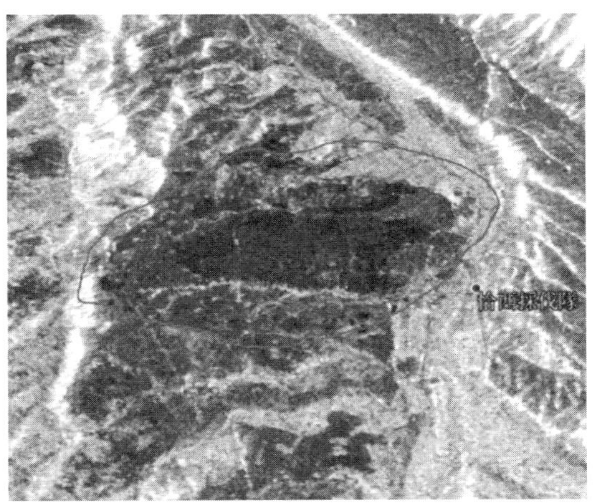

(a) 区域形变速率图

(b) Google Earth 影像图

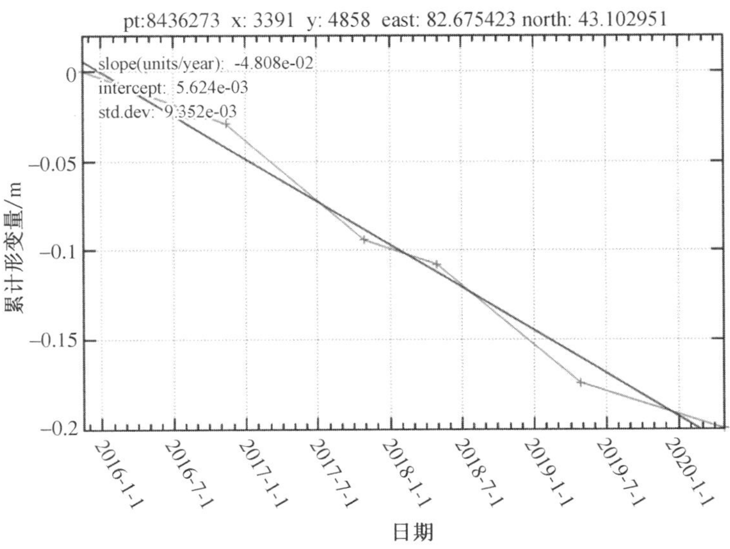


(c) 形变区累计形变量折线图

**图 7-3　3 号形变区分析图**

4. 4号形变区分析

4号形变区地理位置为吉尔格郎乡恰西奥巴滑坡西侧山坡。图7-4为区域形变速率图、Google Earth影像图和形变区累计形变量折线图，地图显示为人类活动频繁区。形变速率最大值为23 mm/年。地表形变中心的经纬度：东经82.599 648°，北纬43.184 170°（WGS84）。

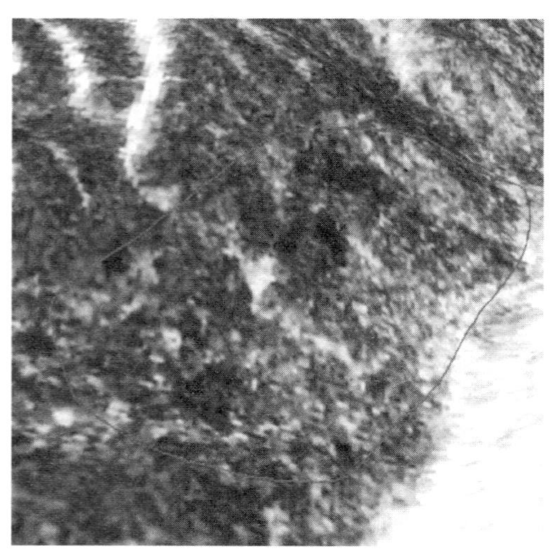

(a) 区域形变速率图

(b) Google Earth影像图

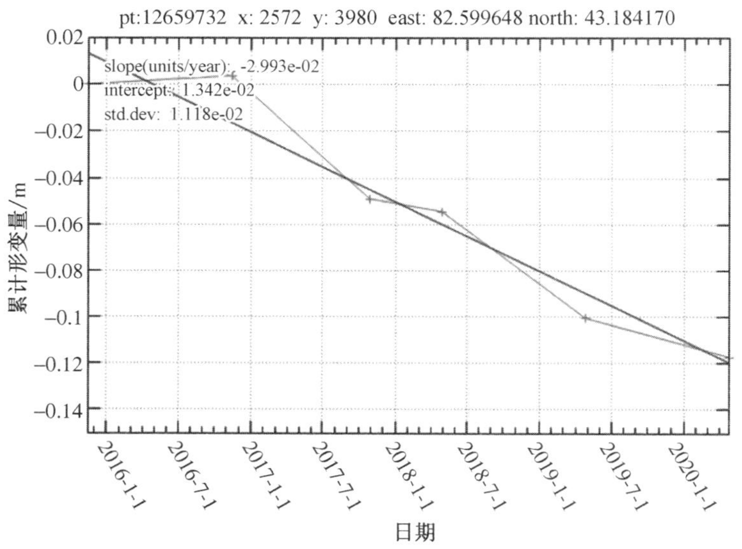


(c) 形变区累计形变量折线图

**图7-4　4号形变区分析图**

5. 5 号形变区分析

图 7-5 为区域形变速率图、Google Earth 影像图和形变区累计形变量折线图，地图显示为人类活动频繁区。形变速率最大值为 31 mm/年。地表形变中心的经纬度：东经 82.698 601°，北纬 43.242 870°(WGS84)。

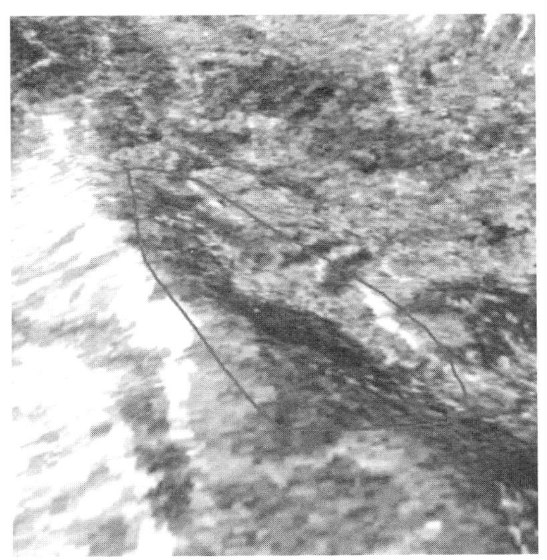

(a) 区域形变速率图

(b) Google Earth 影像图

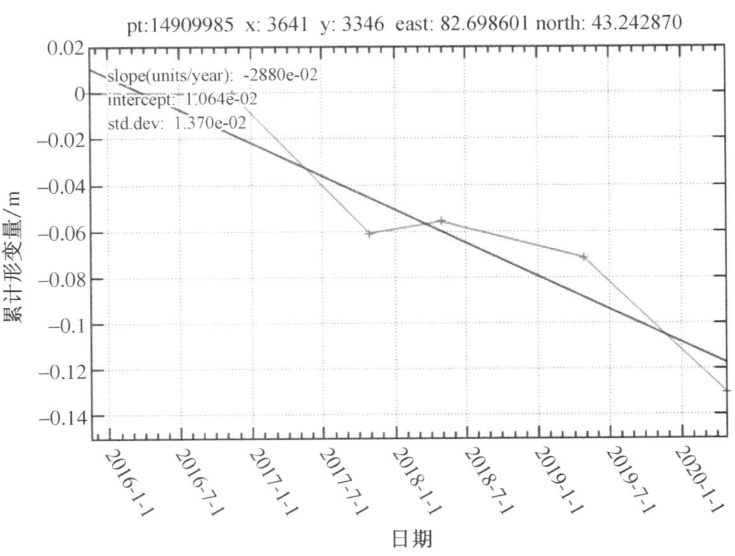


(c) 形变区累计形变量折线图

**图 7-5　5 号形变区分析图**

6. 6 号形变区分析

图 7-6 为区域形变速率图、Google Earth 影像图和形变区累计形变量折线图，地图显示为人类活动频繁区。形变速率最大值为 30 mm/年。地表形变中心的经纬度：东经 82.940 475°，北纬 43.218 048°（WGS84）。

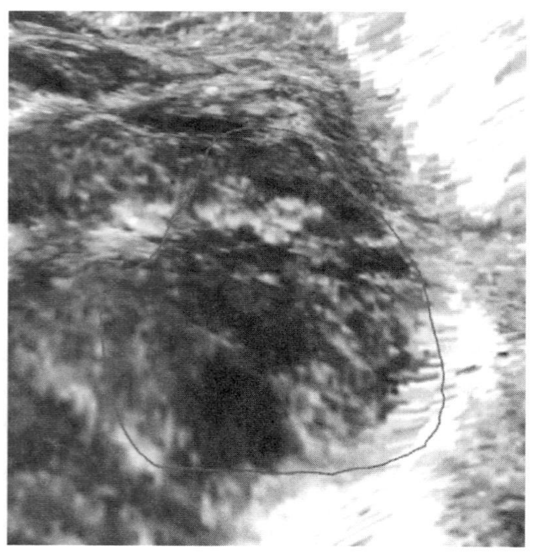

(a) 区域形变速率图

(b) Google Earth 影像图

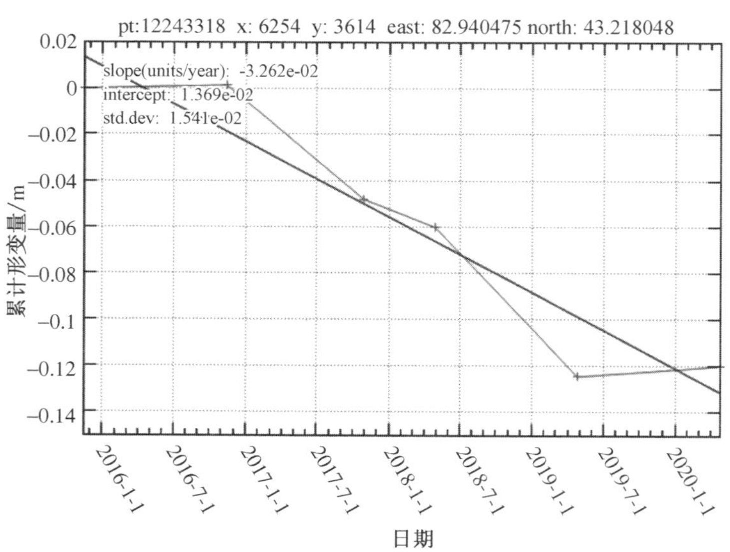


(c) 形变区累计形变量折线图

**图 7-6　6 号形变区分析图**

7. 7 号形变区分析

图 7-7 为区域形变速率图、Google Earth 影像图和形变区累计形变量折线图，地图显示为人类活动频繁区。形变速率最大值为 32 mm/年。地表形变中心的经纬度：东经 82.585 945°，北纬 43.185 364°（WGS84）。

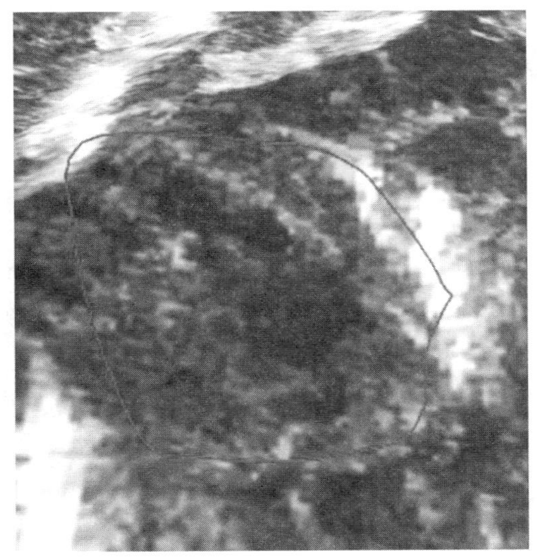

（a）区域形变速率图

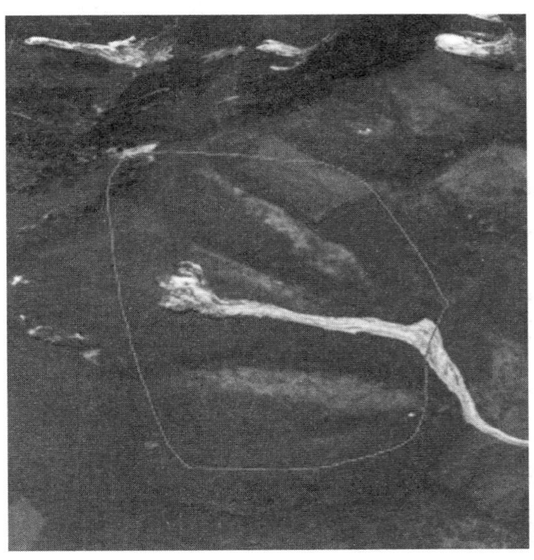

（b）Google Earth 影像图

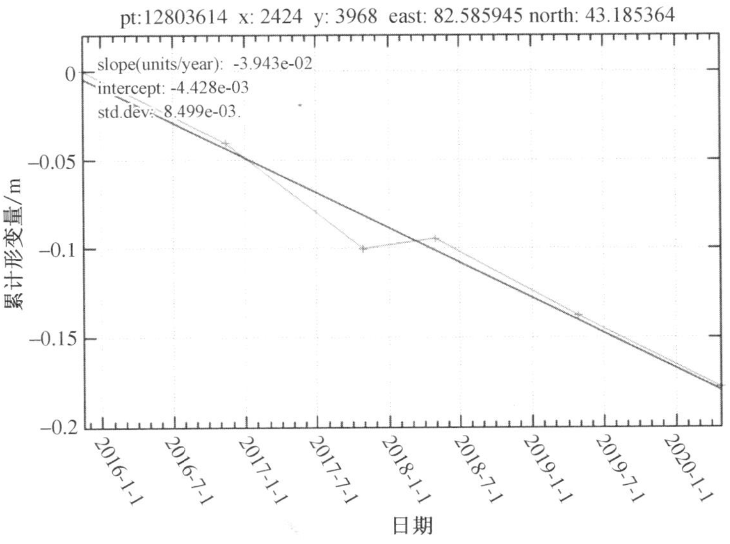


（c）形变区累计形变量折线图

**图 7-7　7 号形变区分析图**

8. 8 号形变区分析

图 7-8 为区域形变速率图、Google Earth 影像图和形变区累计形变量折线图，地图显示为人类活动频繁区。形变速率最大值为 34 mm/年。地表形变中心的经纬度：东经 82.529 854°，北纬 43.082 779°（WGS84）。

(a) 区域形变速率图

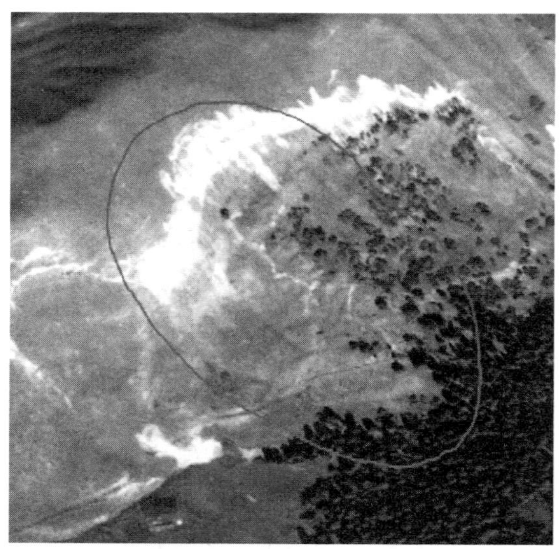

(b) Google Earth 影像图

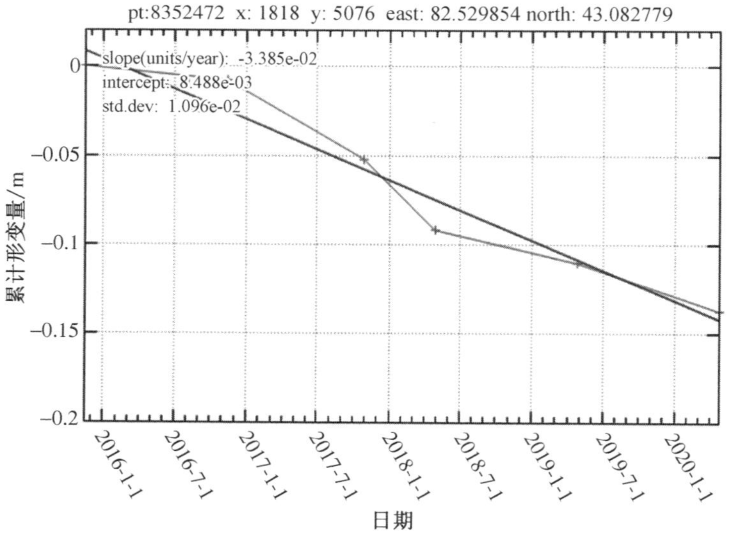


(c) 形变区累计形变量折线图

**图 7-8　8 号形变区分析图**

9. 9 号形变区分析

图 7-9 为区域形变速率图、Google Earth 影像图和形变区累计形变量折线图，地图显示为人类活动频繁区。形变速率最大值为 36 mm/年。地表形变中心的经纬度：东经 82.500 763°，北纬 43.071 178°(WGS84)。

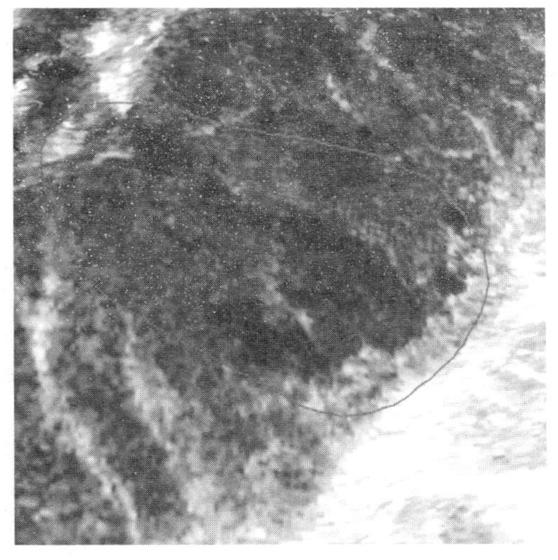

(a) 区域形变速率图　　(b) Google Earth 影像图

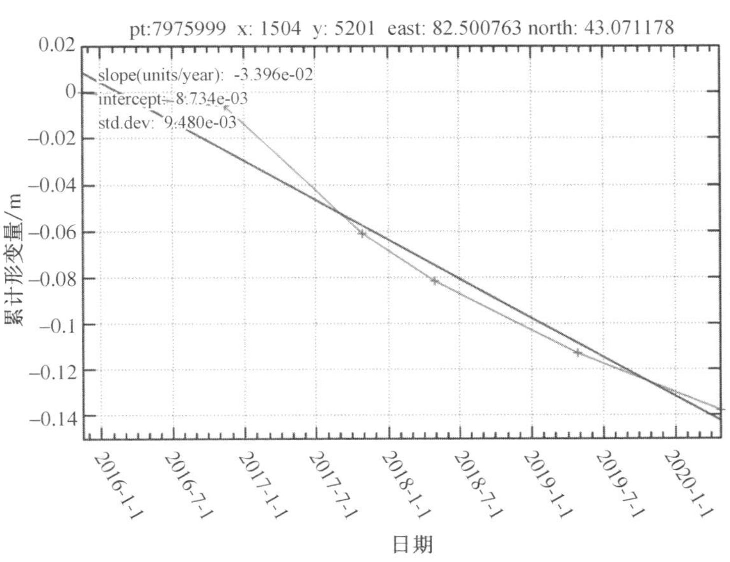


(c) 形变区累计形变量折线图

**图 7-9　9 号形变区分析图**

10. 10 号形变区分析

图 7-10 为区域形变速率图、Google Earth 影像图和形变区累计形变量折线图，地图显示为人类活动频繁区。形变速率最大值为 24 mm/年。地表形变中心的经纬度：东经 82.489 624°，北纬 43.061 150°（WGS84）。

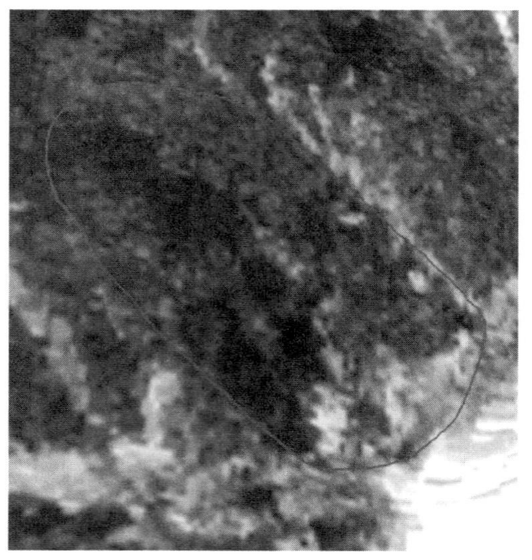

（a）区域形变速率图

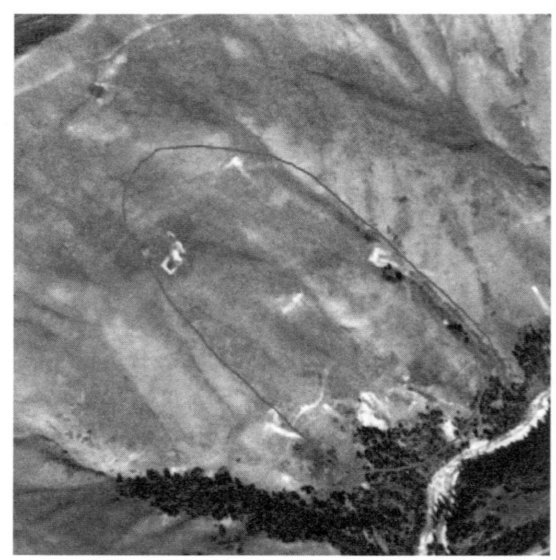

（b）Google Earth 影像图

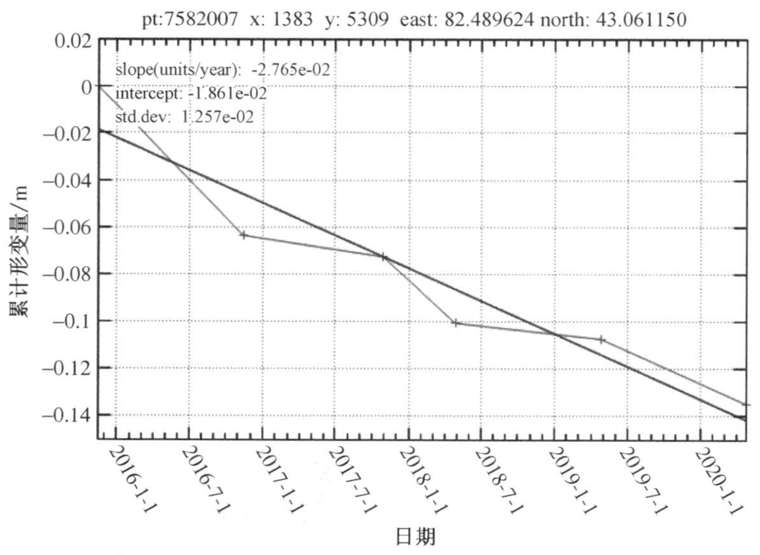


（c）形变区累计形变量折线图

**图 7-10　10 号形变区分析图**

11. 11号形变区分析

图7-11为区域形变速率图、Google Earth影像图和形变区累计形变量折线图，地图显示为人类活动频繁区。形变速率最大值为30 mm/年。地表形变中心的经纬度：东经82.521 683°，北纬43.081 207°(WGS84)。

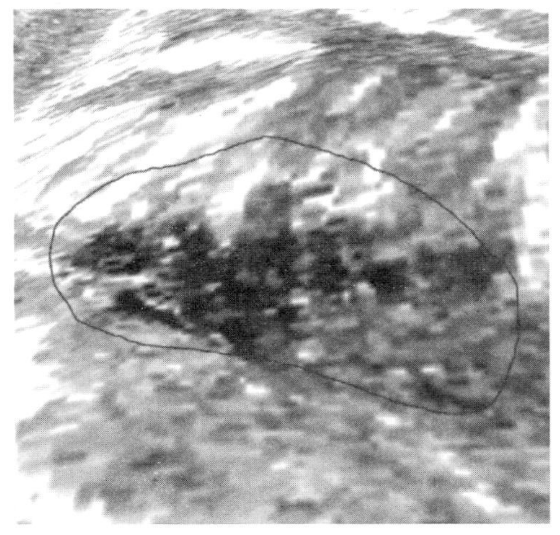

(a) 区域形变速率图

(b) Google Earth影像图

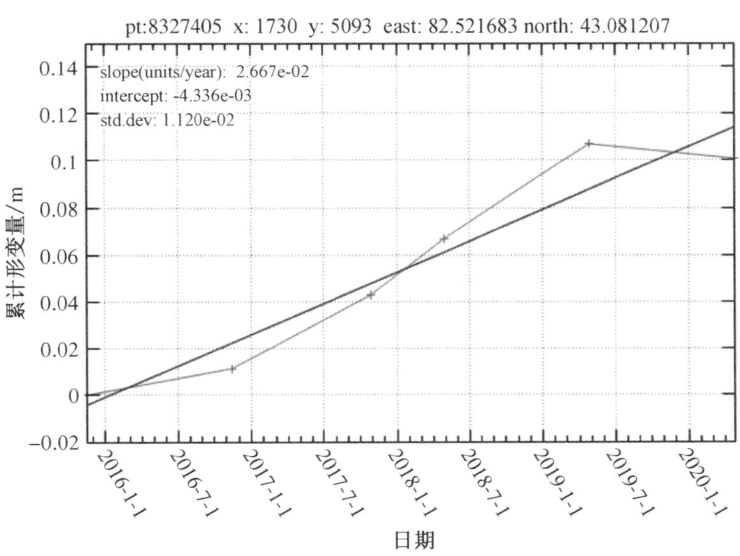


(c) 形变区累计形变量折线图

**图7-11 11号形变区分析图**

## 7.3 结论与建议

本研究运用SABS技术监测了巩留县的地表形变，获得了监测区域的地表形变速率图和局部形变区域的形变序列，结果表明，监测区域的局部地表形变非常明显。

(1) 根据监测结果进行潜在沉降区识别分析，发现区域内至少有 11 处疑似滑坡隐患区，并且在监测时间段内有明显的地表形变。

(2) 采用 SBAS 技术，对研究区域进行数据解译工作，获取高精度形变结果。但由于缺少水准和 GPS 数据，无法对研究区域进行精度评定。在今后的工作中将收集水准及 GPS 数据进行精度评价，并结合相关信息，进一步分析形变的成因。

(3) 本次采用的 6 景 ALOS-2 数据均为升轨数据，数据量偏少且由视角所造成的山体的叠掩和阴影区，并不能对该区域的所有潜在地质灾害点进行提取。如果可能，可以结合降轨数据以及高分辨率、短重访周期的 SAR 数据进行进一步分析。

# 第8章 SBAS技术在滑坡灾害识别中的应用

## 8.1 SBAS技术在新疆阿图什市滑坡灾害识别中的应用

### 8.1.1 研究区域概况

阿图什市是克孜勒苏柯尔克孜自治州的首府，位于中国新疆西南部，北纬39°34′—40°45′，东经75°30′—78°22′，天山南麓，塔里木盆地西缘。1986年撤县建市，全市总面积1.6万$km^2$，其中，山地面积约占总面积的70%，戈壁、荒漠面积约占总面积的18.7%，绿洲面积约占总面积11.3%。市区规划面积40.5 $km^2$，建成面积14.5 $km^2$。阿图什市境内高山连绵，沟谷遍布，地势由南向北逐渐升高，属典型的温带大陆性气候，四季分明，光热充足，干旱少雨，春季升温快，天气多变，多浮尘，风微雪少。阿图什市是地质灾害易发区，单一通过人工实地排查、传统地面测量和监测等方式来识别和核查地质灾害点的工作量极大，且存在一定的盲目性和局限性，除此之外还易发生地质灾害点遗漏等情况。因此，开展SBAS技术用于地质灾害早期识别工作，运用遥感技术手段解译地表形变来确定可能的地质灾害隐患范围显得极其重要和迫切。

### 8.1.2 研究区域数据

本次研究采用覆盖研究区域的144景Sentinel - 1数据，时间跨度为2016年1月13日—2021年5月22日，数据时间分布如表8-1所示，数据覆盖情况如图8-1所示。外部参考DEM为30 m分辨率的SRTM数据。

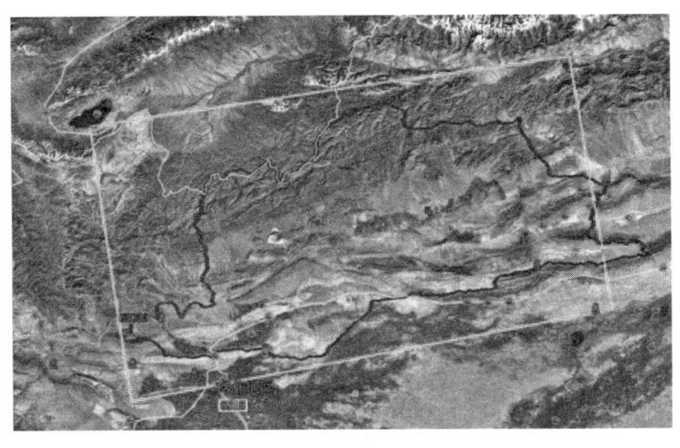

图8-1 研究区域数据覆盖图

表 8-1　　Sentinel-1 数据时间分布表

| 编号 | 成像日期 | 编号 | 成像日期 | 编号 | 成像日期 | 编号 | 成像日期 |
|---|---|---|---|---|---|---|---|
| 1 | 2016-1-13 | 37 | 2017-9-16 | 73 | 2018-12-16 | 109 | 2020-3-4 |
| 2 | 2016-2-6 | 38 | 2017-9-28 | 74 | 2018-12-28 | 110 | 2020-3-16 |
| 3 | 2016-3-1 | 39 | 2017-10-10 | 75 | 2019-1-9 | 111 | 2020-3-28 |
| 4 | 2016-4-18 | 40 | 2017-10-22 | 76 | 2019-1-21 | 112 | 2020-4-9 |
| 5 | 2016-5-12 | 41 | 2017-11-3 | 77 | 2019-2-2 | 113 | 2020-4-21 |
| 6 | 2016-6-05 | 42 | 2017-11-15 | 78 | 2019-2-14 | 114 | 2020-5-3 |
| 7 | 2016-6-29 | 43 | 2017-11-27 | 79 | 2019-2-26 | 115 | 2020-5-15 |
| 8 | 2016-7-23 | 44 | 2017-12-9 | 80 | 2019-3-10 | 116 | 2020-5-27 |
| 9 | 2016-8-16 | 45 | 2018-1-2 | 81 | 2019-4-3 | 117 | 2020-6-8 |
| 10 | 2016-6-21 | 46 | 2018-1-14 | 82 | 2019-4-15 | 118 | 2020-6-20 |
| 11 | 2016-9-9 | 47 | 2018-1-26 | 83 | 2019-4-27 | 119 | 2020-7-2 |
| 12 | 2016-10-3 | 48 | 2018-2-7 | 84 | 2019-5-9 | 120 | 2020-7-14 |
| 13 | 2016-10-27 | 49 | 2018-2-19 | 85 | 2019-5-21 | 121 | 2020-7-26 |
| 14 | 2016-11-20 | 50 | 2018-3-3 | 86 | 2019-6-2 | 122 | 2020-8-7 |
| 15 | 2016-12-14 | 51 | 2018-3-15 | 87 | 2019-6-14 | 123 | 2020-8-19 |
| 16 | 2017-7-27 | 52 | 2018-3-27 | 88 | 2019-6-26 | 124 | 2020-8-31 |
| 17 | 2017-1-7 | 53 | 2018-4-8 | 89 | 2019-7-8 | 125 | 2020-9-12 |
| 18 | 2017-1-31 | 54 | 2018-4-20 | 90 | 2019-7-20 | 126 | 2020-10-6 |
| 19 | 2017-2-12 | 55 | 2018-5-2 | 91 | 2019-8-1 | 127 | 2020-10-18 |
| 20 | 2017-2-24 | 56 | 2018-5-14 | 92 | 2019-8-13 | 128 | 2020-10-30 |
| 21 | 2017-3-08 | 57 | 2018-5-26 | 93 | 2019-8-25 | 129 | 2020-11-11 |
| 22 | 2017-3-20 | 58 | 2018-6-19 | 94 | 2019-9-6 | 130 | 2020-11-23 |
| 23 | 2017-4-1 | 59 | 2018-7-1 | 95 | 2019-9-18 | 131 | 2020-12-5 |
| 24 | 2017-4-13 | 60 | 2018-7-13 | 96 | 2019-9-30 | 132 | 2020-12-17 |
| 25 | 2017-4-25 | 61 | 2018-7-25 | 97 | 2019-10-12 | 133 | 2020-12-29 |
| 26 | 2017-5-7 | 62 | 2018-8-6 | 98 | 2019-10-24 | 134 | 2021-1-10 |
| 27 | 2017-5-19 | 63 | 2018-8-18 | 99 | 2019-11-5 | 135 | 2021-1-22 |
| 28 | 2017-5-31 | 64 | 2018-8-30 | 100 | 2019-11-17 | 136 | 2021-2-3 |
| 29 | 2017-6-12 | 65 | 2018-9-11 | 101 | 2019-11-29 | 137 | 2021-2-15 |
| 30 | 2017-6-24 | 66 | 2018-9-23 | 102 | 2019-12-11 | 138 | 2021-2-27 |
| 31 | 2017-7-6 | 67 | 2018-10-5 | 103 | 2019-12-23 | 139 | 2021-3-11 |
| 32 | 2017-7-18 | 68 | 2018-10-17 | 104 | 2020-1-4 | 140 | 2021-3-23 |
| 33 | 2017-7-30 | 69 | 2018-10-29 | 105 | 2020-1-16 | 141 | 2021-4-16 |
| 34 | 2017-8-11 | 70 | 2018-11-10 | 106 | 2020-1-28 | 142 | 2021-4-28 |
| 35 | 2017-8-23 | 71 | 2018-11-22 | 107 | 2020-2-9 | 143 | 2021-5-10 |
| 36 | 2017-9-04 | 72 | 2018-12-4 | 108 | 2020-2-21 | 144 | 2021-5-22 |

### 8.1.3　数据处理

本次试验同样采用 SBAS 技术对数据进行处理，图 8-2 是通过线性形变反演得到的阿图什市视线向形变速率图。

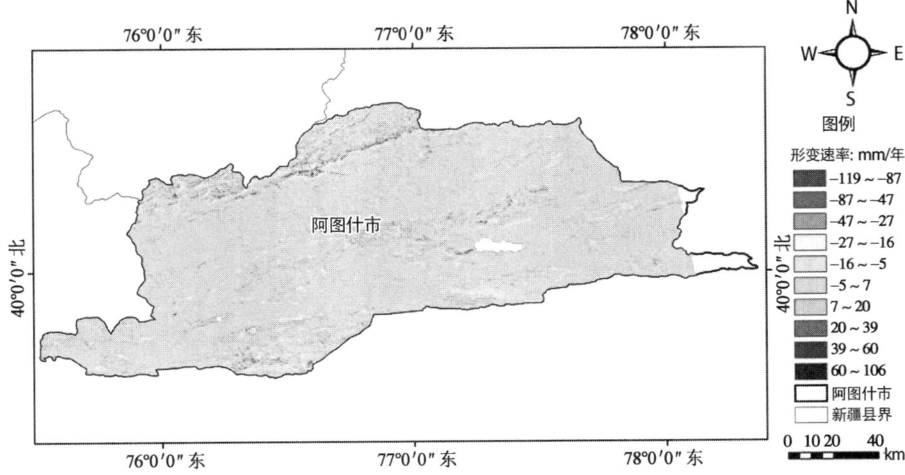


图 8-2　阿图什市地表形变速率图(2016 年 1 月 13 日—2021 年 5 月 22 日)

### 8.1.4　结果分析

利用 SBAS 技术对 Sentinel - 1 数据处理后得到阿图什市 2016 年 1 月 13 日—2021 年 5 月 22 日形变区域分布如图 8-3 所示，从图中可以发现，较为明显的形变区有 28 处。

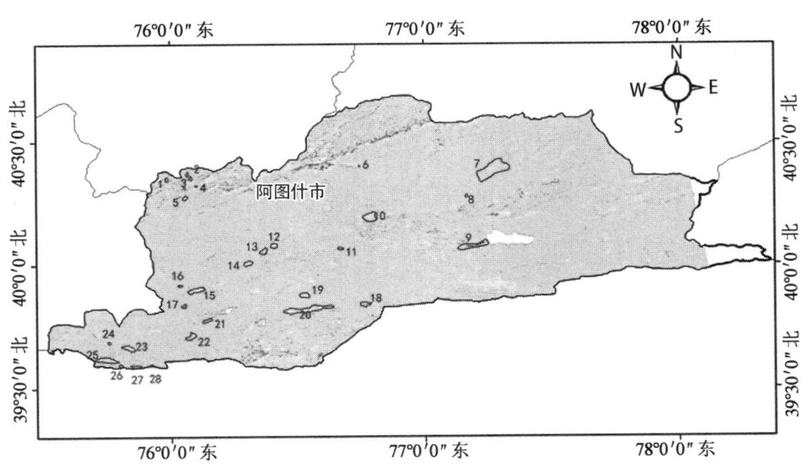


图 8-3　阿图什市形变区域分布图(2016 年 1 月 13 日—2021 年 5 月 22 日)

1. 1 号形变区分析

区域形变速率图和光学影像图如图 8-4 所示。最大形变速率为－64 mm/年。形变中心的地表经纬度：东经 75.985 409°，北纬 40.349 649°(WGS84)。

(a) 区域形变速率图

(b) 光学影像图

**图 8-4 1 号形变区分析图**

2. 2 号形变区分析

区域形变速率图和光学影像图如图 8-5 所示。最大形变速率为-42 mm/年。形变中心的地表经纬度:东经 76.066 442°,北纬 40.370 970°(WGS84)。

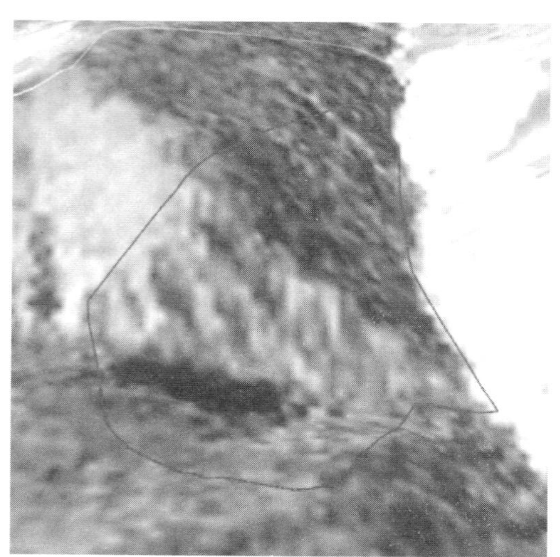
(a) 区域形变速率图

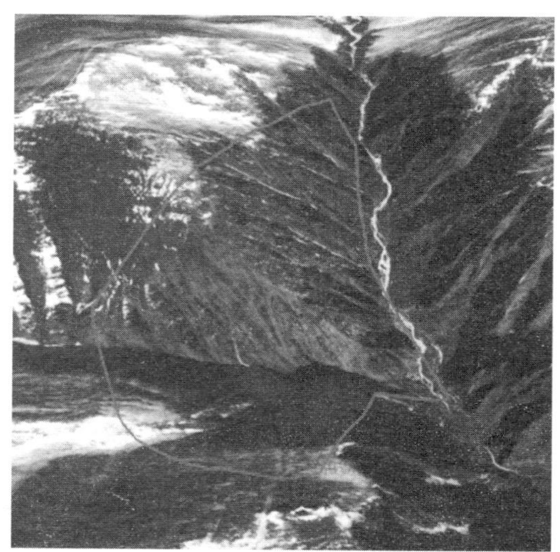
(b) 光学影像图

**图 8-5 2 号形变区分析图**

3. 3 号形变区分析

区域形变速率图和光学影像图如图 8-6 所示。最大形变速率为-51 mm/年。形变中心的地表经纬度:东经 76.080 830°,北纬 40.353 987°(WGS84)。

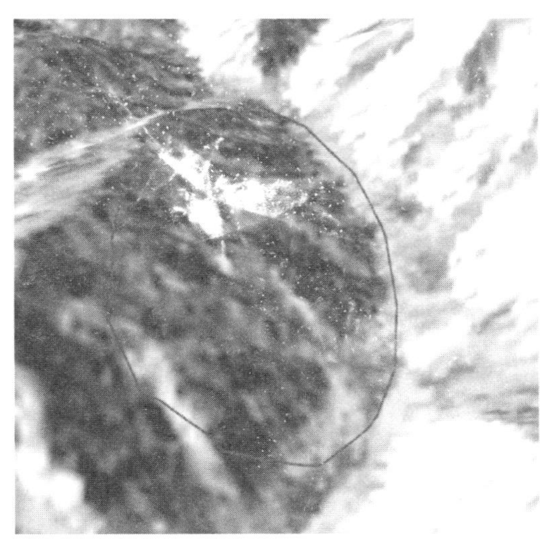

(a) 形变速率图

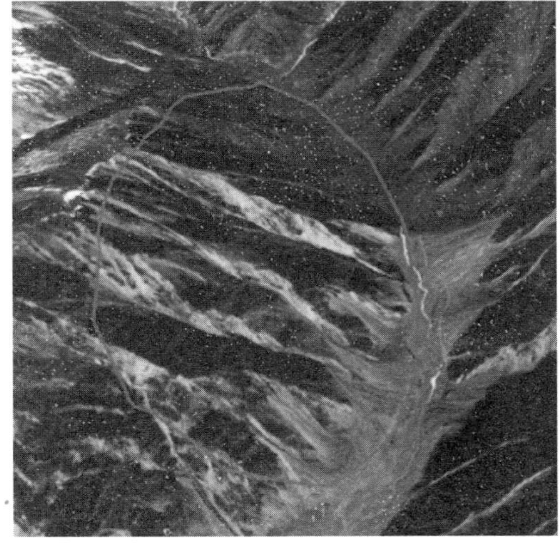

(b) 光学影像图

**图 8-6　3 号形变区分析图**

4. 4 号形变区分析

区域形变速率图和光学影像图如图 8-7 所示。最大形变速率为－75 mm/年。形变中心的地表经纬度：东经 76.101 435°,北纬 40.322 824°(WGS84)。

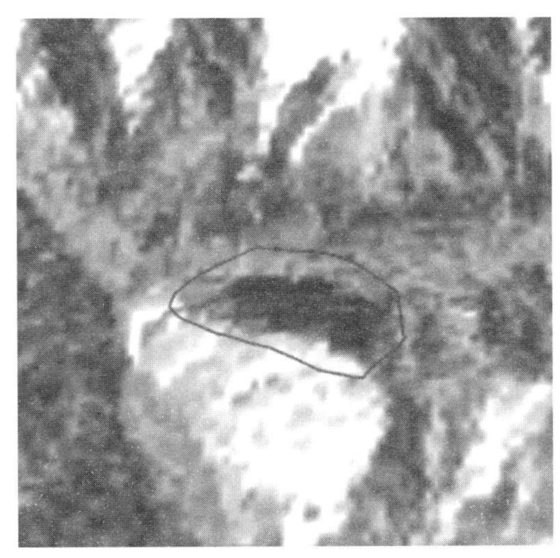

(a) 区域形变速率图

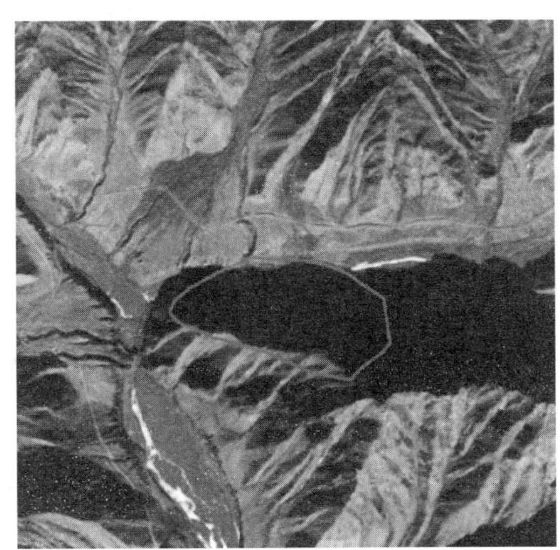

(b) 光学影像图

**图 8-7　4 号形变区分析图**

5. 5 号形变区分析

区域形变速率图和光学影像图如图 8-8 所示。最大形变速率为－105 mm/年。形变中心的地表经纬度：东经 76.053 941°,北纬 39.835 919°(WGS84)。

(a) 区域形变速率图

(b) 光学影像图

图 8-8　5 号形变区分析图

6. 6 号形变区分析

区域形变速率图和光学影像图如图 8-9 所示。最大形变速率为−65 mm/年。形变中心的地表经纬度：东经 108.891 739°，北纬 28.514 847°（WGS84）。

(a) 区域形变速率图

(b) 光学影像图

图 8-9　6 号形变区分析图

## 8.2　SBAS 技术在新疆温泉县滑坡灾害识别中的应用

### 8.2.1　研究区域概况

温泉县隶属于新疆维吾尔自治区博尔塔拉蒙古自治州，位于新疆西北部，博尔塔拉河上游河谷地带，天山西段北麓，准噶尔盆地西缘。东邻博乐市，南隔别珍套山，与霍城县相傍，西部和北部分别以空郭罗鄂博山和阿拉套山西段为界，毗邻哈萨克斯坦共和国。县境东西长 139.4 km，南北宽 64.8 km。

### 8.2.2 研究区域数据

本次研究采用覆盖监测范围为 10 700 $km^2$ 的 Sentinel－1A 雷达影像数据，如图 8-10 所示，时间跨度为 2018 年 1 月 1 日—2022 年 6 月 19 日，详细信息如表 8-2 所示。

图 8-10 Sentinel－1A 数据覆盖图

表 8-2 Sentinel－1A 数据信息

| 序号 | Path 编号 | Frame 编号 | 拍摄时间 | 幅宽/km | 数据类型 | 极方式化 | 拍摄模式 |
|---|---|---|---|---|---|---|---|
| 1 | 85 | 143 | 2018-1-1 | 250 | SLC | VV+VH | IW |
| 2 | 85 | 143 | 2018-1-23 | 250 | SLC | VV+VH | IW |
| 3 | 85 | 143 | 2018-2-4 | 250 | SLC | VV+VH | IW |
| 4 | 85 | 143 | 2018-2-16 | 250 | SLC | VV+VH | IW |
| 5 | 85 | 143 | 2018-2-28 | 250 | SLC | VV+VH | IW |
| 6 | 85 | 143 | 2018-3-12 | 250 | SLC | VV+VH | IW |
| 7 | 85 | 143 | 2018-3-24 | 250 | SLC | VV+VH | IW |
| 8 | 85 | 143 | 2018-4-5 | 250 | SLC | VV+VH | IW |
| 9 | 85 | 143 | 2018-4-17 | 250 | SLC | VV+VH | IW |
| 10 | 85 | 143 | 2018-4-29 | 250 | SLC | VV+VH | IW |
| 11 | 85 | 143 | 2018-5-11 | 250 | SLC | VV+VH | IW |
| 12 | 85 | 143 | 2018-5-23 | 250 | SLC | VV+VH | IW |
| 13 | 85 | 143 | 2018-6-4 | 250 | SLC | VV+VH | IW |
| 14 | 85 | 143 | 2018-6-16 | 250 | SLC | VV+VH | IW |

（续表）

| 序号 | Path 编号 | Frame 编号 | 拍摄时间 | 幅宽/km | 数据类型 | 极方式化 | 拍摄模式 |
|---|---|---|---|---|---|---|---|
| 15 | 85 | 143 | 2018-6-28 | 250 | SLC | VV+VH | IW |
| 16 | 85 | 143 | 2018-7-22 | 250 | SLC | VV+VH | IW |
| 17 | 85 | 143 | 2018-8-3 | 250 | SLC | VV+VH | IW |
| 18 | 85 | 143 | 2018-8-15 | 250 | SLC | VV+VH | IW |
| 19 | 85 | 143 | 2018-8-27 | 250 | SLC | VV+VH | IW |
| 20 | 85 | 143 | 2018-9-8 | 250 | SLC | VV+VH | IW |
| 21 | 85 | 143 | 2018-9-20 | 250 | SLC | VV+VH | IW |
| 22 | 85 | 143 | 2018-10-2 | 250 | SLC | VV+VH | IW |
| 23 | 85 | 143 | 2018-10-14 | 250 | SLC | VV+VH | IW |
| 24 | 85 | 143 | 2018-10-26 | 250 | SLC | VV+VH | IW |
| 25 | 85 | 143 | 2018-11-7 | 250 | SLC | VV+VH | IW |
| 26 | 85 | 143 | 2018-11-19 | 250 | SLC | VV+VH | IW |
| 27 | 85 | 143 | 2018-12-01 | 250 | SLC | VV+VH | IW |
| 28 | 85 | 143 | 2018-12-13 | 250 | SLC | VV+VH | IW |
| 29 | 85 | 143 | 2018-12-25 | 250 | SLC | VV+VH | IW |
| 30 | 85 | 143 | 2019-1-6 | 250 | SLC | VV+VH | IW |
| 31 | 85 | 143 | 2019-1-18 | 250 | SLC | VV+VH | IW |
| 32 | 85 | 143 | 2019-1-30 | 250 | SLC | VV+VH | IW |
| 33 | 85 | 143 | 2019-2-11 | 250 | SLC | VV+VH | IW |
| 34 | 85 | 143 | 2019-2-23 | 250 | SLC | VV+VH | IW |
| 35 | 85 | 143 | 2019-3-7 | 250 | SLC | VV+VH | IW |
| 36 | 85 | 143 | 2019-3-19 | 250 | SLC | VV+VH | IW |
| 37 | 85 | 143 | 2019-3-31 | 250 | SLC | VV+VH | IW |
| 38 | 85 | 143 | 2019-4-12 | 250 | SLC | VV+VH | IW |
| 39 | 85 | 143 | 2019-4-24 | 250 | SLC | VV+VH | IW |
| 40 | 85 | 143 | 2019-5-6 | 250 | SLC | VV+VH | IW |
| 41 | 85 | 143 | 2019-5-18 | 250 | SLC | VV+VH | IW |
| 42 | 85 | 143 | 2019-5-30 | 250 | SLC | VV+VH | IW |
| 43 | 85 | 143 | 2019-6-11 | 250 | SLC | VV+VH | IW |
| 44 | 85 | 143 | 2019-6-23 | 250 | SLC | VV+VH | IW |
| 45 | 85 | 143 | 2019-7-5 | 250 | SLC | VV+VH | IW |
| 46 | 85 | 143 | 2019-7-17 | 250 | SLC | VV+VH | IW |
| 47 | 85 | 143 | 2019-7-29 | 250 | SLC | VV+VH | IW |

（续表）

| 序号 | Path 编号 | Frame 编号 | 拍摄时间 | 幅宽/km | 数据类型 | 极方式化 | 拍摄模式 |
|---|---|---|---|---|---|---|---|
| 48 | 85 | 143 | 2019-8-10 | 250 | SLC | VV+VH | IW |
| 49 | 85 | 143 | 2019-8-22 | 250 | SLC | VV+VH | IW |
| 50 | 85 | 143 | 2019-9-3 | 250 | SLC | VV+VH | IW |
| 51 | 85 | 143 | 2019-9-15 | 250 | SLC | VV+VH | IW |
| 52 | 85 | 143 | 2019-9-27 | 250 | SLC | VV+VH | IW |
| 53 | 85 | 143 | 2019-10-9 | 250 | SLC | VV+VH | IW |
| 54 | 85 | 143 | 2019-10-21 | 250 | SLC | VV+VH | IW |
| 55 | 85 | 143 | 2019-11-2 | 250 | SLC | VV+VH | IW |
| 56 | 85 | 143 | 2019-11-14 | 250 | SLC | VV+VH | IW |
| 57 | 85 | 143 | 2019-11-26 | 250 | SLC | VV+VH | IW |
| 58 | 85 | 143 | 2019-12-8 | 250 | SLC | VV+VH | IW |
| 59 | 85 | 143 | 2019-12-20 | 250 | SLC | VV+VH | IW |
| 60 | 85 | 143 | 2020-1-1 | 250 | SLC | VV+VH | IW |
| 61 | 85 | 143 | 2020-1-13 | 250 | SLC | VV+VH | IW |
| 62 | 85 | 143 | 2020-1-25 | 250 | SLC | VV+VH | IW |
| 63 | 85 | 143 | 2020-2-6 | 250 | SLC | VV+VH | IW |
| 64 | 85 | 143 | 2020-2-18 | 250 | SLC | VV+VH | IW |
| 65 | 85 | 143 | 2020-3-1 | 250 | SLC | VV+VH | IW |
| 66 | 85 | 143 | 2020-3-13 | 250 | SLC | VV+VH | IW |
| 67 | 85 | 143 | 2020-3-25 | 250 | SLC | VV+VH | IW |
| 68 | 85 | 143 | 2020-4-6 | 250 | SLC | VV+VH | IW |
| 69 | 85 | 143 | 2020-4-18 | 250 | SLC | VV+VH | IW |
| 70 | 85 | 143 | 2020-4-30 | 250 | SLC | VV+VH | IW |
| 71 | 85 | 143 | 2020-5-12 | 250 | SLC | VV+VH | IW |
| 72 | 85 | 143 | 2020-5-24 | 250 | SLC | VV+VH | IW |
| 73 | 85 | 143 | 2020-6-5 | 250 | SLC | VV+VH | IW |
| 74 | 85 | 143 | 2020-6-17 | 250 | SLC | VV+VH | IW |
| 75 | 85 | 143 | 2020-6-29 | 250 | SLC | VV+VH | IW |
| 76 | 85 | 143 | 2020-7-11 | 250 | SLC | VV+VH | IW |
| 77 | 85 | 143 | 2020-7-23 | 250 | SLC | VV+VH | IW |
| 78 | 85 | 143 | 2020-8-4 | 250 | SLC | VV+VH | IW |
| 79 | 85 | 143 | 2020-8-16 | 250 | SLC | VV+VH | IW |
| 80 | 85 | 143 | 2020-8-28 | 250 | SLC | VV+VH | IW |

（续表）

| 序号 | Path 编号 | Frame 编号 | 拍摄时间 | 幅宽/km | 数据类型 | 极方式化 | 拍摄模式 |
|---|---|---|---|---|---|---|---|
| 81 | 85 | 143 | 2020-9-9 | 250 | SLC | VV+VH | IW |
| 82 | 85 | 143 | 2020-9-21 | 250 | SLC | VV+VH | IW |
| 83 | 85 | 143 | 2020-10-3 | 250 | SLC | VV+VH | IW |
| 84 | 85 | 143 | 2020-10-15 | 250 | SLC | VV+VH | IW |
| 85 | 85 | 143 | 2020-10-27 | 250 | SLC | VV+VH | IW |
| 86 | 85 | 143 | 2020-11-8 | 250 | SLC | VV+VH | IW |
| 87 | 85 | 143 | 2020-11-20 | 250 | SLC | VV+VH | IW |
| 88 | 85 | 143 | 2020-12-2 | 250 | SLC | VV+VH | IW |
| 89 | 85 | 143 | 2020-12-14 | 250 | SLC | VV+VH | IW |
| 90 | 85 | 143 | 2020-12-26 | 250 | SLC | VV+VH | IW |
| 91 | 85 | 143 | 2021-1-7 | 250 | SLC | VV+VH | IW |
| 92 | 85 | 143 | 2021-1-19 | 250 | SLC | VV+VH | IW |
| 93 | 85 | 143 | 2021-1-31 | 250 | SLC | VV+VH | IW |
| 94 | 85 | 143 | 2021-2-12 | 250 | SLC | VV+VH | IW |
| 95 | 85 | 143 | 2021-2-24 | 250 | SLC | VV+VH | IW |
| 96 | 85 | 143 | 2021-3-8 | 250 | SLC | VV+VH | IW |
| 97 | 85 | 143 | 2021-3-20 | 250 | SLC | VV+VH | IW |
| 98 | 85 | 143 | 2021-4-1 | 250 | SLC | VV+VH | IW |
| 99 | 85 | 143 | 2021-4-13 | 250 | SLC | VV+VH | IW |
| 100 | 85 | 143 | 2021-4-25 | 250 | SLC | VV+VH | IW |
| 101 | 85 | 143 | 2021-5-7 | 250 | SLC | VV+VH | IW |
| 102 | 85 | 143 | 2021-5-19 | 250 | SLC | VV+VH | IW |
| 103 | 85 | 143 | 2021-5-31 | 250 | SLC | VV+VH | IW |
| 104 | 85 | 143 | 2021-6-12 | 250 | SLC | VV+VH | IW |
| 105 | 85 | 143 | 2021-6-24 | 250 | SLC | VV+VH | IW |
| 106 | 85 | 143 | 2021-7-6 | 250 | SLC | VV+VH | IW |
| 107 | 85 | 143 | 2021-7-18 | 250 | SLC | VV+VH | IW |
| 108 | 85 | 143 | 2021-7-30 | 250 | SLC | VV+VH | IW |
| 109 | 85 | 143 | 2021-8-11 | 250 | SLC | VV+VH | IW |
| 110 | 85 | 143 | 2021-8-23 | 250 | SLC | VV+VH | IW |
| 111 | 85 | 143 | 2021-9-4 | 250 | SLC | VV+VH | IW |
| 112 | 85 | 143 | 2021-9-16 | 250 | SLC | VV+VH | IW |
| 113 | 85 | 143 | 2021-9-28 | 250 | SLC | VV+VH | IW |

（续表）

| 序号 | Path 编号 | Frame 编号 | 拍摄时间 | 幅宽/km | 数据类型 | 极方式化 | 拍摄模式 |
|---|---|---|---|---|---|---|---|
| 114 | 85 | 143 | 2021-10-10 | 250 | SLC | VV+VH | IW |
| 115 | 85 | 143 | 2021-10-22 | 250 | SLC | VV+VH | IW |
| 116 | 85 | 143 | 2021-11-3 | 250 | SLC | VV+VH | IW |
| 117 | 85 | 143 | 2021-11-15 | 250 | SLC | VV+VH | IW |
| 118 | 85 | 143 | 2021-11-27 | 250 | SLC | VV+VH | IW |
| 119 | 85 | 143 | 2021-12-9 | 250 | SLC | VV+VH | IW |
| 120 | 85 | 143 | 2021-12-21 | 250 | SLC | VV+VH | IW |
| 121 | 85 | 143 | 2022-1-2 | 250 | SLC | VV+VH | IW |
| 122 | 85 | 143 | 2022-1-14 | 250 | SLC | VV+VH | IW |
| 123 | 85 | 143 | 2022-1-26 | 250 | SLC | VV+VH | IW |
| 124 | 85 | 143 | 2022-2-7 | 250 | SLC | VV+VH | IW |
| 125 | 85 | 143 | 2022-2-19 | 250 | SLC | VV+VH | IW |
| 126 | 85 | 143 | 2022-3-3 | 250 | SLC | VV+VH | IW |
| 127 | 85 | 143 | 2022-3-15 | 250 | SLC | VV+VH | IW |
| 128 | 85 | 143 | 2022-3-27 | 250 | SLC | VV+VH | IW |
| 129 | 85 | 143 | 2022-4-8 | 250 | SLC | VV+VH | IW |
| 130 | 85 | 143 | 2022-4-20 | 250 | SLC | VV+VH | IW |
| 131 | 85 | 143 | 2022-5-2 | 250 | SLC | VV+VH | IW |
| 132 | 85 | 143 | 2022-5-14 | 250 | SLC | VV+VH | IW |
| 133 | 85 | 143 | 2022-5-26 | 250 | SLC | VV+VH | IW |
| 134 | 85 | 143 | 2022-6-7 | 250 | SLC | VV+VH | IW |
| 135 | 85 | 143 | 2022-6-19 | 250 | SLC | VV+VH | IW |

### 8.2.3　数据处理

采用 SBAS 方法进行数据处理，获取了温泉县地区 2018 年 1 月 1 日—2022 年 6 月 19 日的地面沉降结果(於心竹，等，2023)。成果中每个观测点的信息包括监测点的地理位置、沉降速率和沉降历史等。

1. 影像配准

SBAS 技术选择数据的标准低于 D-InSAR 技术，可以接受长时间间隔、长基线和多普勒变化大的数据，存在相干性差的干涉像对，因此，对 SAR 复数影像配准提出了更高的要求。本次影像配准采用基于强度互相关或条纹清晰度算法选择同名点，接着采用加权最小二乘法计算配准多项式的系数。确定干涉像对的同名点后，就可以计算配准多项式。设已知一对同名点，主影像中的行列号为 $(k, l)$，辅影像中对应点的位置为 $(i, j)$，它们之间的变换模型为：

$$\begin{cases} k = Q(i, j) = q_0 + q_1 i + q_2 j + q_3 ij + q_4 i^2 + q_5 j^2 \\ l = R(i, j) = r_0 + r_1 i + r_2 j + r_3 ij + r_4 i^2 + r_5 j^2 \end{cases} \tag{8-1}$$

矩阵形式为：

$$\begin{cases} \boldsymbol{K} = \boldsymbol{MQ} \\ \boldsymbol{L} = \boldsymbol{MR} \end{cases} \tag{8-2}$$

$$\boldsymbol{K} = \begin{bmatrix} k_1 \\ k_2 \\ \vdots \\ k_n \end{bmatrix}, \quad \boldsymbol{L} = \begin{bmatrix} l_1 \\ l_2 \\ \vdots \\ l_n \end{bmatrix}, \quad \boldsymbol{Q} = \begin{bmatrix} q_0 \\ q_1 \\ q_2 \\ \vdots \end{bmatrix}, \quad \boldsymbol{R} = \begin{bmatrix} r_0 \\ r_1 \\ r_2 \\ \vdots \end{bmatrix}, \quad \boldsymbol{M} = \begin{bmatrix} 1 & i_1 & j_1 & i_1^2 & j_1^2 & \cdots \\ 1 & i_2 & j_2 & i_2^2 & j_2^2 & \cdots \\ \vdots & \vdots & \vdots & \vdots & \vdots & \vdots \\ 1 & i_n & j_n & i_n^2 & j_n^2 & \cdots \end{bmatrix} \tag{8-3}$$

式中，$\boldsymbol{Q}$ 和 $\boldsymbol{R}$ 为配准多项式的系数，采用最小二乘法确定。多项式拟合的效果采用残差和均方根误差来评价。通过配准方法对 SAR 影像进行配准，精度要求低于 0.1 个像元，以满足干涉的要求，从而保证干涉相位的可靠性。

2. 干涉对组合

在进行干涉之前，首先要选定干涉的准则，本次采用多主影像的方法，首先根据时空基线确定用于分析的干涉对，具体信息如图 8-11 所示。

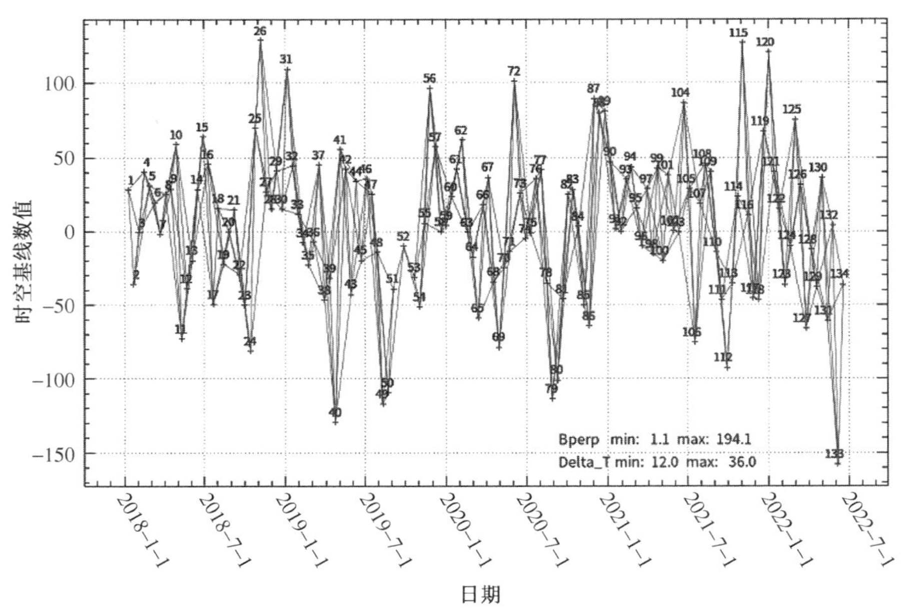


图 8-11 干涉对组合图

3. 差分干涉

将 389 个干涉对进行干涉处理后，与 DEM 模拟的地形相位做差分处理，去除参考椭球面相位和地形相位，得到初始差分干涉图。初始差分干涉图由于受到时间和空间失相关的影响，相位梯度变化比较大，干涉图中很难呈现清晰的干涉条纹。质量高的干涉相位主要集中于城市区域。本研究中，时间间隔最长为 36 天，差分干涉图相干性较好，干涉图质量较高，虽然 C 波段数据波长较短，但温泉县植被覆盖率低，波长较短的 C 波段依然能保持较好的相干性。本节给出了 2021 年 1 月和 12 月的差分干涉图、相干系数图、解缠图，如图 8-12 和图 8-13 所示。

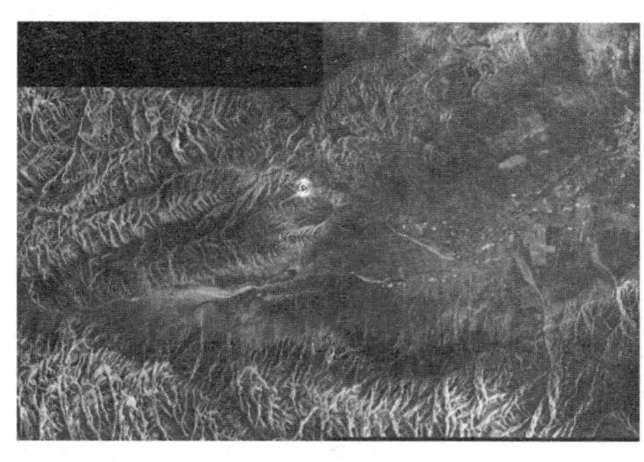

2021-1-7—2021-1-19　　2021-1-7—2021-1-31

(a) 差分干涉图

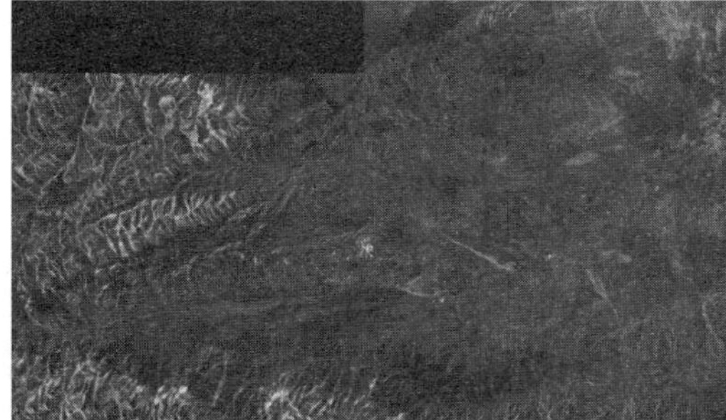

2021-1-7—2021-1-19　　2021-1-7—2021-1-31

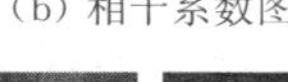

(b) 相干系数图

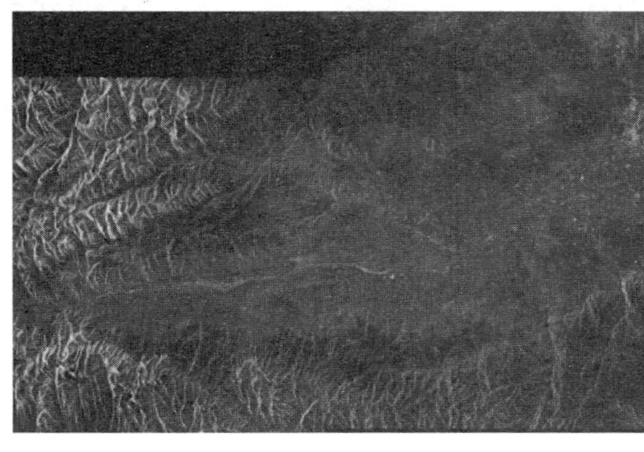

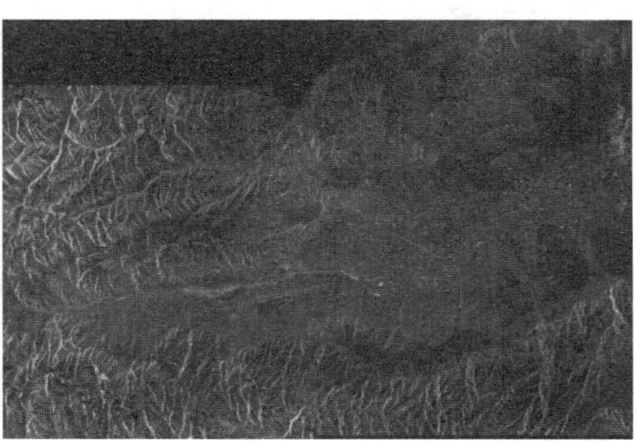

2021-1-7—2021-1-19　　2021-1-7—2021-1-31

(c) 解缠图

**图 8-12　2021 年 1 月差分干涉图、相干系数图、解缠图**

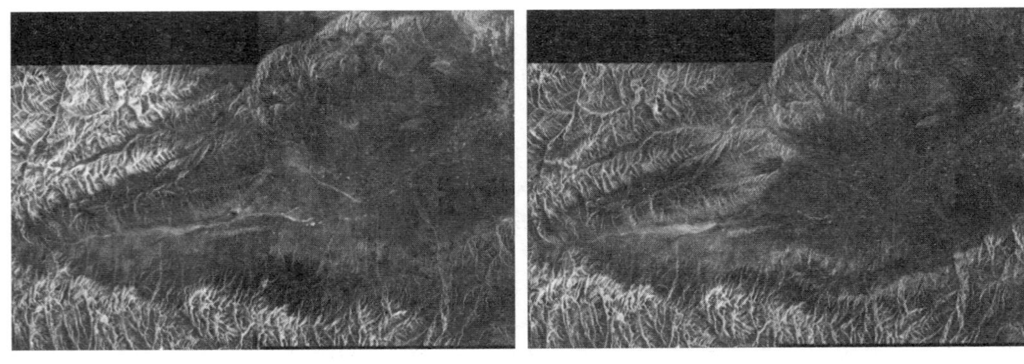

2021-12-9—2021-12-21　　2021-12-9—2022-1-2

(a) 差分干涉图

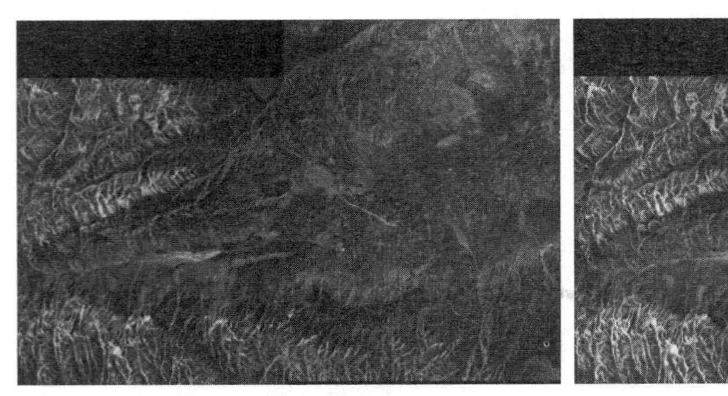

2021-12-9—2021-12-21

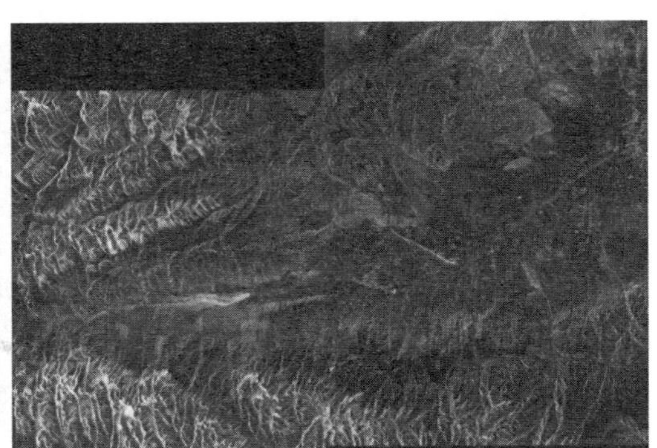

2021-12-9—2022-1-2

(b) 相干系数图

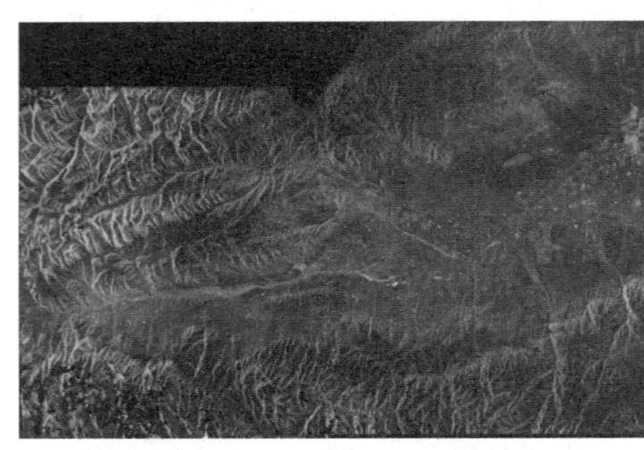

2021-12-9—2021-12-21

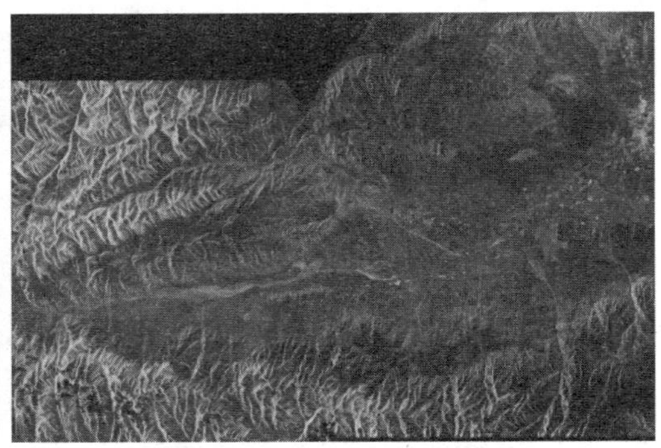

2021-12-9—2022-1-2

(c) 解缠图

**图 8-13　2021 年 12 月差分干涉图、相干系数图、解缠图**

### 8.2.4　时序分析

差分干涉相位包括地形残余相位、形变相位、大气延迟相位和噪声相位。由于此时的干涉相位为缠绕相位，除了以上提到的相位外还存在一个整周数的参数。如果能够获取每个干涉对中的整周数，那么就可以实现对干涉相位时空域的解缠，根据解缠后的差分相位建立高程和形变模型，实现时序形变求解。因此，获取每个点缠绕的差分干涉相位的下一步工作就是对每个点进行时空域解缠。

本次解算对每个点建立基线和高程改正量、时间间隔和形变的二维线性模型，采用解空间搜索方法，根据整体相位相关系数法对每个点进行时空域解缠。在解缠的过程中同时求解高程改正量。实现了对干涉相位的时间维相位解缠和高程改正量的求解后便可以根据高程改正量和基线值，获取高程改正量对应的干涉相位值，并从解缠后的差分干涉相位中剔除，此时解缠后的差分干涉相位中只剩下形变相位、大气延迟相位和噪声相位。根据得到的解缠后的差分干涉相位再次进行回归分析，此步骤只建立时间和形变的回归模型，可以得到形变速率和残差图，此时得到的残差相位中包含大气延迟相位、非线性形变相位和噪声相位，其中大气延迟相位占主要部分。由于大气延迟相位在空间中具有强相关性，因此采用大尺度大气延迟相位滤波方法提取大气延迟相位。对去除大气延迟相位后的差分干涉相位采用奇异值分解法可以获得形变时序，时序相位包含形变相位（线性和非线性形变），此时根据得到的形变时序建立时间与线性形变的函数模型，求解出形变。图 8-14、图 8-15 分别为温泉县 2018 年 1 月—2022 年 6 月地表形变速率图和累计形变图。

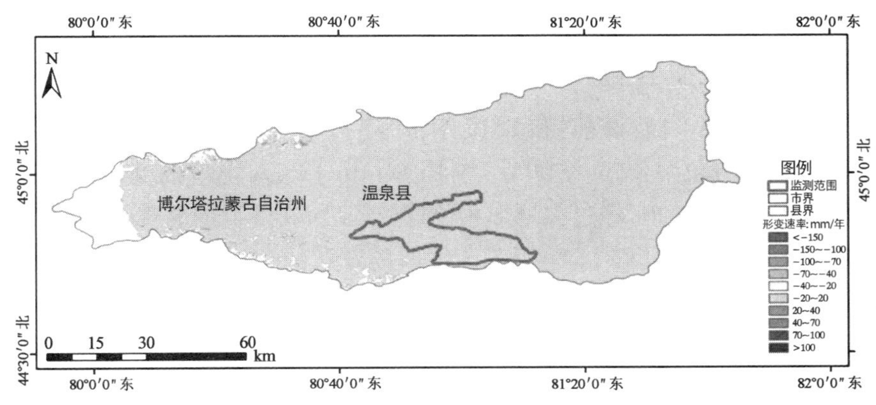


**图 8-14　温泉县 2018 年 1 月—2022 年 6 月地表形变速率图**

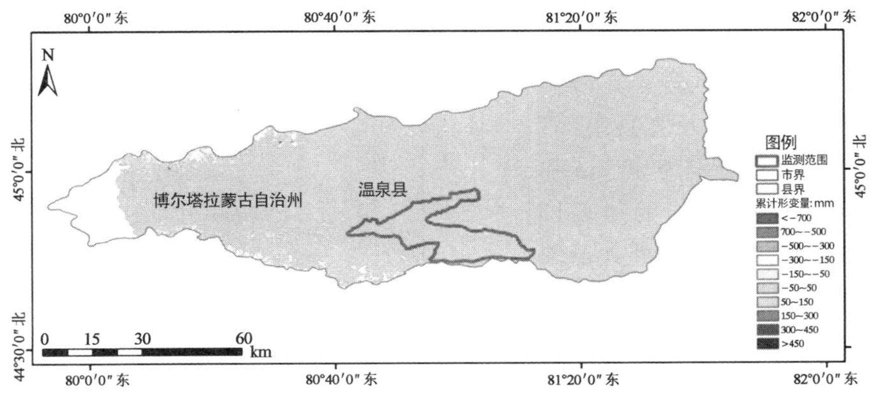


**图 8-15　温泉县 2018 年 1 月—2022 年 6 月地表累计形变图**

# 第9章 D-InSAR 技术在地震监测中的应用

## 9.1 D-InSAR 技术在广西玉林市北流市地震监测中的应用

### 9.1.1 基本情况

北京时间 2019 年 10 月 12 日 22 时 55 分(UTC：2019-10-12 22：55：24),广西玉林市北流市(22.18°N,110.51°E)发生 MW5.2 级地震,震源深度 10.0 km(USGS)。本次地震的震中位于广西、广东交界处,两省多地均有震感。

### 9.1.2 数据信息

利用 2019 年 10 月 9 日(震前)和 2019 年 10 月 21 日(震后)相隔 12 天的欧洲航天局高分辨率(距离向×方位向：5 m×20 m)哨兵 Sentinel - 1A 卫星的 TOPSAR 雷达数据(C-band)进行快速干涉处理,经过去地形相位等处理后,获得了该地震的同震形变场。在地震同震地表形变场处理过程中,采用美国宇航局发布的 30 m 空间分辨率的 SRTM 数据消除地形相位并进行地理编码。

### 9.1.3 数据解算结果

玉林市北流市地震震源中心南北约 80 km、东西约 35 km 范围以内地震前后的地表形变分布情况如图 9-1 所示。此次地震主要影响范围在陆川市北部以及容县南部,与震源中心的距离分别为 38 km 和 45 km,两地均有较明显的地表形变,其中,陆川市北部有 6 处大范围地表抬升,2 处大范围地表下沉;容县南部有多处大范围地表抬升与下沉。

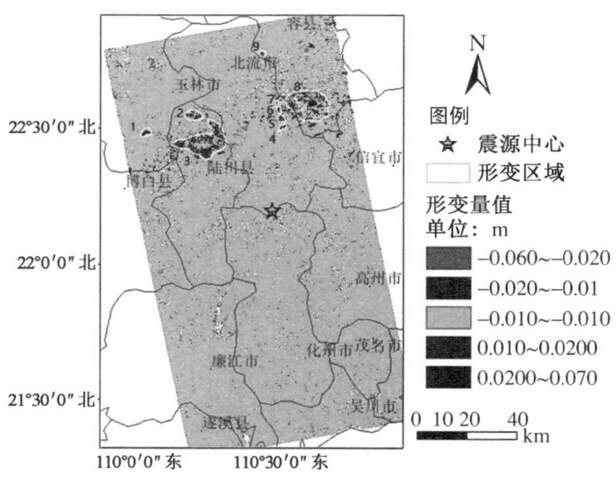

图 9-1 广西玉林市北流市地震前后地表形变图

处理过程中共发现 9 处较明显的地表形变区域,其中,5 处位于北流市，2 处位于容县，1 处位于陆川县，1 处位于玉林市，如表 9-1 所示。

**表 9-1　广西玉林市北流市地震地表形变点情况一览表**

| 序号 | 所在县（市、区、特区） | 地表形变中心经度 | 地表形变中心纬度 | 最大形变量 /cm | 备注 |
|---|---|---|---|---|---|
| 1 | 玉林市 | 110°03′01.62″E | 22°28′58.72″N | 4.5 | 抬升 |
| 2 | 陆川县 | 110°15′44.63″E | 22°27′15.78″N | 5.1/−4.1 | 抬升与下沉 |
| 3 | 北流市 | 110°32′18.29″E | 22°29′07.60″N | 4.8 | 抬升 |
| 4 | 北流市 | 110°32′41.08″E | 22°30′18.78″N | 5.2 | 抬升 |
| 5 | 北流市 | 110°32′45.20″E | 22°30′20.04″N | 6.3 | 抬升 |
| 6 | 北流市 | 110°32′13.97″E | 22°32′03.57″N | 5.2 | 抬升 |
| 7 | 北流市 | 110°31′44.86″E | 22°34′42.26″N | 4.6/−3.0 | 抬升与下沉 |
| 8 | 容县 | 110°37′35.37″E | 22°34′57.54″N | 5.2/−3.4 | 抬升与下沉 |
| 9 | 容县 | 110°27′52.96″E | 22°46′29.81″N | 4.6 | 抬升与下沉 |

1. 1 号形变区分析

使用 2019 年 10 月 9 日与 2019 年 10 月 21 日两个时段的雷达数据获取该区域的形变场，区域形变图和光学影像图如图 9-2 所示。最大形变值为 4.5 cm。形变中心的地表经纬度：东经 110°03′01.62″，北纬 22°28′58.72″。行政区划位置为玉林市。

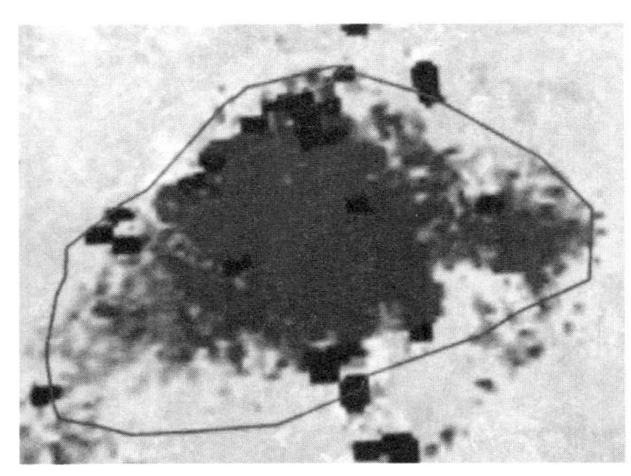

(a) 区域形变图

(b) 光学影像图

**图 9-2　1 号形变区分析图**

2. 2 号形变区分析

使用 2019 年 10 月 9 日与 2019 年 10 月 21 日两个时段的雷达数据获取该区域的形变场，区域形变图和光学影像图如图 9-3 所示。最大形变值为 5.1 cm/−4.1 cm。形变中心的地表经纬度：东经 110°15′44.63″，北纬 22°27′15.78″。行政区划位置为陆川县。

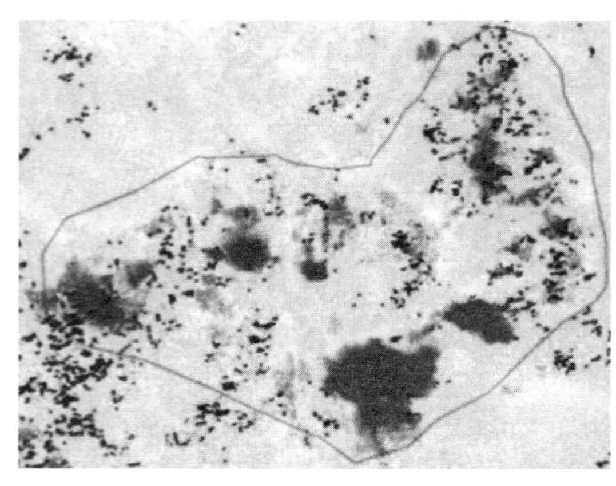

(a) 区域形变图

(b) 光学影像图

**图 9-3　2 号形变区分析图**

3. 3 号形变区分析

使用 2019 年 10 月 9 日与 2019 年 10 月 21 日两个时段的雷达数据获取该区域的形变场，区域形变图和光学影像图如图 9-4 所示。最大形变值为 4.8 cm。形变中心的地表经纬度：东经 110°32′18.29″，北纬 22°29′07.60″。行政区划位置为北流市。

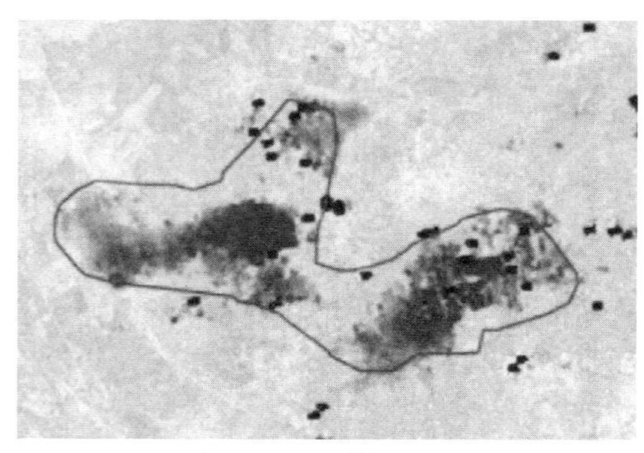

(a) 区域形变图

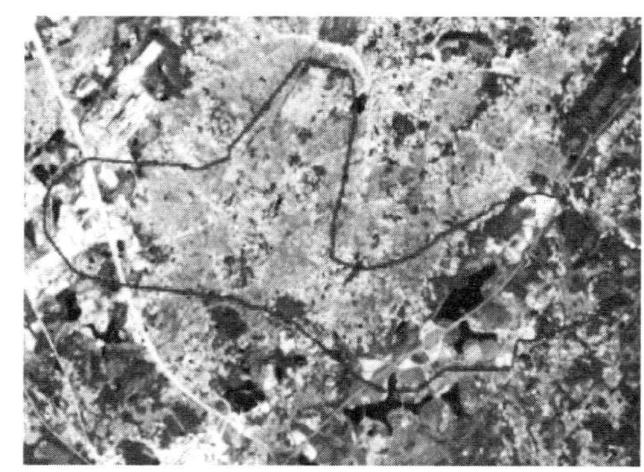

(b) 光学影像图

**图 9-4　3 号形变区分析图**

4. 4 号形变区分析

使用 2019 年 10 月 9 日与 2019 年 10 月 21 日两个时段的雷达数据获取该区域的形变场，区域形变图和光学影像图如图 9-5 所示。最大形变值为 5.2 cm。形变中心的地表经纬度：东经 110°32′41.08″，北纬 22°30′18.78″。行政区划位置为北流市。

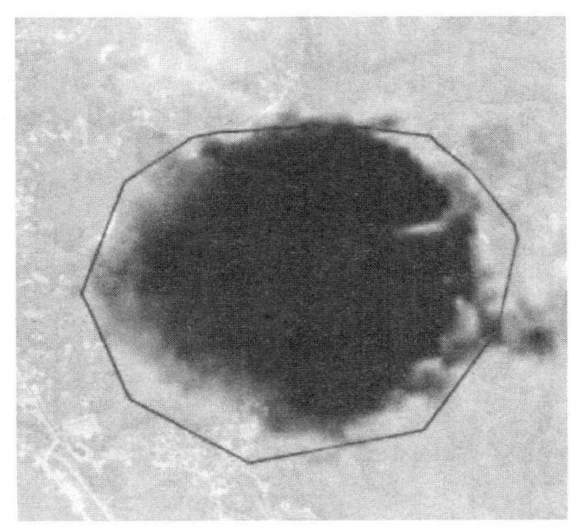

(a) 区域形变图

(b) 光学影像图

**图 9-5　4 号形变区分析图**

5. 5 号形变区分析

使用 2019 年 10 月 9 日与 2019 年 10 月 21 日两个时段的雷达数据获取该区域的形变场，区域形变图和光学影像图如图 9-6 所示。最大形变值为 6.3 cm。形变中心的地表经纬度：东经 110°32′13.97″，北纬 22°32′03.57″。行政区划位置为北流市。

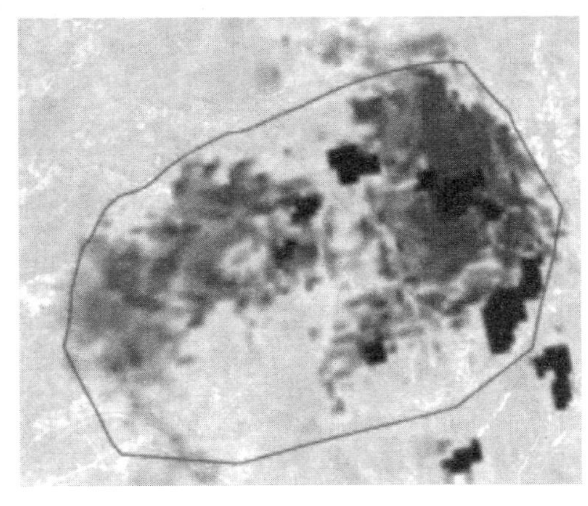

(a) 区域形变图

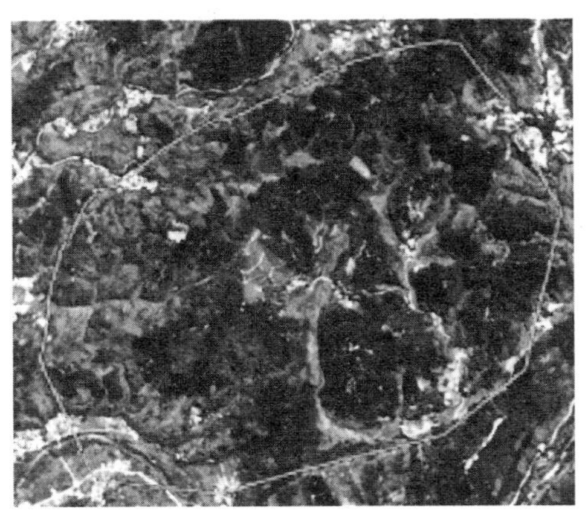

(b) 光学影像图

**图 9-6　5 号形变区分析图**

6. 6 号形变区分析

使用 2019 年 10 月 9 日与 2019 年 10 月 21 日两个时段的雷达数据获取该区域的形变场，区域形变图和光学影像图如图 9-7 所示。最大形变值为 5.2 cm。形变中心的地表经纬度：东经 110°32′13.97″，北纬 22°32′03.57″。行政区划位置为北流市。

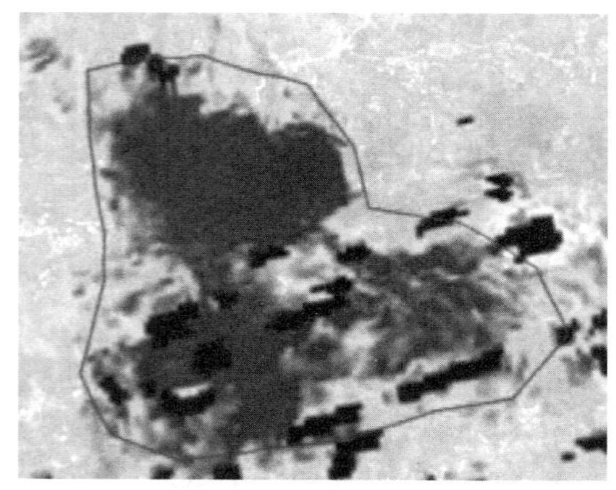

(a) 区域形变图

(b) 光学影像图

**图 9-7　6 号形变区分析图**

7. 7 号形变区分析

使用 2019 年 10 月 9 日与 2019 年 10 月 21 日两个时段的雷达数据获取该区域的形变场，区域形变图和光学影像图如图 9-8 所示。最大形变值为 4.6 cm/−3.0 cm。形变中心的地表经纬度：东经 110°31′44.86″，北纬 22°34′42.26″。行政区划位置为北流市。

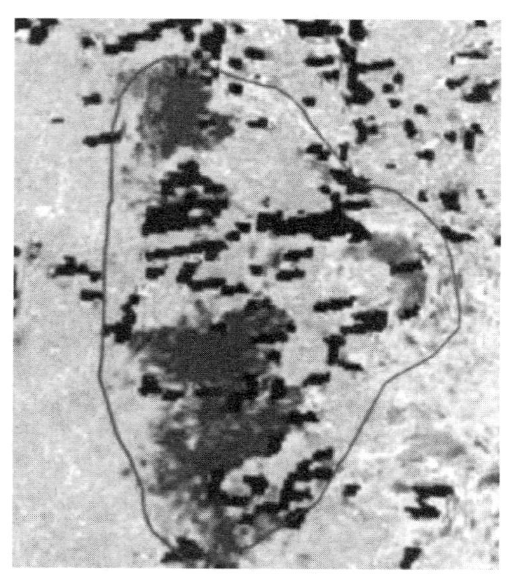

(a) 区域形变图

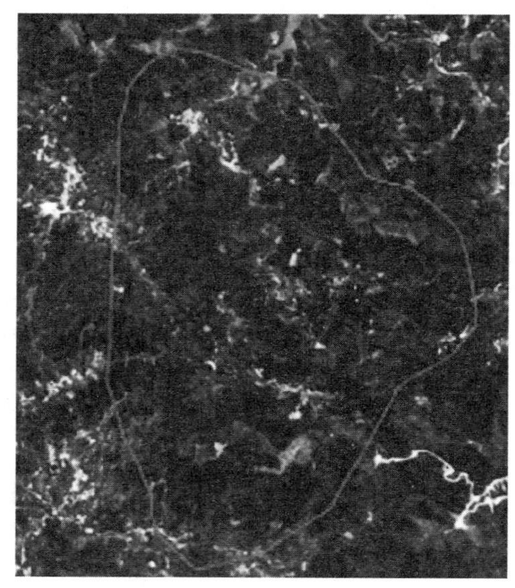

(b) 光学影像图

**图 9-8　7 号形变区分析图**

8. 8号形变区分析

使用2019年10月9日与2019年10月21日两个时段的雷达数据获取该区域的形变场,区域形变图和光学影像图如图9-9所示。最大形变值为5.2 cm/−3.4 cm。形变中心的地表经纬度：东经110°31′44.86″,北纬22°34′42.26″。行政区划位置为容县。

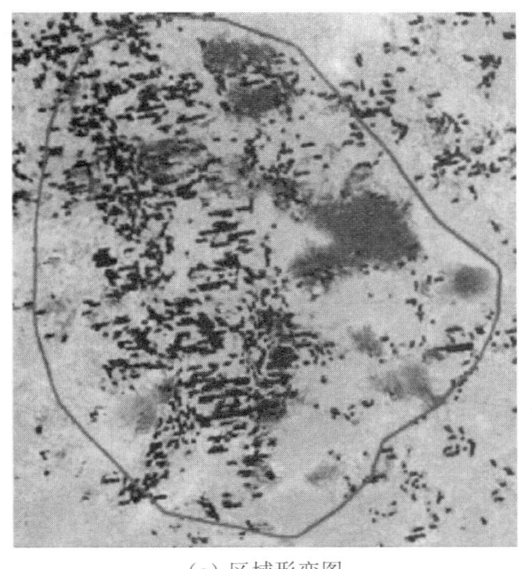

(a) 区域形变图

(b) 光学影像图

**图9-9　8号形变区分析图**

9. 9号形变区分析

使用2019年10月9日与2019年10月21日两个时段的雷达数据获取该区域的形变场,区域形变图和光学影像图如图9-10所示。最大形变值为5.2 cm。形变中心的地表经纬度：东经110°37′35.37″,北纬22°34′57.54″。行政区划位置为容县。

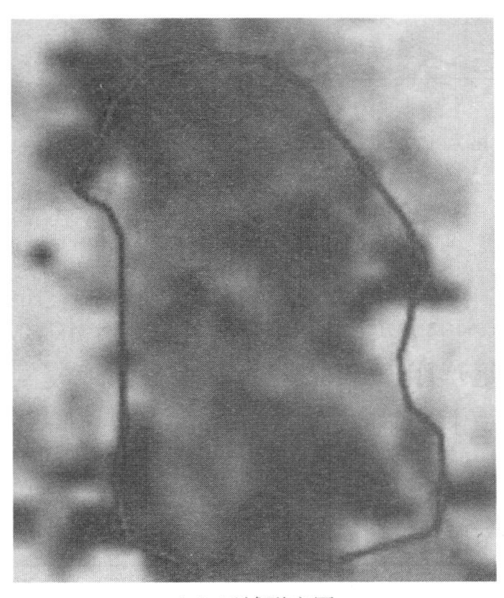

(a) 区域形变图

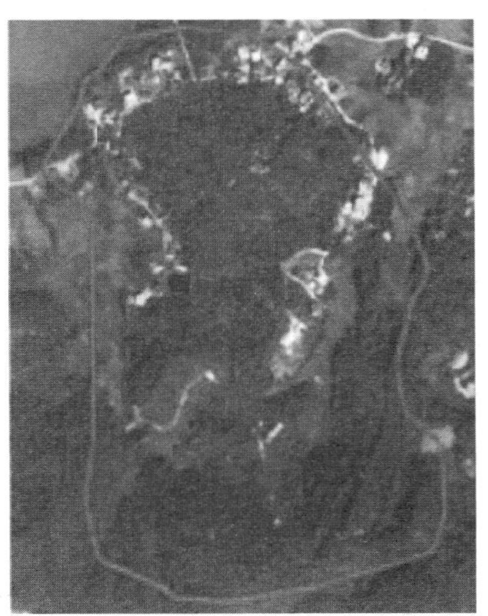

(b) 光学影像图

**图9-10　9号形变区分析图**

## 9.2 D-InSAR 技术在青海门源县地震监测中的应用

### 9.2.1 基本情况

根据中国地震台网测定，2022 年 1 月 8 日 1 时 45 分，在青藏高原东北缘、祁连山南边界青海门源县皇城乡北发生了 MW6.6 级地震，如图 9-11 所示，震中位于北纬 37.77°，东经 101.26°，震源深度为 10 km。截至 2022 年 1 月 11 日 22 时，地震共造成 10 人受伤，海北州门源、祁连、刚察、海晏等县的 171 个村共 2 405 户 17 069 人受灾。震中区域余震不断，最大余震为 1 月 12 日的 MW5.2 级地震。

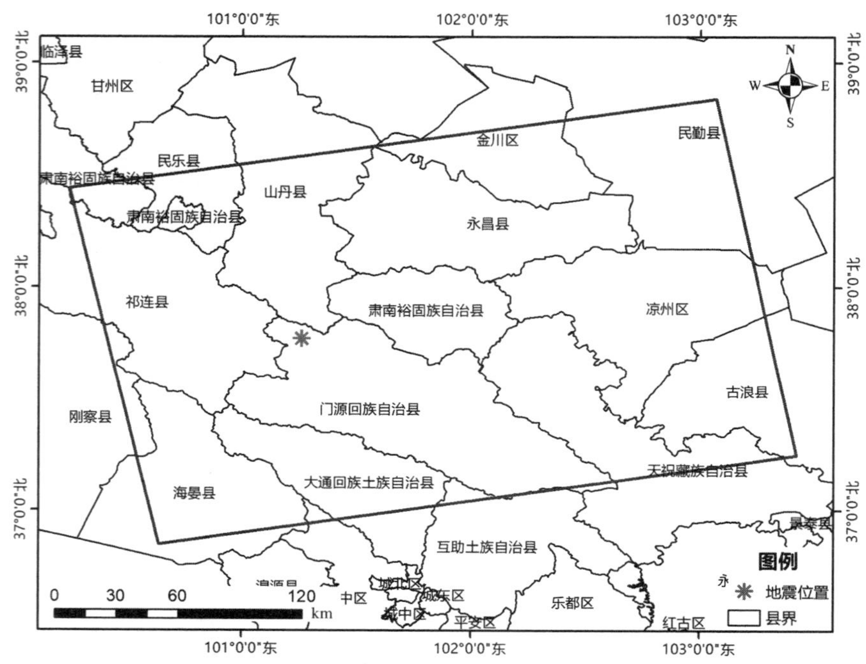


图 9-11　青海门源地震行政区划图

### 9.2.2 数据信息

利用 2022 年 1 月 5 日(震前)和 2022 年 1 月 17 日(震后)相隔 12 天的欧洲航天局高分辨率(距离向×方位向：5 m×20 m)哨兵 Sentinel - 1A 卫星的 TOPSAR 雷达数据(C-band)(表 9-2)进行快速干涉处理，经过去地形相位等处理后，获得了该地震的同震形变场。在地震同震地表形变场处理过程中，采用美国宇航局发布的 30 m空间分辨率的 SRTM 消除地形相位并进行地理编码。

表 9-2　影像干涉对参数

| 主影像时间 | 辅影像时间 | 轨道方向 | 轨道号 | 垂直基线/m | 入射角/(°) |
| --- | --- | --- | --- | --- | --- |
| 2022-1-5 | 2022-1-17 | 升轨 | 128 | 39.7 | 35.7 |

### 9.2.3　数据解算结果

利用 D-InSAR 技术基于二轨差分法进行数据处理。试验区影像强度图、相干系数图、滤波后的差分干涉图和解缠相位图见图 9-12。干涉图显示，冷龙岭断裂西段沿线存在清晰的地表同震形变。连续的近东西走向的非对称蝴蝶状形变条纹所勾勒的断层走向基本与地质解译的冷龙岭断裂迹线相一致，表明门源地震的发震断层是冷龙岭断裂西段。升降轨数据显示出相反的形变特征，表明门源地震破裂造成的地表形变以水平运动为主。

(a) 主影像强度图

(b) 相干系数图

(c) 差分干涉图

(d) 解缠相位图

**图 9-12　青海门源地震数据处理结果**

震区地表形变如图 9-13 所示，形变结果表明，此次地震属于走滑型地震。断裂南北两侧呈现相反的形变情况，北侧地表抬升，南侧地表沉降，两侧最大相对形变超过 47 cm。

门源县为此次地震受灾最为严重的区域。

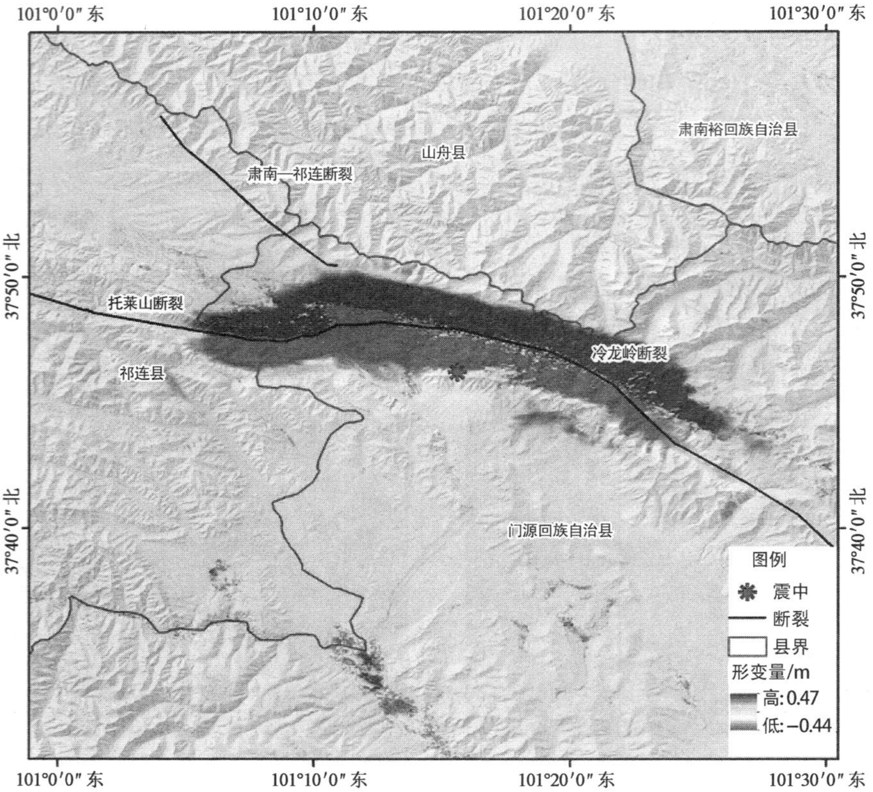

图 9－13　青海门源地震地表形变图

### 9.2.4　结论与建议

利用获取的青海门源地震的震前和震后影像，生成了地震同震形变场，揭示了断裂带南北侧达 47 cm 的相对形变，与走滑型地震特征一致。InSAR 升轨观测数据反演了发震断层的几何形态和断层滑动分布特征，结果显示，门源地震至少有两条断裂带发生了破裂，主断层东段呈现沿走向变化的特征，西段则在地质解译断层基础上向西延伸，次断层对应地质解译的托莱山断裂东端，两条断裂带呈平躺的 Y 形分布。此外，鉴于青海省地震的频发性，建议对冷龙岭断裂带、托莱山断裂带等进行高频次定期监测，提高青海省地震形变监测响应能力，保障人民生命财产安全。

## 9.3　D-InSAR 技术在四川甘孜藏族自治州泸定县地震监测中的应用

### 9.3.1　基本情况

2022 年 9 月 5 日 12 时 52 分，四川甘孜藏族自治州泸定县(北纬 29.59°，东经 102.08°)

发生了 MW6.8 级地震，震源深度为 16 km，多地震感明显。震中位于甘孜藏族自治州著名的旅游景区海螺沟附近，泸定、雅安等地受灾严重。

### 9.3.2　数据信息

本次研究获取了间隔 12 天、覆盖泸定地震区域的 Sentinel－1A 升轨影像数据，SAR 影像具体参数见表 9－3。在地震同震地表形变场处理过程中，采用美国宇航局发布的 30 m 空间分辨率的 SRTM 消除地形相位并进行地理编码。

表 9－3　　SAR 影像参数

| 轨道 | | 飞行方向 | 获取时间 | | 空间基线/m | 时间基线/d |
|---|---|---|---|---|---|---|
| Path | Frame | | 主影像 | 辅影像 | | |
| 26 | 93 | 升轨 | 2022－8－26 | 2022－9－7 | 203.5 | 12 |
| 26 | 88 | 升轨 | 2022－8－26 | 2022－9－7 | 203.5 | 12 |

### 9.3.3　数据解算结果

基于 GAMMA 软件，采用 D-InSAR 技术，为了提升信噪比，采用多视比（距离向：方位向为 10：2）以及自适应滤波处理。采用最小费用流算法进行相位解缠，最终获取泸定地震区域的同震形变场，如图 9－14 所示。

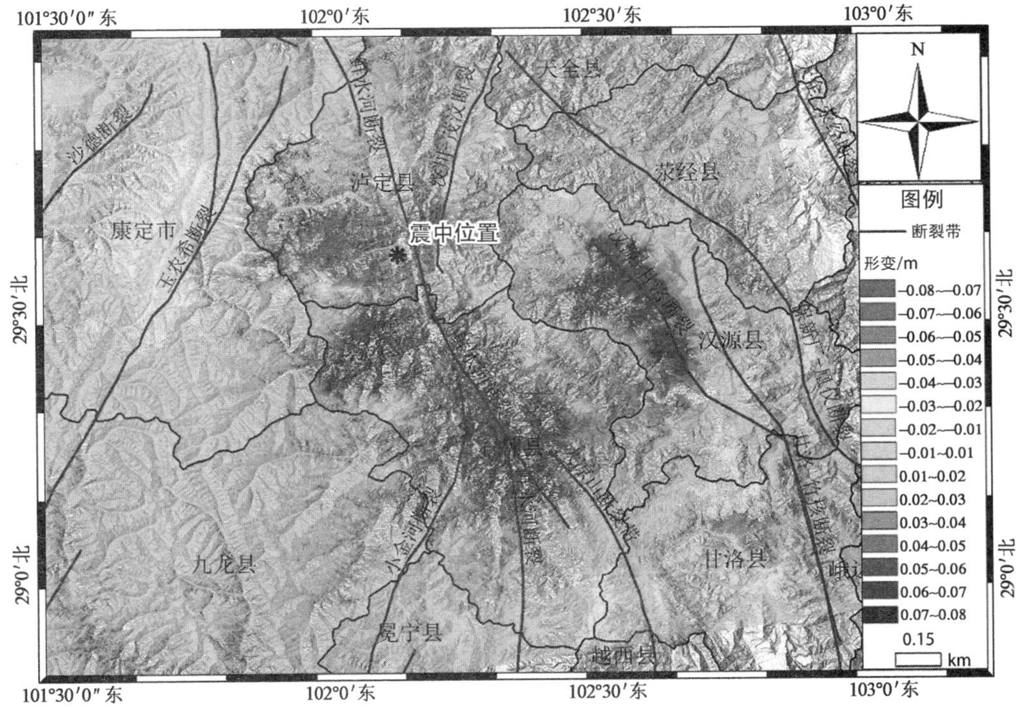


图 9－14　四川泸定地震地表形变图

### 9.3.4 结论分析

从InSAR同震形变场可以看出，本次形变位置主要沿鲜水河主断裂带及其向东南延伸的分支汉源-甘洛断裂带。鲜水河断裂带属于大型左旋走滑断裂，走向为320°—330°，全长约400 km，影响带宽10～20 km，具有规模大、活动性强、强震频发等特点。InSAR获取的视线向最大形变为－100 mm，位于泸定县震中周围。由形变场可以看出，本次地震形变场主要位于泸定县南部、石棉县以及汉源县中部，其中，泸定县主要表现为下沉，最大形变量可达－100 mm；石棉县和汉源县表现为地表抬升，最大形变量分别为78 mm和81 mm。此次地震影响范围较广，并引发滑坡、泥石流等次生灾害，后续应加强隐患排查工作。

# 参考文献


ASHRAFIANFAR N, BUSCH W, DEHGHANI M, et al., 2014. DInSAR time series of Alos Palsar and ENVISAT ASAR data for monitoring hashtgerd land subsidence due to overexploitation of groundwater[J]. Photogrammetrie-Fernerkundung-Geoinformation, 6(PFG 2014): 497.

BAI L, JIANG L M, WANG H S, et al., 2016. Spatiotemporal characterization of land subsidence and uplift (2009—2010) over Wuhan in central China revealed by TerraSAR-X InSAR analysis[J]. Remote Sensing, 8(4): 350-364.

BAMLER R, HARTL P, 1998. Synthetic aperture radar interferometry[J]. Inverse Problems, 14: 1-54.

BERARDINO P, FORNARO G, LANARI R, et al., 2002. A new algorithm for surface deformation monitoring based on small baseline differential SAR interferograms[J]. IEEE Transactions on Geoscience and Remote Sensing, 40(11): 2375-2383.

BIANCHESSI N, RIGHINI G, 2008. Planning and scheduling algorithms for the COSMO-SkyMed constellation[J]. Aerospace Science and Technology, 12(7): 535-544.

BORN G H, DUNNE J A, LAME D B, 1979. Seasat mission overview[J]. Science, 204(4400): 1405-1406.

CHAABANI A, DEFFONTAINES B, 2020. Application of the SBAS-DInSAR technique for deformation monitoring in Tunis City and Mornag plain[J]. Geomatics, Natural Hazards and Risk, 11(1): 1346-1377.

DESNOS Y, BUCK C, GUIJARRO J, et al., 2000. ASAR-ENVISAT's advanced synthetic aperture radar[J]. ESA Bulletin, 102: 91-100.

FERRETTI A, FUMAGALLI A, NOVALI F, et al., 2011. A new algorithm for processing interferometric data-Stacks: SqueeSAR[J]. IEEE Transactions on Geoscience and Remote Sensing, 49(9): 3460-3470.

FERRETTI A, PRATI C, ROCCA F, 2001. Permanent scatterers in SAR interferometry[J]. IEEE Transactions on Geoscience and Remote Sensing, 39: 8-20.

FRONTERA T, CONCHA A, BLANCO P, et al., 2011. D-InSAR coseismic deformation of the May 2011 MW 5.1 Lorca earthquake(Southeastern Spain)[J]. Solid Earth Discussions(3): 963-974.

GABRIEL A K, GOLDSTEIN R M, ZEBKER H A, 1989. Mapping small elevation changes over large areas: Differential radar interferometry[J]. Journal of Geophysical Research: Solid Earth, 94: 9183-9191.

GRAHAM L C, 1974. Synthetic interferometer radar for topographic mapping[J]. Proceedings of the IEEE, 62: 763-768.

HANSSEN R F, 2001. Radar Interferometry: Data interpretation and error analysis [M]//Remote Sensing and Digital Image Processing, 2001.

HANSSEN R H, 1998. Atmospheric heterogeneities in ERS tandem SAR interferometry[M]. Netherlands: Delft University Press.

HOOPER A, 2006. Persistent scatterer radar interferometry for crustal deformation studies and modeling of volcanic deformation[D]. Stanford: Stanford University.

HOOPER A, 2008. A multi-temporal InSAR method incorporating both persistent scatter and small baseline approaches[J]. Geophysical Research Letters, 35: L16302.

HUANG Q H, HE X F, 2009. SAR Interferometry for long term deformation mapping using SBAS method: A case study in Nanjing Area[J]. IEEE Urban Remote Sensing Joint Event, 23(7): 1311-1321.

JIN B, SANG-WAN K, HYUCK-JIN P, et al., 2008. Analysis of ground subsidence in coal mining area using SAR interferometry[J]. Geosciences Journal, 12(3): 277-284.

JORDAN R, 1980. The Seasat: A synthetic aperture radar system [J]. IEEE Journal of Oceanic Engineering, 5(2): 154-164.

JORDAN R, HUNEYCUTT B, WERNER M, 1995. The SIR-C/X-SAR synthetic aperture radar system[J]. IEEE Transactions on Geoscience and Remote Sensing, 33(4): 829-839.

JUST D, BAMLER R, 1994. Phase statistics of interferograms with applications to synthetic aperture radar[J]. Applied Optics, 32(20): 4361-4368.

KANKAKU Y, SUZUKI S, OSAWA Y, 2013. ALOS-2 mission and development status[C]//IEEE International Geoscience and Remote Sensing Symposium: 2396-2399.

KERBAO V, CHAPRON B, VACHON P, 1998. Analysis of ERS-1/2 synthetic aperture radar wave mode imagettes[J]. Journal of Geophysical Research: Oceans, 103(C4): 7833-7846.

LANARI R, BERARDINO P, BONANO M, et al., 2010. Surface displacements associated with the L'Aquila 2009 MW 6.3 earthquake (central Italy): New evidence from SBAS-DInSAR time series analysis[J]. Geophysical Research Letters, 37: L20309-L20315.

LE T, RIBBES F, WANG L, et al., 1997. Rice crop mapping and monitoring using ERS-1 data based on experiment and modeling results[J]. IEEE Transactions on Geoscience and Remote Sensing, 35 (1): 41-56.

LI T, WU J C, ZHANG L N, 2011. Monitoring ground subsidence in Jiaxing region using ENVISAT data[J]. International Symposium on Lidar and Radar Mapping, 8286: 1-6.

LI Z H, 2005. Correction of atmospheric water vapour effects on repeat-pass SAR interferometry using GPS, MODIS and MERIS data[D]. Xi'an: Changan University.

LI Z H, LIU Y X, ZHOU X H, et al., 2009. Using small baseline interferometric SAR to map nonlinear ground motion: A case study in Northern Tibet[J]. Journal of Applied Geodesy(3): 163-170.

LI Z W, DING X L, LIU G X, 2004. Modeling atmospheric effects on InSAR with meteorological and continuous GPS observations: Algorithms and some test results[J]. Journal of Atmospheric and

Solar-Terrestrial Physics(66): 907-917.

LOESCH E, SAGAN V, 2018. SBAS analysis of induced ground surface deformation from wastewater injection in East Central Oklahoma, USA[J]. Remote Sensing, 10(2): 1-16.

MASSONNET D, ROSSI M, CARMONA C, et al., 1993. The displacement field of the Landers earthquake mapped by radar interferometry[J]. Nature, 364: 138-142.

MORA O, MALLORQUI J, BROQUETAS A, 2003. Linear and nonlinear terrain deformation maps from a reduced set of interferometric SAR images[J]. IEEE Transactions on Geoscience and Remote Sensing, 41(10): 2243-2253.

PITZ W, MILLER D, 2010. The TerraSAR-X satellite[J]. IEEE Transactions on Geoscience and Remote Sensing, 48(2): 615-622.

PIYUSH S, 2010. Persistent scatter interferometry in natural terrain[D]. Stanford: Stanford University.

POYRAZ F, HASTAOĞLU K Ö, 2020. Monitoring of tectonic movements of the Gediz Graben by the PS-InSAR method and validation with GNSS results[J]. Arabian Journal of Geosciences, 13(17): 1-11.

PRATI C, ROCCA F, GUARNIERI A M, et al., 1994. Report on ERS-1 SAR interferometric techniques and applications[R]. European Space Agency, Milano, Italy.

PRZYŁUCKA M, HERRERA G, GRANICZNY M, et al., 2015. Combination of conventional and advanced DInSAR to monitor very fast mining subsidence with TerraSAR-X data: Bytom City (poland)[J]. Remote Sensing, 7(5): 5300-5328.

RIGO A, MASSONNET D, 1999. Investigating the 1996 Pyrenean Earthquake (France) with SAR interferograms heavily distorted by atmosphere[J]. Geophysical Research Letters, 26 (21): 3217-3220.

ROGERS A, INGALLS R, 1969. Venus: Mapping the surface reflectivity by radar interferometry[J]. Science, 165: 797-799.

ROSEN P A, HENSLEY S, ZEBKER H A, et al., 1996. Surface deformation and coherence measurements of Kilauea Volcano, Hawaii, from SIR-C radar interferometry[J]. Journal of Geophysical Research, 101(E10): 109-230.

ROSENQVIST A, SHIMADA M, ITO N, et al., 2007. ALOS PALSAR: A pathfinder mission for global scale monitoring of the environment[J]. IEEE Transactions on Geoscience and Remote Sensing, 45(11): 3307-3316.

SCHABER G, MCCAULEY J, BREED C, 1997. The use of multifrequency and polarimetric SIR-C/X-SAR data in geologic studies of Bir Safsaf, Egypt[J]. Remote Sensing of Environment, 59(2): 337-363.

SILES G, NIEMEIER W, LOPEZ-QUIROZ P, 2015. Interrelations between ground-water extraction, construction activities andground subsidence in Valley of Mexico[C]//GeoMonitoring Tagung, Clausthal-Zellerfeld, Germany: 93-104.

SIMARD M, SAATCHI S, DE G, 2000. The use of decision tree and multiscale texture for classification of JERS-1 SAR data over tropical forest[J]. IEEE Transactions on Geoscience and Remote Sensing, 38(5): 2310-2321.

SIMONS M, ROSEN P A, 2007. Interferometric synthetic aperture radar geodesy[J]. Treatise on Geophysics, 3: 339-385.

STOFAN E, EVANS D, SCHMULLIUS C, et al., 1995. Overview of results of spaceborne imaging radar-C, X-band synthetic aperture radar (SIR-C/X-SAR)[J]. IEEE Transactions on Geoscience and Remote Sensing, 33(4): 817-828.

SUGANTHI S, ELANGO L, SUBRAMANIAN S K, 2017. Microwave D-InSAR technique for assessment of land subsidence in Kolkata City, India[J]. Arabian Journal of Geosciences, 10(21): 1-10.

TORRES R, SNOEIJ P, GEUDTNER D, et al., 2012. GMES Sentinel-1 mission[J]. Remote Sensing of Environment, 120: 9-24.

VILARDO G, VENTURA G, TERRANOVA C, et al., Ground deformation due to tectonic, hydrothermal, gravity, hydrogeological, and anthropic processes in the Campania region from permanent scatters synthetic aperture radar interferometry[J]. Remote Sensing of Environment, 113: 197-212.

WEGMULLER U, WERNER C, STROZZI L, et al., 2006. Application of SAR interferometric techniques for surface monitoring[J]. 3rd IAg /12th FIG Symposium, Baden: 1-10.

WERNER C, WEGMULLER U, STROZZI T, et al., 2003. Interferometric point target analysis for deformation mapping, IGARSS 2003[C]//2003 IEEE International Geoscience and Remote Sensing Symposium: 4362-4364.

WERNINGHAUS R, BUCKREUSS S, 2010. The TerraSAR-X mission and system design[J]. IEEE Transactions on Geoscience and Remote Sensing, 48(2): 606-614.

WESSEL B, HUBER M, WOHLFART C, et al., 2018. Accuracy assessment of the global TanDEM-X Digital Elevation Model with GPS data[J]. ISPRS Journal of Photogrammetry and Remote Sensing, 139: 171-182.

YA K, CHAO Y Z, QIN Z, et al., 2017. Application of InSAR techniques to an analysis of the Guanling Landslide[J]. Remote Sensing, 9(10): 1046-1062.

YAJING Y, MARIE-PIERRE D, PENELOPE L Q, et al., 2012. Mexico city subsidence measured by InSAR time series: Joint analysis using PS and SBAS approaches[J]. IEEE Journal of Selected Topics in Applied Earth Observations and Remote Sensing, 5(4): 1312-1326.

YU C, LI Z, PENNA N T, 2018. Interferometric synthetic aperture radar atmospheric correction using a GPS-based iterative tropospheric decomposition model[J]. Remote Sensing of Environment, 204: 109-121.

YU C, PENNA N T, LI Z, 2017. Generation of real-time mode high-resolution water vapor fields from GPS observations[J]. Journal of Geophysical Research Atmospheres, 2017, 122(3): 2008-2025.

ZEBKER H A, GOLDSTEIN R M, 1986. Topographic mapping from interferometric synthetic aperture radar observations[J]. Journal of Geophysical Research: Solid Earth, 91: 4993-4999.

ZEBKER H A, VILLASENOR J, 1992. Decorrelation in interferometric radar echoes[J]. IEEE Transactions on Geoscience and Remote Sensing, 30(5): 950-959.

ZEBKER H, WERNER C, ROSEN P, et al., 1994. Accuracy of topographic maps derived from ERS-1 interferometric radar[J]. IEEE Transactions on Geoscience and Remote Sensing, 32(4): 823-836.

ZHOU Y Y, CHEN M, GONG H L, et al., 2017. The subsidence monitoring of Beijing-Tianjin high-speed railway based on PS-InSAR[J]. Journal of Geo-information Science, 19(10): 1393-1403.

ZISK S H, 1972. A new earth-based radar technique for the measurement of lunar topography[J]. The Moon, 4(3): 296-306.

陈富龙,2013. 星载雷达干涉测量及时间序列分析的原理、方法与应用[M]. 北京: 科学出版社.

陈强,丁晓利,刘国祥,等,2009. 雷达干涉 PS 网络的基线识别与解算方法[J]. 地球物理学报,52(9): 2229-2236.

戴舒颖,2014. 日本即将发射先进陆地观测卫星-2[J]. 国际太空,5: 25-32.

单新建,马理,王长林,等,2002. 利用星载 D-InSAR 技术获取的地表形变场提取玛尼地震震源断层参数[J]. 中国科学(D辑),32(10): 837-844.

党安荣,王丹,梁军,2017. 我国新型智慧城市发展现状与趋势[J]. 地理信息界,24(4): 1-7.

丁晓利,陈永奇,李志林,等,2000. 合成孔径雷达干涉技术及其在地表形变监测中的应用[J]. 紫金山天文台台刊,19(2): 158-166.

范洪冬,邓喀中,薛继群,等,2011. 利用时序 SAR 影像集监测开采沉陷的试验研究[J]. 煤矿安全,42(2): 15-18.

方志平,2018. GB-InSAR 滑坡灾害遥感监测方法研究和系统实现[D]. 重庆: 重庆大学.

葛大庆,王艳,郭小方,等,2008. 利用短基线差分干涉图集监测地表形变场[J]. 大地测量与地球动力学,28(2): 61-66.

黄昭权,张登荣,王帆,等,2010. 基于差分干涉 SAR 的煤田火区地表形变监测[J]. 国土资源遥感(4): 85-90.

季灵运,许建东,赵波,2013. 利用 InSAR 技术研究新疆阿什库勒火山群现今活动性[J]. 地震地质,35(3): 532-541.

蒋弥,丁晓利,李志伟,等,2009. 用 L 波段和 C 波段 SAR 数据研究汶川地震的同震形变[J]. 大地测量与地球动力学,29(1): 21-26.

雷帆,陶青山,杨凯钧,等,2019. D-InSAR 沉降监测与城市新增建设用地相关度研究[J]. 地理空间信息,17(2): 93-95,11.

李德仁,廖明生,王艳,2004. 永久散射体雷达干涉测量技术[J]. 武汉大学学报(信息科学版),29(8): 664-668.

李德仁,周月琴,马洪超,2000. 卫星雷达干涉测量原理与应用[J]. 测绘科学,25(1): 9-12.

李国元,唐新明,张重阳,等,2017. 多准则约束的 ICESat/GLAS 高程控制点筛选[J]. 遥感学报,21(1): 96-104.

李敏,朱煜峰,饶俊,等,2023. 一种改进的 InSAR 相位解缠算法[J]. 江西科学,41(2): 343-348.

李帅,温建生,胡海峰,2021. 融合 InSAR 技术的矿区大梯度形变研究[J]. 测绘科学,46(11): 56-62,97.

李陶,2004. 重复轨道星载 SAR 差分干涉监测地表形变研究[D]. 武汉: 武汉大学.

李勇发,左小清,麻源源,等,2020. 基于 PS-InSAR 技术和遗传神经网络算法的矿区地表沉降监测与预计[J]. 地球物理学进展,35(3): 845-851.

李振洪,刘经南,许才军,2004. InSAR 数据处理中的误差分析[J]. 武汉大学学报(信息科学版),29(1): 72-76.

廖明生,林珲,2003. 雷达干涉测量: 原理与信号处理基础[M]. 北京: 测绘出版社.

廖明生,林珲,张祖勋,等,2003. InSAR 干涉条纹图的复数空间自适应滤波[J]. 遥感学报,7(2): 98-

105.
廖明生,卢丽君,王艳,等,2006.基于点目标分析的InSAR技术检测地表微小形变的研究[J].分析研究,1(2):38-41.
廖明生,田馨,赵卿,2007. TerraSAR-X/TanDEM-X雷达遥感计划及其应用[J].测绘信息与工程,32(2):44-46.
廖明生,王腾,2014.时间序列InSAR技术与应用[M].北京:科学出版社.
刘斌,张景发,罗毅,等,2013.基于SAR影像构建三维同震形变场方法研究[J].大地测量与地球动力学,33(4):4-8.
刘国祥,2012.永久散射体雷达干涉理论与方法[M].北京:科学出版社.
刘国祥,丁晓利,陈永奇,等,2000.极具潜力的空间对地观测新技术:合成孔径雷达干涉[J].地球科学进展(6):734-740.
刘国样,丁晓利,陈永奇,等,2001.使用卫星雷达差分干涉技术测量香港赤腊角机场沉降[J].科学通报,46(14):1224-1228.
刘文祥,2016.升降轨SAR数据融合的地震形变场观测[J].遥感信息,31(4):35-40.
路旭,匡绍君,贾有良,等,2002.用InSAR作地面沉降监测的试验研究[J].大地测量与地球动力学,22(4):66-70.
麻源源,陈云波,左小清,等,2018.星载InSAR技术支持下的昆明地表沉降监测[J].测绘通报(6):55-60.
马顶,关瑜晴,赵尚民,2021.基于SBAS-InSAR技术的山西西山煤田地区地表形变监测[J].煤炭技术,40(12):130-135.
莫莹,朱煜峰,江利明,等,2020.基于Sentinel-1A的南昌市时间序列InSAR地面沉降监测[J].大地测量与地球动力学,40(3):270-275.
祁晓明,2009. PS-InSAR技术在西安地区的变形监测研究[D].西安:长安大学.
孙广通,张永红,吴宏安,2011.合成孔径雷达干涉测量大气改正研究综述[J].遥感信息(4):111-115.
田辉,孙岐发,王福刚,等,2015. D-InSAR在盘锦湿地地面沉降监测中的应用[J].地质与资源,24(5):507-510.
王超,1997.利用航天飞机成像雷达干涉数据提取数字高程模型[J].遥感学报,1(1):46-49.
王超,杨清友,1997.干涉雷达在地学研究中的应用[J].遥感技术与应用,12(4):36-45.
王超,张红,刘智,2002.星载合成孔径雷达干涉测量[M].北京:科学出版社.
王升,朱煜峰,2019.基于双边滤波算法InSAR干涉图平滑处理的分析[J].东华理工大学学报(自然科学版),42(1):74-77.
王毅,2012.环境一号C雷达卫星[J].卫星应用,5:74.
王志勇,张金芝,2013.基于InSAR技术的滑坡灾害监测[J].大地测量与地球动力学,33(3):87-91.
许才军,何平,温扬茂,等,2015. InSAR技术及应用研究进展[J].测绘地理信息,40:1-9.
闫建伟,汪云甲,朱勇,2011.基于D-InSAR技术的淮南矿区地面沉陷监测[J].工矿自动化(8):48-51.
杨红磊,彭军还,张丁轩,等,2012.轨道误差对InSAR数据处理的影响[J].测绘科技术学报,29(2):118-121.
杨魁,杨建兵,江冰茹,2015. Sentinel-1卫星综述[J].城市勘测,2:24-27.
易欢,2008.电离层和对流层中电波传播的相关问题研究[D].西安:西安电子科技大学.
殷硕文,2010.基于相干目标D-InSAR方法的南方公路沉降监测应用研究[D].郑州:解放军信息工程大学.

殷跃平,刘传正,陈红旗,等,2013. 2013年1月11日云南镇雄赵家沟特大滑坡灾害研究[J]. 工程地质学报,21(1): 6-15.

尹宏杰,朱建军,李志伟,等,2011. 基于SBAS的煤矿区形变监测研究[J]. 测绘学报,40(1): 52-58.

於心竹,朱煜峰,李敏,2023. 基于SBAS-InSAR技术的温泉县滑坡形变监测分析[J]. 江西科学,41(2): 272-278.

余景波,刘国林,王肖露,2013. 影响四轨法D-InSAR形变测量精度误差的相关性分析[J]. 地震工程学报,35(2): 296-301.

张红,2009. 基于相干目标的D-InSAR方法研究[M]. 北京: 科学出版社.

张金盈,崔靓,刘增珉,等,2020. 利用Sentinel-1SAR数据及SBAS技术的大区域地表形变监测[J]. 测绘通报(7): 125-129.

张金芝,2011. InSAR技术在地面沉降监测中的应用研究[D]. 青岛: 山东科技大学.

张景发,龚利霞,姜文亮,2006. PS-InSAR技术在地壳长期缓慢形变监测中的应用[J]. 国际地震动态(6): 1-6.

张玲,2017. 全国地面沉降InSAR调查与监测工程进展介绍[J]. 国土资源遥感,29(1): 91.

张勤,2005. GPS测量原理及应用[M]. 北京: 科学出版社.

张涛,朱煜峰,周世健,2016. D-InSAR技术在矿区沉降监测中的应用分析[J]. 江西科学,2016,34(1): 73-77.

张学东,葛大庆,吴立新,等,2012. 基于相干目标短基线InSAR的矿业城市地面沉降监测研究[J]. 煤田学报,37(10): 1606-1611.

周洪月,汪云甲,闫世勇,等,2017. 沧州地区地面沉降现状Sentinel-1A/B时序InSAR监测与分析[J]. 测绘通报(7): 89-93.

朱良,郭巍,禹卫东,2009. 合成孔径雷达卫星发展历程及趋势分析[J]. 现代雷达,31(4): 5-10.

朱煜峰,2013. 矿区地面沉降的InSAR监测及参数反演[D]. 长沙: 中南大学.

朱煜峰,王升,2020. 一种估计水体的InSAR相位算法[J]. 测绘科学,45(9): 96-103,131.

朱煜峰,张明,臧德彦,等,2017. D-InSAR技术在相山铀矿山沉降监测中的应用分析[J]. 东华理工大学学报(自然科学版),40(3): 297-300.